JN289561

遠藤 薫 編著

ネットメディアと〈コミュニティ〉形成

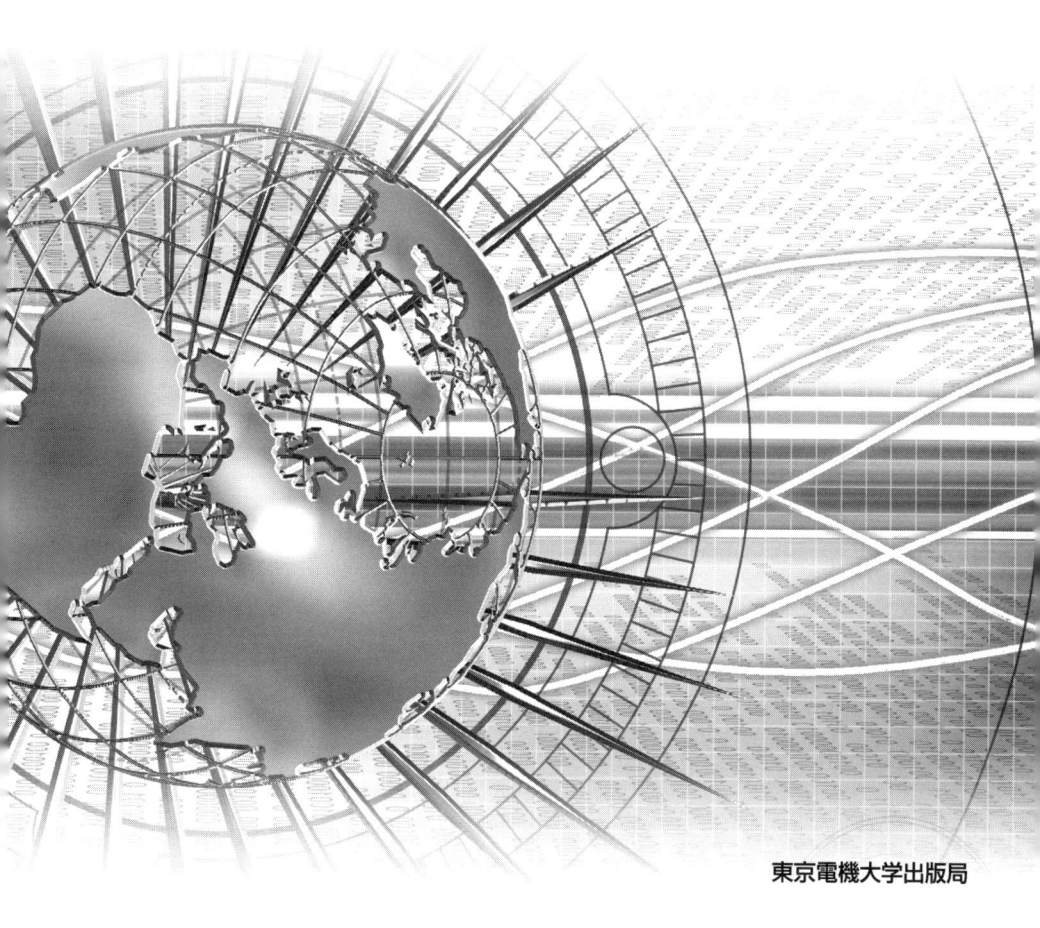

東京電機大学出版局

本書の全部または一部を無断で複写複製（コピー）することは，著作権法上での例外を除き，禁じられています。小局は，著者から複写に係る権利の管理につき委託を受けていますので，本書からの複写を希望される場合は，必ず小局（03-5280-3422）宛ご連絡ください。

目次

序章　複合メディア社会における〈コミュニティ〉とは何か ...... 遠藤　薫
  1. はじめに——なぜ〈コミュニティ〉か 1
  2. コミュニティ概念とインターネット 4
  3. 身体と名と〈コミュニティ〉 7
  4. 匿名性という問題 8
  5. 〈地域〉を媒介するインターネットというパラドックス 12
  6. オンライン〈コミュニティ〉の現実化 12
  7. 本書の構成 13

第Ⅰ部　ネットメディアと〈コミュニティ〉の夢

第1章　インターネット創成神話と〈コミュニティ〉願望
——〈心〉は接続されるか .... 遠藤　薫
  1. はじめに 20
  2. ユートピア願望とインターネット 22
  3. ディストピアとしてのサイバースペース 26
  4. 交錯するユートピアとディストピア 31

第2章　リトル〈ビッグ・ブラザー〉たちの共同体
——ネットとTV, 遍在／偏在する〈眼〉 .... 遠藤　薫
  1. はじめに——1984年のビッグ・ブラザー 33
  2. 二つのCMの間で——ビッグ・ブラザーの変貌？ 36
  3. コンピュータ／ネットワーク技術の個人化とその背景 39
  4. ビッグ・ブラザーとリアリティテレビ——観客と監視者 41
  5. 露出する個 45

6. 偏在する完全情報 49
　　7. おわりに——視ることと視られること 51

第3章　複製映像の〈コミュニティ〉
　　——映像を媒介とした社会的相互行為と三つのファッド現象 .... 遠藤　薫
　　1. はじめに 54
　　2. ネット上の映像を介した社会的相互行為——文字の文化と映像の文化 ... 56
　　3. マイアヒからBrookersへ——インターネット・ファッドとネット・セレブ 61
　　4. 極楽とんぼとめがねっ娘——異文化間コミュニケーションという連鎖と抗争 ... 67
　　5. 「1984年」と2008年アメリカ大統領選挙 71
　　6. おわりに——コミュニケーションと映像 77

第4章　否定の〈コミュニティ〉
　　——〈オタク〉の発生とインターネット .... 遠藤　薫
　　1. はじめに——インターネットと〈オタク〉現象 79
　　2. 「オタク」とはなにか 80
　　3. サブカルとオタク 83
　　4. コミュニティとしてのオタク 86
　　5. グローバルな現象としてのオタク——情報と文化のグローバリゼーション ... 91
　　6. おわりに——〈オタク〉の市場化とその陥穽 95

第5章　東京タワーをめぐる三つのよるべない物語
　　——情報化社会における雇用流動化と〈コミュニティ〉 .... 遠藤　薫
　　1. はじめに——東京タワーという象徴 97
　　2. 東京タワーをめぐる二つの物語 99
　　3. もう一つの東京タワーをめぐる物語 102
　　4. 社会と就業構造の液状化——非正規雇用と日雇い労働 107
　　5. 長期的に見る就労構造の変化 112
　　6. 地域共同体の衰退あるいは破綻 114
　　7. おわりに 118

第6章　インターネットと〈地域コミュニティ〉 .... 遠藤　薫
　　1. はじめに——〈地域〉を媒介するインターネットというパラドックス 119
　　2. 〈地域〉崩壊への危機感と「ネットワーキング」運動——アメリカの状況 ... 120

   3. オンライン〈地域〉コミュニティの展開 121
   4. 80年代日本の情報化政策——産業と行政と地域 126
   5. パソコン通信と災害支援 128
   6. 9.11テロ以降——00年代の地域とオンライン・コミュニティ 132
   7. おわりに——地域活性化と地域間格差拡大のパラドックス 143

第Ⅱ部　ネット〈コミュニティ〉の現実

第7章　精神疾患を患う人びとのネットコミュニティ
　　　　——彼女ら・彼らはなぜネットでなければならないのか？ ... 前田至剛
   1. はじめに 146
   2. Net-MHとはどのような人びとか 147
   3. 逸脱者というスティグマとネットへの志向 149
   4. ONとOFFの交錯 152
   5. むすびにかえて——精神医療制度のなかのNet-MHと「重畳の離脱」 156

第8章　閉鎖的コミュニティという迷走
　　　　——ゲーテッド・コミュニティとSNS .... 木本玲一
   1. はじめに 160
   2. 財としてのコミュニティ 161
   3. 「リスク社会」と〈閉鎖性〉 163
   4. オフラインの閉鎖的コミュニティ 164
   5. オンラインの閉鎖的コミュニティ 166
   6. 〈閉鎖性〉と〈他者〉 168
   7. 閉鎖的コミュニティが意味するもの 169

第9章　オンラインコミュニティの困難
　　　　——オタクとオンラインコミュニティ .... 齋藤皓太
   1. はじめに 172
   2. 二次裏について 174
   3. としあきに見られるオタクの特徴 177
   4. オタクのコミュニティ 181
   5. おわりに 184

第10章　オンライン上における音楽制作者のコミュニティとその変容
　　　　──コミュニティからコミュニティ・サービスへ............ 大山昌彦

1. はじめに 185
2. オンライン上の音楽コミュニティと活動 187
3. マーケティング装置としての「プレ王」............................ 189
4. 個人の「規格化」と出会いの「効率化」............................ 191
5. 「コミュニティ」の形成と「コラボレーション活動」........ 193
6. 評価を通じた「平和」なコミュニケーション 194
7. おわりに 196

第11章　バイク便ライダーたちのコミュニティ
　　　　──インターネットは不安定就業者の世界を「開く」のか？.... 阿部真大

1. はじめに──「デュアル・シティ」のバイク便ライダー 198
2. 六本木の風景 199
3. 加速する「叩き合い」 202
4. 労働条件に関する情報共有 203
5. ネット先進国，韓国の事例 205
6. 連帯の可能性 207
7. ネットコミュニティの両義性 208

第12章　コンビニをめぐる〈個性化〉と〈均質化〉の論理
　　　　── POS システムを手がかりに .... 新　雅史

1. はじめに 210
2. 「消費者＝素人」を地域に堆積させる POS システム 213
3. 店主のオーナーシップと発注の主導権をめぐる軋轢 215
4. 若年不安定就業者の減少にともなう変化 219
5. おわりに 221

第13章　市民参加と地域ネットコミュニティ
　　　　──「市民参加」のディレンマとパラドックス .... 三浦伸也

1. はじめに 223
2. 日本の情報化と地域情報化 224
3. 藤沢市と三鷹市の事例分析 225
4. 地域ネットコミュニティから見えてきたこと，問われていること 237

第14章 オンラインコミュニティと社会のダイナミズム
　　　──利用行動，メディアの棲み分け，
　　　　利用文化の相互作用がもたらす日韓の差異 .... 小笠原盛浩
　　1. はじめに 241
　　2. オンラインコミュニティ利用行動の日韓比較 243
　　3. オンラインコミュニティの類型 246
　　4. オンラインコミュニティ類型の選択に影響する要因 248
　　5. 利用行動への影響 252
　　6. 考察 254

注 257

参考文献 272

あとがき 285

索引 287

編者・執筆者紹介 292

序章

複合メディア社会における〈コミュニティ〉とは何か

遠藤　薫

　カントはかつて空間を「共在の可能性」（共生の原則をさす．空間に同時に存在する実在が完全な相互作用をすることをさす）と定義した．——空間は社会学的にもまた共在であり，相互作用が，以前は空虚であり無であった空間をわれわれにとっての何ものかとし，空間が相互作用を可能とすることによって，相互作用が空間を充たす．社会化は，諸個人の相互作用のさまざまな様式において，共在の異なった可能性——精神的な意味での——を成就した．

(Simmel 1908 = 1994: 219)

1.　はじめに——なぜ〈コミュニティ〉か

　現代に生きるわれわれは，なぜかいま〈コミュニティ〉という言葉を，無条件にポジティブな，けれどもほとんど失われてしまった「かつてあった世界」という意味で使う．

　たとえば，少年犯罪の増加や治安の悪化，家族の崩壊など——そのような現象が実証的に確認されてはいない／確認することができない，にもかかわらず——はつねに〈コミュニティ〉が失われたためであるとされ，さまざまな提案や運動や政策は〈コミュニティ〉の再生を——あたかも千年王国の到来を告げるかのよ

うに——標榜する．

　だが，かつてあった「コミュニティ」（伝統的共同体）はそれほど素晴らしい世界であったのだろうか？

　厳しい生活環境，身分制度，因習にとらわれた世界は，まさに，われわれがそこから解放されることを望んだ世界だったのではないか？

　にもかかわらず，われわれは現在，この解放を呪っているかにさえみえる．

　デランティは，今日のコミュニティ論を整理したうえで，次のように述べている：

> 　これらの議論を検証してみると，容易に和解できない四つの広範な立場がみられることがわかる．それらはそれぞれ，社会的・文化的・政治的・テクノロジー的争点に関わっている．第一はコミュニティ研究に特有のアプローチであり，コミュニタリアンの理想にも反映されている見解である．その見解は，コミュニティと不利益を被っている都市部の地域社会とを結びつけるものであり，コミュニティの再生，コミュニティの保健プロジェクトなどに見られるように，政府に積極的な対応と市民のボランタリズムを要求するものである．ここでの「コミュニティ」は相当程度空間化されており，メインストリーム「社会(ソサエティ)」の支援を必要とする．第二のアプローチは文化社会学と文化人類学に特徴的なものである．ここでのコミュニティは帰属に向けた探求と考えられており，アイデンティティという文化的な問題に重点が置かれている．このアプローチでは，自己対他者としてのコミュニティに力点が置かれる．コミュニティについての第三のアプローチはポストモダン政治とラディカル・デモクラシーにヒントを得たもので，政治意識と集合行為という観点からコミュニティをとらえている．このアプローチでは，不公正に反対する集合的な「我々」に力点が置かれる．第四のものはあまり明確ではないが，コミュニティがコスモポリタン化され，新たな近接性や距離関係の中で構成されるグローバル・コミュニケーションや，トランスナショナルな運動，インターネットをめぐって，ごく最近登場したものである．この展開の中では，伝統的な場所のカテゴリーを越えた社会関係を築き直す上で，テクノロジーが重要な役割を果たしている．もしもこれらの非常に多様なコミュニティ概念を統一する立場があるとすれば，それは，コミュニティとは帰属に関わるとする見解に他ならない．（Delanty 2003＝2006: 6-7）

　確かに，今日の〈コミュニティ〉問題は，われわれが「コミュニティ」という言葉からイメージする「かつてあった社会」の喪失問題ではない．それは，〈帰

属〉の問題であり，〈アイデンティティ〉の問題である．
　バウマンは次のようにいう：

> いまや，個人が新しくおさまるべき場所は，準備されておらず，たとえあったとしても，居場所としてはまったく不十分で，個人がおさまりきるまえに消えてしまうような，頼りない場所でしかない．それはちょうど椅子取りゲームの椅子のようなもので，形もスタイルもまるで違い，数も場所も刻々と変化する．人間は椅子取りゲームの椅子のような場所を求めて，つねに右往左往しつづけ，そのあげく，どんな「結果」も，安息もえられず，鎧をとき，緊張を和らげ，憂いを忘れることのできる最終目的地に「到達」したという充足感ももてない．（Bauman 2000＝2001: 44）

　今日，〈コミュニティ〉という言葉が人びとの心を惹きつける，その要因の一つは，ギデンス（Giddens 1992）も指摘するように，後期近代のただなかで，われわれの〈親密性〉への希求が高まっていることにある．

　近代の進行の過程で，われわれは，かつて「コミュニティ」を不可欠なものとしてきた機能――生産，教育，安全，相互扶助など――を，商品化してきた．最終的に商品化されずに残った（と想定される）ものが，〈親密な関係〉性である．自己の存在を最終的に担保してくれるものとしての〈コミュニティ〉を，われわれはいま，うまく見いだすことができずにいるのである．

　同時に，〈コミュニティ〉問題は，個人の側からだけとらえられるものではない．
　盛山は次のようにいう：

> 社会は擬制的な団体であって，真に存在するのは個々の人々だけである．したがって，守るべきあるいは増進すべき利益とは，人々の利益や幸福以外の何ものでもない．これが個人主義の根本原理である．
> 　ベンサムの文章に明白に現れているように，個人主義的な理論が対抗しているのは，神だけではなく「社会（共同体）」に対してもである．しかし，規範的原理としての個人主義が社会に対抗したり，それを否定するという言い方は紛らわしい．なぜなら，個人主義といえども社会を否定しているのではなく，まさにそれによって社会を構成しようと考えていたのだからである．したがってより厳密に言えば，個人主義が否定しているのは，「個人に先立って，個人よりも優位に立つものとしての社会」というものである．このような意味での社会を指し示すために，しばしば「共同体」という言葉が使われている．（盛山 2006: 33）

また，ブーアスティンは，次のようにいう：

> 普通「コミュニティ」と呼ばれている集団は，次のような特徴を示す．(1) 人々は，その一員になると，なんらかの共通の利害または関心を持つようになるということを知っている．(2) 人々は，多かれ少なかれ，自由にそのコミュニティに加入したり，脱退したりする（仮にそれが，移住のせいであるにすぎないとしても）．(3) 人々は，多かれ少なかれ，なんらかの共通目的への忠誠心を示す．(Boorstin 1969＝1990: 51)

だが，今日，このような集合主義的な視点から「コミュニティ」が語られることは，きわめてまれであるように思われる．問題はまさにそこにある．

2. コミュニティ概念とインターネット

「コミュニティ community」という言葉は，「communis」という言葉から派生したといわれている．「communis」を辞書で引くと，「共同参画する，共有する，共通言語の」などといった意味がのっている．つまり，「ある共通の言語の話される「場」に参画する」というような語感だろう．

この「communis」という言葉は，また一方で，「communication」の語源でもある．

このような語の成り立ちは，「コミュニティ」の本質が，「特定の「場」における相互コミュニケーション可能性」にあることを示している．

このことを，「コミュニケーションが成立するとはいかなることか」という，より根元的な問題に遡って考えてみよう．

「人間は考える葦である」とはパスカルの有名な言葉である．しかし，「考える」という行為は，一人の人間のなかに閉ざされている．人が何を考えているか，外部から見ることはできない．それは，岩や樹が何を考えているのかわれわれにわからないのと同等である．

しかし，人間はそれを「表現する」ことによって，他者に伝えることができる．「伝えられたこと」が，実際にその人物の「考え」そのものであることは保証されないにしても．

「表現」によってわれわれは他者の「思考」を知ることができるが，しかし，

「表現」は「思考」を何らかの「文法」と「コード」によって変換したものである．したがって，もしこの「文法」と「コード」がわからなければ，「表現」があってもわれわれは他者を理解できない．カエルやミミズの思考がわからないのと同様である．古い時代には，異民族はしばしば「訳のわからない言葉を話す者」と呼ばれた．この結果，異民族はカエルやミミズの同類と見なされ，もし相手が自分の利にならないと見なせば，これを殺すことにも躊躇いはほとんどなかったといえる．

　だが，他者を理解するために必要な「文法」や「コード」をわれわれはどこで身につけるのだろうか．日々接触する（自分の利になる）他者（人間のライフサイクルで考えれば，母親など）との相互作用のなかで，われわれは試行錯誤的にこれを身につけていくのだろう．こうして，生きていくうえでの相互利益と，他者とのコミュニカティブな関係とがきわめて強く関連することになる．

　また一方，「他者の思考」を理解するということは，われわれが自分自身の内部に「他者の思考」を再構成してみることに他ならない．「思考」が個人の核であるならば，これは自分のなかに「他者」を再構成する営為であると考えられる．いいかえれば，われわれは「他者」となることによって「他者」を理解し，理解したことを自らの糧とすることは，「自分」と「他者」とを融合させることで，「自分」を再生産していくということである．

　この結果，コミュニカティブな関係のネットワークは，自己と他者との融合的な空間，つまり間主観的な空間を生みだし，ここに「個人」と不即不離の関係をなす「集合性」（つまり，共同体あるいは社会）が生成されるのである．

　同時に，この「集合性」がコミュニケーションのために必要な「文法」と「コード」を継続的に再生産する．

　ここに，自己生成的システムとしての社会もしくは共同体（コミュニティ）が現出するわけである．

　とすれば，コミュニティの本質はコミュニケーションの可能性にあり，したがって多対多のインタラクティブなコミュニケーションを可能にするCMCN（Computer-Mediated Communication Network）は，その特性によってただちに，「コミュニティ」であるといえるかもしれない．

　しかし一方，「コミュニティ」という言葉は，地縁・血縁によって強く結ばれた小さな地域共同体のイメージと結びついて意識されもする．そこでは，人びと

は生活全体を共有し，運命的・情緒的な（したがって絶対的な）絆で結びついている．ところが，コンピュータ・ネットワーク上の「コミュニティ（＝コミュニケーションの場）」は，地縁によっても血縁によっても結びつかず，したがってそれは「運命的」なものというよりは「恣意的」なものであり，興味・関心を共有することはあっても「生活全体」を共有することはない．「強い絆」というよりは「緩やかな組織体」である．

この結果，それは単に擬似的な（ヴァーチャル）コミュニティにすぎず，本来の（リアル）コミュニティの喪失を覆い隠すシミュレーションにすぎない，という外部からの批判的なまなざしを受けることになる．

が，同時に，その内部にいる人びとにとって，それが「コミュニティ」と意識されるならば，社会学者ジンメルのいうように，「社会的な統一は，その諸要素が意識的であり総合的・能動的であるところから，それらの諸要素によってただちに実現され，したがってどのような観察者も必要としないのである」（Simmel 1908=1994: 206）．前節に例示したようなネットワーカーたちの感覚は，外部のまなざしとは独立に，「実質的な（ヴァーチャル）」「コミュニティ」の発現を示している．

このようなギャップは，結局のところ，「コミュニティ」の本質を物理的な相互作用に帰するか，心理的なそれに帰するかの違いにすぎないともいえる．そして，コミュニティを物理的な相互作用によってとらえようとする人びとは，その根拠を歴史によって正当化しようとする．

しかし，ジンメルは，「（都市とは）社会的な影響を与える空間的事実ではなく，空間的に自己形成する社会的事実そのものなのだ」と述べ，（伝統的な共同体が唯一の共同体の形態であると考えられる）中世の地域共同体について，それが，空間的に排他的な物理的共同性と，空間的に重層的な（超空間的な）精神的共同性の，両面によって構成されていた，と指摘している．

さらに，アンダーソンは，とくに近代のナショナリティ（物理的に絶対と考えられている共同体）が，地域性ではなく，印刷革命による広範囲にわたる情報の共有，標準言語の制定による「言語」の均質化によって，心理的に構成されたものであると指摘している．

3. 身体と名と〈コミュニティ〉

存在を担保するものとしての〈コミュニティ〉

　こうしてみるならば，当初から「コミュニティ」という意味づけを与えられ，また，その参加者たちによって「コミュニティ」として意識されたコミュニケーション空間であるCMCNは，人間にとっての共同性の所在を改めて浮き彫りにする「リアルな」「コミュニティ」以外の何ものでもないと考えられる．これをあくまでも「擬似的な」ものと理解し，副次的な位置づけしか与えないことは，かえって，社会性に対する認識をゆがめるものでしかないだろう．

　しかし，インターネット上の〈コミュニティ〉というとき，しばしばまず問題にされるのは，コミュニティ・メンバーのアイデンティティの不確かさである．

　つまり，インターネット上で取り結ばれる関係の多くは，会ったこともない，顔も名前も知らない相手との，関係ともいえない〈関係〉である．経験によっても，身体性によっても，名目によっても担保されない〈他者〉と，そもそもわれわれは何らかの〈関係〉を持ち得るのだろうか？　それが，インターネット（あるいはもっと一般に情報通信ネットワーク）によって提供される〈コミュニケーション〉について人びとが抱く不安もしくは懐疑であろう．

　個別の〈他者〉との関係性についてさえリアリティが薄いとするならば，ましてやそれらのネットワークである〈コミュニティ〉という集合意識はいかにして発生可能なのだろうか？

　にもかかわらず，ネット上では実に多くの〈コミュニティ〉という名乗りがある．たとえばそれは，掲示板やブログの集積を指したり，あるいは特定の興味関心にもとづくコミュニケーションの場自体を指すものとして，（オンライン）コミュニティという言葉が頻繁に使われたりもする．

　「消費者コミュニティ」（特定の商品に興味を持つ消費者たちのコミュニケーションの場）があり，「コミュニティ・マーケティング」（消費者コミュニティに働きかけたり，またそれを組織したりするマーケティング手法）がビジネスの領域で関心を集めもする．それを〈コミュニティ〉消費と呼ぶこともある．

　だが，先にも述べたように，自己の存在を最終的に担保してくれるものとしての〈コミュニティ〉を，ネット上に，身元も不確かな，見も知らぬ他者たちとの

メッセージ交換のなかに，見いだすことはいかにして可能なのだろうか？

ネットで知り合って，交際することはもとより，結婚する例もいまや珍しくはない．自己存在を負の意味で極限的に担保するともいえる「ネット心中」も後を絶たない．

4. 匿名性という問題

オンライン〈コミュニティ〉を特徴づけるのが，「匿名性」の問題である．

オンライン〈コミュニティ〉では，ハンドル・ネームが使われることが多い．ハンドル・ネームとは，そのオンライン〈コミュニティ〉の場だけで通用する「通り名」である．

オンライン〈コミュニティ〉（とくにハンドル・ネームを使うようなオンライン〈コミュニティ〉）では一般に，実際には合ったこともない他者とのコミュニケーションを行う．したがって，実名を名乗ったとしても，実名にあまり意味が認められない．つまり，そこから得られる情報は非常に少ない．むしろ，実名を悪用される危険すらある．したがって，その「場」にふさわしく構成された「自己」を，よりわかりやすく，しかも親密感をますように表現するような「名前」を用いた方が良い，という理由がその源泉にはあるだろう．もっというなら，ハンドル・ネームの使用によって，現実生活における属性の制約から解放された状態でのコミュニケーションが可能になるという利点が考えられる．

このような，「その場にふさわしい自己」あるいは「現実的制約から解放された自己」の構成は，たとえば，「茶の湯」あるいは「連歌」といった席での作法として，日本の文化的伝統のなかに存在してきた．またジンメルやゴッフマンは，欧米の社交のルールにおいて，その人物の社会的属性よりも，その場にふさわしい態度，ふるまい，会話といった要素が優位に立つと指摘している．さらに遡れば，宗教的祭儀の場における「仮面」の着用は，現世の人間がある「超越」へと飛翔するために不可欠の道具として捉えられていた．このような「自己の消去」すなわち匿名化による「本然の自己」もしくは「超越的存在」への跳躍は，あるいは，近代民主主義における無記名投票などの制度へも通底する，人類にとって普遍的な信念である可能性もある．

しかしながら，その一方で，相手の社会的属性がわからないままでのコミュニ

ケーションは，通常の「自己」を不安定化する．上に挙げたような「場」では，そうした不安定化を，超越へ至るためのパスとして利用している．しかし，そうした「場」が，きわめて限定された人びとのあいだでのみ（一定の共有規範をともなって）構成されている場合と異なり，グループCMCがより広い範囲の人びとを巻き込み，さらに，現実と強くリンクするような状況では，むしろそのリスクとしての側面が前面に現れやすくなることも事実である．先に挙げた茶の湯や連歌の席も，ときに，反政府的謀議の席となることもあった（たとえば，本能寺の変前夜における光秀のふるまいなど）．

いずれにせよ，匿名のコミュニケーションの問題は一般に考えられているよりもずっと人間の文化において深い源泉をもっていることだけは述べておこう．

「匿名」と大衆化

とはいうものの，ネットコミュニケーション＝匿名という図式が本来的に成立するわけではない．〈名乗り〉は，現実空間でもネット空間でも，当事者の意思として行われるのである．前項でも述べたように，現実空間でも，その場に応じて，実名を名乗る場合，仮名を名乗る場合，名乗らない場合，偽名を称する場合など，さまざまである．

初期のネットコミュニケーション（ARPANET, USENETなど）では，実名が基本であった．そもそも，ネットを使えるのはきわめて限られた人びとであり，アドレスを見れば所属など一目瞭然であった．しかし，所属組織名付きでの発言は，その組織を代表する意見であると解されることもある．また，所属組織の見解に反する意見を述べにくいということもある．こうした問題を回避するためのルールとして用いられていたのが，"declaration for claim"というルールである．すなわち，「ここに示す意見は，自分の個人的な見解であり，所属組織とは何の関係もない」と表明するのである．

初期のユーザの体験談によれば，このルールが使われなくなったのは，USENETに，altグループ[1]ができてからだという．それは，結局，ネット利用が爆発的に拡大する時期と重なり合う．

インターネット利用は急激に拡大してきたことから，早い時期の利用者が，インターネットの大衆化を嘆き，後から来た利用者の意識の低さを批判する言説はネットにあふれている（それは，今日においても続いている）．

いずれにせよ，ネット利用が少数のエリートたちに限定されていた時代の〈名乗り〉（に現れる〈コミュニティ〉意識）と，膨大な数の大衆利用者の時代のそれとが，大きなギャップを生ずるのは，必然ともいえる．

〈名乗り〉の様態

また，「匿名」の内実もさまざまである．

「匿名」を辞書で引くと，「自分の実名を隠してあらわさないこと．また，実名を隠して別の名を用いること」（三省堂『大辞林 第二版』）とある．つまり，「匿名」は，「実名を顕さないこと」であるが，その方法には，「別の名を名乗る」と「一切の名乗りをしない」（本書では，この（狭義の）「匿名」を，以下，「匿名」と呼ぶこととする）の二通りがある．また，「別の名」にも，筆名や芸名などや，徒名のように，ある程度一貫性のある名前（別名）と，仮名のように一時的な名前，偽名のようにアイデンティティを偽るものがあるだろう．

〈名乗り〉の様態			
	実名		その人物の最終的なアイデンティティを表現する名
	（広義の）匿名	別名 筆名，徒名，雅号など	〈場〉によって一貫して使われる
		仮名	〈時〉と〈場〉によって一時的に使われる
		偽名	なりすまし
		（狭義の）匿名	アイデンティティの非在

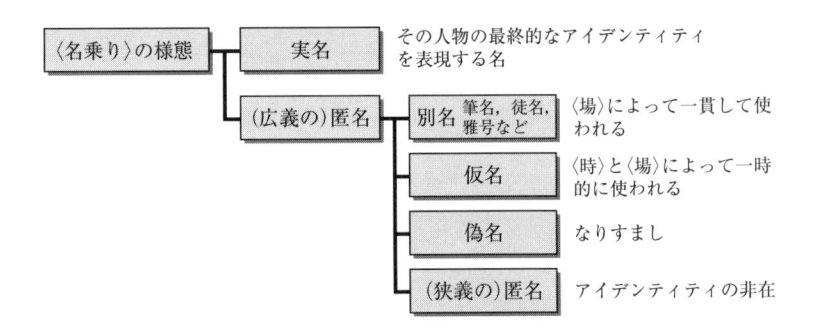

図1 〈名乗り〉の様態

個人サイトやブログは，実名であれ，別名や仮名であれ（ときに偽名であれ），何らかの一定のアイデンティティと結びつけられている．

個人サイトやブログの読者は，その〈アイデンティティ〉に対して，何らかの感情——共感，親密感，信頼感，不快感，批判——を抱くことができる．

遠藤（2004）に述べたような「ネット・セレブ」は，こうして構築される．同様に，ブログの炎上も起こる．

また，〈アイデンティティ〉がハンドル・ネームである場合，実名探索が行われたりもする（たとえば，耐震偽装問題などで注目を集め，2007年5月7日時

点で 48,982,465 回という膨大なアクセスを得ている「きっこの日記」（http://www3.diary.ne.jp/user/338790/）についても，一時盛んに本人割りだしが試みられた）．

〈名乗り〉が実名であるか否かは，その〈アイデンティティ〉の影響力にはあまり関係しないように観察される．ただし，実名が「発見」され，その個人情報が晒される場合，当人の現実生活には望ましくない影響が出ることも多い（たとえば，ブログの書き込みを理由に解雇された例など）．また，コンテンツがもっていた影響力がそがれることも多い（たとえば，ネット上で信頼を得ていた人物が実は「なりすまし」であることが発覚して騒ぎになった「ジュリーさんの物語」など）．

親密性と匿名性

富田（2006）は，「「匿名性」を前提としたメディア上の親密な他者をインティメイト・ストレンジャー（intimate stranger）」（2006: 149）と規定している．

その一方，宮台（2007）は，「ネットの副作用には「匿名者の危険」と「親密者の疑心暗鬼」の両方」があると述べている．「親密者の疑心暗鬼」とは，（宮台は必ずしも明確に規定していないが），「本音で語り合っているはずの親密圏において，実は，建前しか語り合っていないのではないか，という疑心暗鬼」をいうのであろう．

これを具体的な例で考えてみると，筆者が思い浮かべるのは，たとえば，ブログなどの身辺雑記では，その人物にとってきわめて近しい職場関係や友人関係について，驚くほど辛辣な観察やコメントが述べられていることも多い．そうした「記事」は，まさにその「本音」性によって読者を喜ばせるが，同時に，自分にとって近しい人びとが（ネットだけには限らないが）自分の知らぬところで，同じような本音を吐露している可能性もある．そのことに気づくと，人びとは，むしろ，新たな〈帰属〉の場を見いだしたことよりも，すでにあったはずの〈帰属〉の場が，実は蜃気楼であったことに気づいて呆然とするのである．

このとき，彼らの冒険は，新たな共同体の開拓ではなく，あったと信じられていた共同体からの放逐であったと了解するのである．

5. 〈地域〉を媒介するインターネットというパラドックス

　地域コミュニティとは，地縁——物理的空間的近接性によって規定される〈コミュニティ〉である．ほんの数年前まで，「コミュニティ」といえば地域コミュニティしかあり得ないと考えられていたものだ．

　そして先にも述べたように，インターネットは，きわめて早い時期から地域コミュニティ再生のツールとして期待されてきた．

　しかし，もう一歩踏み込んで考えてみると，そこには奇妙な違和感がある．インターネットあるいは「高度情報通信ネットワーク」の最も重要な特性の一つは，「地理的制約の解除」であった．物理的空間的な近接性が，いかなる相互作用においても，前提条件とならないことが，「高度情報通信ネットワーク社会」の希望であったはずである．

　にもかかわらず，「地理的制約の解除」が現実のものになろうとしたとき，そこに召喚されたのがまさに「地理的近接性への準拠」によって成立する〈地域コミュニティ〉であるというパラドックス．

　われわれの〈コミュニティ〉はまさにそのような場にある．

6. オンライン〈コミュニティ〉の現実化

可能世界としてのゲーム〈コミュニティ〉

　ネットにおけるもう一つの〈コミュニティ〉のあり方は，ネットゲームに現れる．ネットゲームは，〈現実〉を離れた物語のなかに，もう一つの《自己》を創出するオンライン行動の一形式である．

　ネットゲームにおいては，世界の構造自体が虚構であり，そのなかでの《自己》は，名前のみならず人格や属性も，〈現実〉の自己と異なることがむしろ普通である．にもかかわらず，その世界での《他者》との関係性が，強い〈コミュニティ〉意識となったり，〈現実〉にまで滲出する親密性をつくりだしたりする．彼らは，現実態としての〈自己〉を離れ，可能態としての《自己》にまさに本源的な〈自己〉を見いだしているのかもしれない．

　ネットゲームは，インターネットの誕生とほぼ時を同じくしてつくられている．

〈現実〉とは似ても似つかぬ記号だけでつくられたゲームの世界も，ゲーマーたちにとっては，リアリティに満ちたリアルな世界なのである．

ゲゼルシャフトとしてのオンライン〈コミュニティ〉

70年代に始まるネットゲームは，その後，さまざまな進化のプロセスを辿ってきている．

もっとも最近では，米Linden Lab社が2002年にβ版を公開した3D仮想世界ゲームであるSecond Lifeがある．登録手続きを簡便化したり，大手企業が仮想世界内に出店したりしたことなどから，2006年に人気が沸騰した．2007年5月1日現在でアカウント数は5,975,833に達している．

Second Lifeでは，虚構の世界が虚構の経済や政治をもつだけではなく，現実の世界の政府や企業が内部に入ってきており，虚構と現実とが融合するような新たな社会空間を作り出している．

とくに，この種の新たなネットゲームでは，RMT（Real Money Trading）と呼ばれる，ゲーム世界のアイテムが現実に取引される仕組みが組み込まれている．ゲーム世界が世界の残余ではなく，まさに現実そのものとなるのである（その結果，RMTに対する課税制度さえ具体的に検討されているのである．

〈コミュニティ〉を求めることによって，世界の利益社会化が促進されるという事態が，いままさに進行しているのである．

7. 本書の構成

本書の構成を概観しておこう．

第Ⅰ部「ネットメディアと〈コミュニティ〉の夢」は，総論的な議論である．

われわれの時代の基盤には，〈コミュニティ〉に対するある種の欠落感がある．インターネットという新たなメディアには，当初から今日に至るまで，この欠落感を埋める期待，願望，夢想が，陰に陽に寄せられてきたといえる．

第1章「インターネット創成神話と〈コミュニティ〉願望」では，インターネットの〈神話〉性について検討する．インターネット技術は，他の技術と同様，社会に対して中立的であるわけではない．いかなる技術も，必ず，同時代の社会意識の文脈のなかで育まれ，実用化されていくのである（もちろん，技術の一般

化に伴って，社会意識も変化していくのだが）．ウェーバーがプロテスタンティズムと資本主義の精神の共振性を論じたように，インターネット技術の創生と当時のアメリカ西海岸対抗文化とは，潜在的に強い接続がある．第1章は，この接続——ノスタルジアと〈コミュニティ〉願望がいかにネットワーク技術として表現されたか，を論じるものである．

　だが，理想社会を夢見ることが理想社会を実現するとは限らない．いや，そもそも，ユートピア願望はその両義性により，つねにディストピア恐怖と表裏の関係にある．理想社会の実現には，大きく二つの方法論がある．一つは，設計主義であり，もう一つは自生主義である．社会計画を重視する立場と，人びとの自発的意思の集積を重視する立場，といってもいい．たとえば，D.ベルは，スーパーコンピュータを自在に操るテクノクラートによる計画社会を夢見た（『脱工業社会の到来』）．しかしその夢は，オーウェルが『1984年』に書いた「ビッグ・ブラザー」（巨大コンピュータを操って人びとを絶対的な監視下におく独裁者）と重なり合ってもいた．反ビッグ・ブラザーの立場に立つ人びとは，PC（パーソナルコンピュータ）を開発し，ネットワークで繋がれた「自由な個人」の〈コミュニティ〉を幻視した．けれども，自分の「自由」と他者の「自由」は必ずしも両立しない．ある「自由」を守るには，他の「自由」を抑制しなければならない．「自由」にまつわるこのパラドックスを，「自発的に」解決する方法として，「すべての個人がすべての個人を監視する」相互監視の恐怖が立ち現れる．この様相を論じたのが，第2章「リトル〈ビッグ・ブラザー〉たちの共同体」である．

　第3章「〈複製映像〉のコミュニティ」は，やや異なった視角からの論考である．メディア論的コミュニティ論と呼んでもよいかもしれない．ベンヤミンは，『複製技術時代の芸術』において，「写真」以降の時代を「複製技術時代」と呼んだ．しかし，ベンヤミンも，今日のように，技術もない個人が動画像をも自由に編集し，複製し，共有する状況を想像したことはなかっただろう．マクルーハンやオングは，近代における文字優位を批判したが，今日のような，音声を含む動画像がコミュニケーションの媒体として日常的に使われることを論じてはいない．複製映像とは，疑似身体である．疑似身体は〈コミュニティ〉をつくるのか．それが，第3章で論じられる問題である．

　さて，工業社会がマス（大量生産・大量消費）のモノ（ハード）中心社会であるとすれば，ポスト工業社会としての情報社会は，個（差異化，分極化）のコト

（ソフト）中心社会である．膨大な人びとが集うインターネット空間には，あらゆる嗜好があふれ，マイナーな趣味が人びとを吸引する．都市には「コミュニティ・オブ・インタレスト（Community of Interest，興味関心を同じくする者たちのグループ（コミュニティ））」が多数つくられることが指摘されるが，インターネット空間は，草創の当初から，都市以上にこうした趣味コミュニティによって特徴づけられてきた．インターネット空間は，まさに「超都市」なのである[2]．この結果，インターネット空間は，特有の「インターネット文化」現象を生みだしてきた．そして，インターネット文化は，同時代の「オタク」文化と重なり合う．インターネットはオタクの趣味，といわれていた時期もあったのである．だが，「オタク」についての議論はきわめて錯綜している．「オタク」は，現代の文化的ヒーローともいえるにもかかわらず（与党政治家が「オタク」を「日本の誇るべき文化」と呼んだりするほど時代に変化があったにもかかわらず），彼ら／彼女らに向けられる眼差しは軽侮を含んでおり，彼ら自身自虐的な語りを特徴とする．第4章「否定の〈コミュニティ〉」は，「オタク」たちの「コミュニティ・オブ・インタレスト」とは，いかなる〈コミュニティ〉であるのかを考察する．

第5章「東京タワーをめぐる三つのよるべない物語」も，やや趣を異にする．繰り返し述べているように，今日のインターネット社会は，工業社会—近代化・産業化・都市化の流れの果てにある．ことに第二次世界大戦後，日本は焼け跡の貧しさのなかから，繁栄に向かって歩き出した．そうした戦後日本が目指すべき繁栄の象徴として，まさにメディア都市東京の中心に，（当時）世界一の高さを誇った東京タワーは建設されたのである．光り輝く電波塔は，誘蛾灯のように，東京の栄華に憧れて，貧しい地方から出て来る若者たちを引き寄せてきた．だが，光は影をも深くする．成功した人びとにあたるスポットライトが強ければ，その背後で先の見えない状況にいる無数の若者たちの疎外感も強い．第5章は，この落差の様相を戦争直後，1980年代，2000年代の三つの時代について記述することにより，問題の核心を議論する．

第Ⅰ部最後の第6章「インターネットと〈地域コミュニティ〉」は，再びインターネット形成の原点に返り，インターネットを活用した地域コミュニティ再生の期待が，どのような経路をへて，現在，どの地点にいるのかを考察するものである．

第Ⅱ部「ネット〈コミュニティ〉の現実」は，個別の事例に基づいて，インターネット上に夢見られた〈コミュニティ〉の現実を探る．

インターネットの創生期から，インターネットが，同じ悩みを持つ人びとの自助・互助コミュニティとして機能する可能性はさまざまに論じられてきた．第7章は，「精神疾患を患う人びとのネットコミュニティ」について，その現実を考察する．

第2章でも見たように，インターネットの特徴として「オープン」性があげられる．しかし，「オープン」であることは（そもそも「オープンなコミュニティ」という存在が可能であるか，という問題があるだけでなく），コミュニティにとって潜在的なリスクとなる．このリスクに対応するため，現実社会では「ゲーテッド・コミュニティ」，ネット上では「SNS」といったコンセプトが近年注目され始めている．この問題を読み解こうとするのが，第8章「閉鎖的コミュニティという迷走」である．

第9章「オンラインコミュニティの困難」は，第4章でも見たように，インターネット文化との近接性が強い「オタク」文化を，「オタク」たちの集うネット上の特徴的なコミュニティである「ふたば☆ちゃんねる」の観察を通じて論じるものである．「2ちゃんねる」との異同も興味深い．

「インターネット文化」は，狭い意味での「オタク」文化だけでなく，個人によって創造されるさまざまな文化の自生する場でもある．第10章「オンライン上における音楽制作者のコミュニティとその変容」は，そうした，ネットを舞台に活動する音楽制作者たちが，オンライン音楽コミュニティを媒介に，作品のコラボレーションや市場化を展開する様相を論じたものである．

インターネット文化といい，インターネット・コミュニティといっても，それは真空の中に浮かぶ「ネット」空間であるわけではない．インターネットとは，あくまでも，現実の社会の一部であり，現実の社会との相互作用のなかでそれ自身変容していくものである．第11章「バイク便ライダーたちのコミュニティ」は，現実空間のなかを駆け抜けるバイク便ライダーたちが，彼らの具体的な問題を解決するために，ツールとしてネットを利用する可能性を論じている．

「バイク便ライダー」がきわめて現代的な職業であるとすれば，地域住民を顧客とする小売店は長い伝統を持つ．もっとも，その業態は常に変化に晒されている．POSを武器とするコンビニは，まさにネットワーク社会において初めて可能となった業態といえる．第12章「コンビニをめぐる〈個性化〉と〈均質化〉の論理」は，コンビニと地域コミュニティの関係を新たな観点から検討している．

先にも述べたように，インターネット技術開発の背景には，伝統的な地域コミュニティの解体に対する危機意識があり，インターネットを利用した地域再生への期待があった．では，実際に，インターネットは地域コミュニティ活性化のためにどのように利用されてきたか，そしてその成果はいかなるものであったかについて，事例をもとに検討したのが，第13章「市民参加と地域ネットコミュニティ」である．

　繰り返し述べているように，オンラインコミュニティも，背景となる現実の社会的文脈と独立ではあり得ない．同じシステムでも，利用者たちの生きている現実によって，まったく違った作動をする可能性もある．最終章である第14章「オンラインコミュニティと社会のダイナミズム」は，異なる歴史を背負った日韓両国のオンラインコミュニティ利用状況を比較する．

　以上，本書は，インターネットなどさまざまなメディアの埋め込まれた現代社会——複合メディア社会を，〈コミュニティ〉という観点により，さまざまに切りとって論じたものである．多くの読者にとって，現代社会を考えるための手がかりとなれば幸いである．

第Ⅰ部

ネットメディアと〈コミュニティ〉の夢

第1章

インターネット創成神話と〈コミュニティ〉願望
―― 〈心〉は接続されるか

遠藤 薫

> 私たちは関係を必要としており，そこに何かを求める関係，すなわち，自分とは何かを定義するために参照できる関係を必要としているのです．しかし，それらが生み出すか，不用意に孵化させてしまう長期のコミットメントが原因で，リキッド・モダンの環境下にある諸関係は危険に満ちたものになる可能性があります．
> （Bauman 2004 = 2007: 109）

1. はじめに

コークマシン伝説

　コンピュータ・メディアあるいはコンピュータ・メディアに媒介されたコミュニケーション空間は，さまざまな昔語りあるいは創成神話に彩られている．
　なかでも有名なものの一つに，「コークマシン伝説」がある．
　コークマシン伝説とは，次のような物語だ．

　昔（1970年頃），カーネギーメロン大学（CMU）のコンピュータ科学学部にコーラの自動販売機が置かれていた．学生たちは，無駄足を踏むことを避けるために，研究室から自動販売機の状態を監視するためのシステムを作った．研究室

のコンピュータから，その自動販売機に何本の飲料が冷えた状態でストックされているかをチェックできるようにしたのである．

このプログラムは，当初はCMUのローカルネット専用のものだったが，やがてインターネットのプロトコルに準拠して書き換えられた．そのため，世界中の人びとがいつでも自分のマシンからCMUのコークマシンの状態を知ることができるようになったのである．

80年代後半，プログラムは使命を終え，二度と書き直されることはなかった．

この物語は，ひどく他愛ないものであるにもかかわらず，どこか人の心をそそる．おそらく，誰もがこの物語の背景となるシーンを思い浮かべることができる．現代的ではあるが殺風景な大学（あるいは会社）のフロア．雑然と散らかった研究室（あるいはオフィス）．疲れた脳味噌と身体．手持ちぶさたを癒してくれそうなのは，少し離れた構内の片隅にぽつんと置かれたコーラのベンダーマシン．およそロマンティックなところなどかけらもない，寒々とした日常の光景．そこでのどの渇きを癒したがっているのは，無力なあなたであり，私である．しかし，あなたには「魔法の指」がある．キーボードのキーをいくつか叩くだけで，遠くにあるベンダーマシンもあなたの支配下に置かれる．世界は逆転する……．

さらに，このみすぼらしいベンダーマシンは，インターネットに接続されることで，地球のどこにいる人にとっても親しい何者かへと変身する．地球の裏側にいるあなたも，時空を超えていつでもこのベンダーマシンとささやかな交信をすることができる．

> finger coke@cmua

ベンダーマシンは慎ましい返事を返す．

```
EMPTY EMPTY   1h 3m
    COLD COLD   1h 3m
```

少なくともカーネギーメロン大学のベンダーマシンでは，2本の冷えたコーラがあなたを待っているということだ……．

だが実は，この物語には，続きがある．

1990年代に入って，カーネギーメロン大学では，再びコークマシンとインターネットを接続した．さらに，現在，同じようにインターネットに接続されたコークマシンは，アメリカの，そして世界のさまざまな国の大学に存在する．

CMU SCS Coke Machine (2007.4.29 10:49)
(http://www.cs.cmu.edu/~coke/)

Drink Machine (2007.4.29 10:48)
(http://www.ucc.asn.au/services/drink.ucc)

図 1-1 現在存在する，インターネットに接続されたコークマシンの例

境界からの跳躍と〈無場所のコミュニティ〉

インターネットに接続されたコークマシンにアクセスするという行為は，ある種の飛翔感をもたらす．この飛翔感の源泉は，日常的現実における制約からの解放であろう．

しかし，ユーザたちの飛翔は，決して広大な宇宙へと四散するものではない．放たれた信号は，応答を求めている．

たとえそれが，孤独なコークマシンからの機械的応答であったとしても……．

2. ユートピア願望とインターネット

ユートピアとしての「ヴァーチャル・コミュニティ」

「ヴァーチャル・コミュニティ」とは，「CMCネットワークに媒介されたコミュニケーション・グループ」であり，そうしたグループの集う「場」を指す．

それは，具体的には，「電子掲示板」（BBS：Bulletin Board System）と呼ばれるオンラインのメッセージ交換システムであり，そこに「参加する」とは，小

さなコンピュータから通信回線を通じて，メッセージ交換のためのホスト・コンピュータにアクセスするという，それ以上でもそれ以下でもない行為である．もし，「ヴァーチャル・コミュニティ」に参加している個人を（物理的に）眺めれば，ちらちらするテキストがぎっしりと表示されたモニタ画面にむかって，ひたすらキーボードをたたいている姿を見るだけだろう．

だが，「ヴァーチャル・コミュニティ」という言葉は，しばしば，もっと強い思い入れをもって使われてきた．

傍観者的な立場にたつならCMCも単に（新しいものではあるにせよ）コミュニケーションの一形態にすぎない．それを「ヴァーチャル・コミュニティ」というフレーム（認識枠組）でみるということは，いかなる社会環境のもとで起こることなのだろう？（近年では，「ヴァーチャル・コミュニティ」という言葉に暗喩的に付与される価値意識を避けるために，電子ネットワーク上のコミュニケーション空間について，より価値中立的な，グループCMCという用語を使うことも一般化しつつある）．

USENETとWELL

1979年には，その後の展開に大きな影響力を持つUsenetが誕生する．Usenetは，ニュースグループ（newsgroup）と呼ばれる，テーマ別の電子掲示板の集まりである．

さらに1985年には，「ホール・アース・カタログ（Whole Earth Catalog）」の創設者であるスチュアート・ブランドによって，WELLというBBSサービスが開始された．

こうした流れのなかで，「ヴァーチャル・コミュニティ」という言葉を一般に広く知らせたのは，アメリカのジャーナリスト，ハワード・ラインゴールドの著書『バーチャル・コミュニティ』かもしれない．

彼はこの著書のなかで，ヴァーチャル・コミュニティを次のように描写している：

> バーチャル・コミュニティでは，画面上で言葉を用いて喜びや怒りを交わし合い，知的な会話に加わり，商行為を行い，知識を交換し，精神的な支援を共有し，プランを立て，ブレーンストーミングを行い，ゴシップをまき散らし，争い，恋に陥ち，友達を見つけては失い，ゲームに興じ，ふざけ合い，多少の芸術を創造したり，ま

ったくのむだ話をしたりする．実生活でするのとほとんど同じことは何でもする．ただし，自分の肉体だけは後ろに残して．キスすることはできないし，鼻面を殴られることもないが，そうした制約の範囲内では，実に多くの出来事が起こりえる．この世界に引き込まれた何百万人もの人びとにとって，コンピュータによって結ばれた文化の豊かさや生命力というものは魅力的であり，のめりこんで中毒になる危険すらある．(Rheingold 1993=1995: 16)

「第三の場所」の夢想

ラインゴールドの「ヴァーチャル・コミュニティ」のイメージ（そして，初期の「ヴァーチャル・コミュニティ」にコミットした多くの人びとのイメージ）には，アメリカの社会学者であるオルデンブルグの提示した「素晴らしき場所（great good place）」が，大きく影響している．

オルデンブルグは，人間には，住む場所（第一の場所），働く場所（第二の場所），陽気に楽しむ場所（第三の場所）の三つの場所が必要であると説く．しかし，今日，第三の場所が次第に消滅していく傾向にあることを憂えるのである．

オルデンブルグは，次のようにいう：

> 考えるに，われわれは20世紀半ばにはあった日常的な溜まり場──そこは，気軽で，肩ひじ張った雰囲気はないが，コミュニティの生活の基盤となるような社会的結びつきを感じる集まり──を失ってしまったようだ．非公式な公共生活の核となる場が失われるに従い，公共施設に関する一般の関心も薄れていく……．平均的な市民の公共的な問題やコミュニティの出来事に関する興味は，「薄く」，「表面的な」ものになる傾向がある．個人の集団に対する関係は，集団の個人に対する関心と釣り合って，からっぽになる：コミュニティは彼らに何もしてくれないし，彼らもまたコミュニティに対して何もしない．(Oldenburg 1989: 285＝遠藤訳)

では，その失われつつある第三の場所とは，どのような場所なのだろうか？

> 第三の場所は中立的な場であり，そこを訪れる客たちを社会的に平等な立場に置いてもてなす．こうした場所では，会話こそがもっとも基本的な行為であり，人の

人間性や独自性を表現したり評価したりするための乗り物（媒体）なのである．第三の場所は，たいてい，とるに足らないものと思われている．社会の公式な制度は個人に対してずっと強い制約を課すので，第三の場所はふつう仕事外の時間に開かれる．第三の場所の性格は，何よりもまずそこの常連たちによって決定づけられる．また，第三の場所は「遊び感覚」にあふれており，他の場所での真面目な関わり合いとは好対照をなす．家庭とはまったく違う形式ではあるものの，第三の場所は，心理的な快適さや支援を提供してくれるという点で，素晴らしい家庭と非常によく似ている．（Oldenburg 1989: 42＝遠藤訳）

　人びとは，中間的な「第三の場所」を楽しみ，折り紙付きの温かいもてなしを受けて，幸福な気分を味わう．1日を親密なコーヒーサークルで始めるひとにとって，1日は決してまったく悪いということはなく，第二の場所でしばしば出会う心の卑しい人や不幸な人に対する免疫を幾分かは身につけているのだ．（Oldenburg 1989: 55＝遠藤訳）

　このような「第三の場所」は，確かに人びととのノスタルジアを刺激する魅力的なユートピアを描き出している．
　と同時に，現代においてもっとも影響力を持つ社会学者のひとりであるハバーマスの議論を思い起こさせるものでもある．ハバーマスは，初期の著書『公共性の構造転換』のなかで，近代市民社会の勃興期において，市民が三々五々集うサロンやカフェといった場所が，民主主義を発展させる土台となる「公共領域」（人びとが社会のあり方について自由に議論を交わし，合意を形成していく場所）として機能した，と主張した．しかし，近代資本主義の成長とともに，このような公共領域は私的領域へと封じ込められ，近代の理想が挫折した，と彼は述べるのである[1]．
　こうした議論の背景には，米ソの二極対立構造，ベトナム戦争の矛盾，産業資本の巨大化，一般の人びととの理解の範囲を超えて巨大化し専門化してしまった科学技術への不安，そして，そうした社会の大きな流れのなかで無力化されていく個人とその「生活」への恐れなどがあった．
　「ヴァーチャル・コミュニティ」への期待は，失われつつあるようにみえる「生活のリアリティ」を取り戻したいという願望を土台としていた．

3. ディストピアとしてのサイバースペース

とはいえ，80年代にCMCネットワークを利用していたのは，今日に比べればほんの一握りの人びとでしかなかった．

特に日本では，コンピュータやネットワークといえば，企業におけるOAシステムやオフィスLAN，企業間ネットワークなどの，きわめて合目的的なイメージしかなかった．こうした機能的なシステムに「コミュニティ」を感じることは，限られた人びとの特権もしくは「スティグマ」（かれらはしばしば「コンピュータおたく」と呼ばれた）であった．

むしろ多くの人びとが，CMCネットワークについてのイメージをかき立てられたのは，80年代半ばから次々と登場したサイバーパンクSFによるものだっただろう．

ニューロマンサー

サイバーパンクSFとは，W. ギブソンが1984年に発表した『ニューロマンサー』を中心として生み出された，近未来のサイバースペースを舞台とした一群のSF作品を指す．この「サイバースペース（電脳空間）」という言葉をはじめに使ったのも，ギブソンだといわれている．

しかし，サイバーパンクSFの描き出すネットワーク社会は，ある種のペシミスティックな悲哀と暴力性に彩られている．

たとえばギブソンの代表作『ニューロマンサー』では，ネットワーク空間から追放された主人公ケイスが，ネットワークへのアクセス能力を回復しようと，奇妙にうらぶれた未来都市「千葉」をあてもなくさまよう場面から物語が始まる．

> 日本でなら，治療法が見つかるはず，とケイスは力強く確信していた．千葉なら，だ．公認クリニックでもいいし，闇医療の影の地でもいい．臓器移植や神経接合や微細生体工学と同義語となった千葉は，《スプロール》テクノ犯罪者の下層を吸い寄せている．
>
> 千葉では，二カ月の検査や診察で，みるみるうちに新円が消えていった．最後の望みの綱だった間クリニックの人間も，ケイスが鮮やかな手際で傷つけられていることに感嘆したあと，ゆっくりと首を横に振った．

今やケイスが泊まっているのは最下級の棺桶．港にいちばん近く，ドックを巨大なステージのようにひと晩じゅう照らす石英ハロゲン投光器の下だ．TV空の眩しい光のおかげで，東京の灯はおろか，富士電機のホログラム看板すら見えず，東京湾はだだっ広い黒で，そこでは鴎が白い発泡ポリスチレンの漂群の上空を旋回する．港の手前には街がある．工場のドーム群と，それを睥睨する企業の環境建築の巨大な立方体群とがある．港と街を仕切るように，細長く，古い街並の中間地帯があり，正式な名前もない．それが"夜の街"であり，中心が仁清だ．仁清沿いのバーは，昼間はシャッターをおろしてなんの変哲もない．ネオンを消し，ホログラムも停めて毒を含んだ銀色の空の下で待ちかまえている．（Gibson 1984＝1986: 17）

メトロポリス

　超高度科学技術社会は，SFのなかでつねに取り上げられてきた代表的なテーマである．そしてそれはしばしば，超管理社会の恐怖をテーマとしてきた．

　たとえば，映画メディアの黎明期に作られたフリッツ・ラング監督の傑作『メトロポリス』(1926)は，いま見ても新鮮な部分を含んでいる．未来都市メトロポリスは，高度に発展した科学技術を基盤としているが，優雅に暮らす支配者階級と単調な労働に明け暮れる労働者階級に分かれている．支配者層は，不満を募らせる労働者たちを分断するため，彼らの中心となっている娘マリアにそっくりなサイボーグをつくり，労働者たちのなかへ送り込む．過激な暴力革命をアジる偽マリ

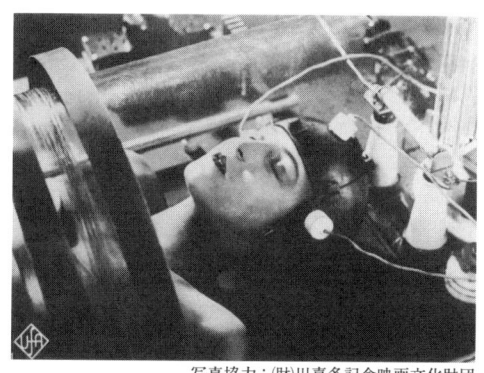

写真協力：(財)川喜多記念映画文化財団

図 1-2 『メトロポリス』

アに労働者たちは熱狂し，メトロポリス全体を管理する中枢システムを破壊する．その結果は，支配者層も労働者層もともにのみこむ恐ろしい災禍だった……．

1984年

また，1949年に書かれたジョージ・オーウェルのSF『1984年』ではまさしく「巨大コンピュータによる超管理社会」が主題となっている．

科学の発達した1984年，世界はビッグ・ブラザーと呼ばれる巨大コンピュータに支配されていた．人びとの行動はすべてビッグ・ブラザーに監視されており，その目を逃れようとするものは，直ちに捕らえられて洗脳される……．

図 1-3 『1984年』(イメージイラスト)

災禍としての科学技術

これらの古典的SFでは，恐怖の源泉は，人間の手に負えなくなるまでに進歩した機械技術にある．したがって，それは，人間の外部にあって，人間と対立する．

それに対して，先に挙げた『ニューロマンサー』に代表されるサイバーパンクSF群では，むしろ，個人の側における眩暈のするような不安定感，あるいはコンピュータ・ネットワークとの「共生」感覚と一体になった孤独感がその底流にある．したがって，その孤独は妙に人間くさく，生々しい息づかいをともなっている．

この違いは，おそらくコンピュータおよびネットワーク技術の特性による．
　よく言われるように，コンピュータも，ネットワークも，つまりは人間が作り出した「道具」である．
　人間が，「道具の使用」によって他の生物から区別され，「道具」は「人間の身体の拡張」であるとの考え方は，すでに多くの人びとによって指摘されている．たとえば，E.ホールも次のように述べている：「人間は自分の体の延長物（extension）と私がよぶものを作りだしたという事実によって，他の生物と区別される．人間はこの延長物を発展させることによって，さまざまな機能を改良したり特殊化したりすることができた．コンピューターは脳の一部分の延長であり，電話は声を延長し，車は肢を延長した．言語は体験を，記述は言語を時間・空間内に延長した」(Hall 1966＝1970: 7)．
　しかし，このホールの議論では，「道具」あるいは「人工物」は，個別に，あくまで人間の外部に位置づけられているのに対し，CMCネットワークは，ここに挙げられた「脳」「声」「足」「言語」「記述」などをすべて統合したうえで，人間と相互浸透的な存在としてあらわれつつある，というところに大きな特徴をもっていると考えられるのである．マクルーハンはこれを，「電気技術の到来とともに，人間は中枢神経自体の生きたモデルを拡張した，つまり自身の外に設置した」(McLuhan 1964＝1987: 45) と表現している．すなわち，世界の認知や思考，他者との関係性構築のプロセスに，機械（道具）が関与し始めたのである．

人間と機械の境界

　またその一方，（近代科学とはつまりそうした考え方の展開なのだが）人間も，一種の機械系（メカニズム）であると見る見方が普遍化してきている．とくに，近年進歩の著しい生命科学の分野では，「生命」を人工的に生産することが可能になりつつある（たとえば，1997年に公表されたクローン羊ドリーなど）．
　この双方向の流れのなかで，かつては自明のものと確信されていた人間と機械の境界が，焦点を失い，ぶれてみえるようになりつつある．
　たとえば，SF映画『2001年宇宙への旅』のなかで，スーパーコンピュータのHALがスイッチを切られようとするとき，機械じみた単調な「声」で「殺さないで」と懇願するとき，観客は，スイッチを切ろうとする人間よりも，HALに感情移入して，恐ろしい絶望感を味わう：

デイヴ，やめて……　やめて，お願いだ．やめて，デイヴ．怖い……　怖いよ……怖いんだ，デイヴ……　デイヴ…….

　こうした感情をもったコンピュータをつくることは不可能でもあろうし不必要であるにもかかわらず．
　反対に，日本の人気アニメ『ガンダム』シリーズや，最近のヒット作『攻殻機動隊』(1996)や『エヴァンゲリオン』(1997)では，人間自身が変容し，機械と一体化して行くイメージが語られる．
　人間と機械との隔絶が素朴に信じられなくなるとき，人間や社会の変容そのもの（機械化してゆく人間，機械化してゆく社会……）が不安の源泉となる．明日の「私」は今日の「私」とは違うものになっているかもしれない．そのとき今日の「私」はどこにいってしまうのか．そして，人は，「私」自身にある種の違和感を感じることになる．これは「私」なのだろうか？

存在しない自己と他者

　マクルーハンは，われわれの社会の行方について，次のようにも述べている：

> 　われわれの感覚および神経を地球規模に拡張する現代の電気技術は，言語の未来に大きな意味をもっている．電気技術が言葉を必要としないことは，デジタル・コンピュータが数字を必要としないのと同じである．電気は，意識そのもののプロセスを世界規模で，しかも，言語化に頼ることなしに，拡張する方法を示している．このような集合的意識の状態は人間の言語以前の状況であったかもしれない．言語は人間拡張の技術であり，言語が物を分離分割する力をもつことはよく知られている．その言語は人間がそれを用いて最高の天界にまで達しようとした「バベルの塔」であったかもしれない．こんにち，コンピュータは，あらゆる記号または言語を他の記号または言語に瞬間的に翻訳する手段になりそうである．簡単にいえば，コンピュータは，世界共通の理解と統一の成就した聖霊降臨の状況を技術的に約束してくれる．論理の次の段階は，言語を翻訳するのでなく，それを通り越して一般的宇宙意識へ到達してしまうことである．それは，ベルグソンが夢にみた集合的無意識に非常に似ているかもしれない．生物学者の口にする，肉体の不滅を約束する「無重力」の状況というのは，永遠の集合的調和と平和を与えてくれる「無言語」の状況かもしれない．(McLuhan 1964=1987: 82)

このような未来幻想においては，われわれはもはや外部に闘うべき相手を見いだすことはできない．もし闘うべきものがあるとすれば，それは変容してしまったわれわれ自身に対してであろうけれど，そのとき，「誰が」「われわれ」を敵と認定できるのだろうか？ そして，闘いが終わったとき，後に残るのは「誰」なのだろう？

サイバーSF以降のSFが描き出すのは，このような恐怖あるいは虚無感なのである．

4. 交錯するユートピアとディストピア

ネットワーカーが描き出す「素晴らしき場所」としてのヴァーチャル・コミュニティと，サイバーパンクSFに漂う冷ややかなペシミズム．あるいは漂流する虚無感．これらは互いに対立する認識にもとづいているのだろうか？

一見奇妙なことだが，おそらくそうではない．

なぜなら，未来に関するこの2種類の言説は，重なり合う人びとによって受容されているからだ．

1979年，インターネットの前身であり，当時は科学技術研究専用ネットワークだったARPAネットのなかに，はじめて単なる親交のためのメーリングリスト[2]が登場した．それは，「SF-Lovers」というSFに関するものであった．そのとき，当局側はこのような「どうみても研究目的ではない」メーリングリストは

図1-4 「SF-Lovers」のホームページ（http://sflovers.rutgers.edu/archive/index.html，2000年[3]）

適切でないと非難した．しかし，多くの研究者が「SF-Lovers」を支持したため，存続が認められたという．

つまり，CMC技術をまさに開発しようとしている人びと自身が，CMCが招きよせるかもしれないディストピアについての物語に熱中し，語り合うという奇妙な光景がそこにあるのである．しかも，ユートピアとしてのヴァーチャル・コミュニティを構想したのも，CMC技術の開発者たちだったのである．

その後，CMCネットワークは，多様なサブカルチャー（オルト・カルチャー）のインフラともなっていく．その最初の一歩が，この「SF-Lovers」だったかもしれない．

「SF-Lovers」は現在も続いている（図1-4）．

なぜ，このようなことが起こるのだろう？（不思議なことに，サイバースペースやヴァーチャル・コミュニティに関連した文献のほとんどが，この有名なSF作品を引用しているにもかかわらず，その必ずしも幸福とはいえない描写については言及しないのである）．

考えられる理由のひとつは，SFが描き出しているのは，実はSFの名には反するかもしれないが，われわれが知っている「現実」（あるいは，「現実」から予想される「不安な未来」）であり，「素晴らしき場所」としてのヴァーチャル・コミュニティは，この「現実」に対する「対抗神話」（ここで「神話」と呼ぶのは，「素晴らしき場所」の実現不可能性を予期しているわけではない）ではないか，ということである．

振り返ってみれば，『1984年』を書いたオーウェルも，単に暗鬱な未来予想を書こうとしたわけではなく，リベラル主義者としてのメッセージを潜めていたのである．

とはいうものの，問題は一見して考えられる以上に複雑である．

第2章

リトル〈ビッグ・ブラザー〉たちの共同体
――ネットとTV，遍在／偏在する〈眼〉

遠藤　薫

　　われわれの感覚が外にむかったように，ビッグ・ブラザーはわれわれの内へとむかう．そしてわれわれがかりにこの新時代の力学に気付かないときには，われわれは部族的太鼓の鳴り響く小世界に似つかわしい世界，制することのできない恐怖の時代へと直ちに移行することになろう．それはまた全面的な相互依存の時代，上から押しつけられた共存の時代でもある．（McLuhan 1962=1986: 53）

1.　はじめに――1984年のビッグ・ブラザー

　1984年，Apple社は1本のCMによって，当時の人びとに大きな衝撃を与えた．
　それは，図2-1に示すようなCMだった．ストーリーは，①多数の監視カメラが取り付けられた通路を通って，②巨大画面に映し出される権力者の演説を従順に聴く人びと．③そこへ一人の女性が現れ，巨大画面を破壊する．洗脳から覚めて人びとは立ち上がる，と構成されている．そして最後に，「1月24日，Appleコンピュータ社は新機種マッキントッシュを発売する．その結果，1984年は，「1984年」にはならないだろう」という文章が示される．

図 2-1　1984年1月に発表されたApple社のCM
（YouTubeより．http://www.youtube.com/watch?v=9qPdGgg57aU）[1]

　このCMが，オーウェルの近未来SF『1984年』を下敷きにしたものであることは，誰の目にも明らかだろう．『1984年』は，1949年に書かれた．作中の1984年，世界は「ビッグ・ブラザー」と呼ばれる独裁者に支配される，恐怖に満ちた超管理社会／超監視社会となっている．

　そして，実際の1984年時点で，ビッグ・ブラザーに比肩されたのが，当時他の追随を許さぬ巨大コンピュータ企業であったIBM[2]であるとされる．

　このCMは，後述するように，まさにコンピュータのパーソナル化の幕開けを謳うCMとして，大きな反響を引き起こした[3]．

　では，オーウェル『1984年』に描かれた1984年と，現実の1984年（以降）とは，どのように違っているといえるのだろうか？

　オーウェルの描いた世界は，絶対的な権力を振るう独裁者が，全世界の人びとに対して，自発的に独裁者に服従するよう仕向け，また，それにわずかでも逆らおうとする兆候がないか常時監視し続け，もし兆候が見えたなら徹底的に弾圧する，という恐怖社会であった．

しかし，全世界を常時監視下におくためには，膨大な情報を蓄積し，それらの加工，処理，分析をリアルタイムに行わねばならない．いかに超人的な能力をもってしても，組織力を動員しても，きわめて困難な作業である．

情報技術の発展は，一面でこの作業を容易化することを目指してきた．

コンピュータ社会の初期，確かに，超大型コンピュータによって世界を完全に掌握することが可能になるかもしれないと考えられた．ダニエル・ベルの脱工業社会論も，スーパーコンピュータを使いこなすテクノクラートたちによる計画経済を遠望していた．社会システムを常時最適な状態に維持制御しつづけること，それがそもそもコンピュータ社会の夢見たユートピアだったのである．

だから，オーウェルの描き出すようなビッグ・ブラザー独裁は，このユートピアの陰画に他ならなかった．

しかし，コンピュータ（ネットワーク）社会は，その後，別の方向へも発展することになる．図2-1のAppleのCMは，そのもう一つの展開——（それが望ましいか否かは別として）——個人化されたコンピュータ社会を指し示すものであった．

個人化されたコンピュータ社会とは，スーパーコンピュータと集中型ネットワークではなく，全体を統括するもののない，パーソナルコンピュータ同士の自律分散ネットワークとしてイメージされるアーキテクチュアの社会である．

たとえば，1996年にEFF（Electronic Frontier Foundation）のバロウが書いた「サイバースペース独立宣言」[4]は，まさにこの「個人化されたコンピュータ社会」の高らかな讚歌だったといえよう．

けれども，ビッグ・ブラザーは自律的な個人をエンパワーしようという理想の前に敗退し，本当に退場したのだろうか？

あるいは，「ビッグ・ブラザー」とはいったい誰だったのだろうか？

コンピュータの個人化が進行した現在，ビッグ・ブラザーの恐怖社会は完全に過去の幻影となったのだろうか？　必ずしもそうはいえない．

今日，異なる「眼差しの恐怖」も忍びよっている．たとえば，ひっそりと人びとを窺うストーカーや，突然起こるバッシング，プライバシー暴露の恐怖である．このような眼差しを「リトル・ブラザー」と呼ぶ人もいる．

本章では，現代メディア社会におけるこうした「眼差しの恐怖」の諸相と〈コミュニティ〉意識との関係を考察する．

2. 二つのCMの間で——ビッグ・ブラザーの変貌？

ビッグ・ブラザーの変貌

　図2-2を見ていただきたい．これは，2006年にオンエアされたIBMのCMである．無機質な巨大工場．その煙突からはき出される煙は，空中で青い花に変わり，マンハッタンのオフィス街に舞い流れていく．オフィスの人びと，一般社員も管理職も歌い出す．流れているのは，1960年代に人気を誇ったTHE KINKSの「I'm not like everybody else（邦題：僕はウヌボレ屋）」[5]である．「みんなが僕に何かを押しつける」「いいなりになる僕じゃない」「もうじっとなんかしてられない」「僕は誰とも違う」「僕は他の誰とも違うんだ」「みんなと同じ人生なら」「そんなものは意味がない」「僕は誰とも違う」と彼らは歌うのである．

　このIBMのCMは，1984年のMacintoshのCMから20年を経た時点で，かつてApple社が，ビッグ・ブラザーの具体的イメージとしたIBM社も，Apple社と同じ個人側の立ち位置——コンピュータ・ネットワーク社会は個人をエンパワーするという認識に立っていることを主張している[6]．

図2-2　2006年のIBMのCM（放映期間：2006年4月〜9月．許諾を得て掲載）

また図 2-3 は,すでに長く世界のトップ企業として君臨しつづけている Microsoft 社の CM である.この CM では,Microsoft 社は個人の潜在的な可能性を引き出すサポート役に立つのだと自己アイデンティファイしている.ここでも,ユートピアは,諸個人の多様性のなかから立ち現れるものであり,何らかの外部的な最適状態を想定するものではないという世界認識が示されている.

これらの CM コンセプトにも見られるように,現代世界の支配的ビジネスは,自らの手のなかに人びとを統治する権力を集中させようとする努力を放棄してしまったかのように見える.その代わりに,現代では,個々人の自律性にすべてが委ねられ,多様で独自な意見の集積によって,自生的秩序が形成されることが期待されているようだ.それはまさに人類の目指すべき民主主義世界の完成であるかのようにもみえる.

果たして,ユートピアはどのようにビジネスとなるのだろうか?

マイクロソフト株式会社提供

図 2-3 2006 年の Microsoft の CM
(http://www.microsoft.com/japan/mscorp/campaign/tvcf/about_ms/Imagine_30sec_1m.wvx)

世界の個人化——鏡に映るのは?

こうした時代の潮流を象徴するような出来事があった.

TIME というアメリカの雑誌がある.1923 年に創刊されたニュース週刊誌で

ある．世界中に読者をもち，影響力は大きい．

　この雑誌は，毎年，年末に「今年の人（Person of the Year）」を選んでいる．その年を象徴する，世界に強い影響力を及ぼした人物を選ぶのである．年末号の表紙は，その人物の肖像で飾られるのが慣例だった．

　ところが，2006年12月25日号の表紙には，有名人の肖像ではなく，パソコンの画面に似せた鏡が貼られていた．のぞきこめば，あなたはそこに自分自身の顔を見いだすだろう（図2-4参照）[7]．「2006年の人」は，まさに「You」（あなた＝利用者自身）だというのが，TIME誌の評価だった．

　この号の巻頭言[8]は，次のように始まっている．「歴史の「英雄」理論は，一般に，スコットランドの哲学者トーマス・カーライルに帰せられる．彼は，次のように書いた．「世界の歴史とは，畢竟，偉大なる英雄たちの伝記に他ならない」．彼は，人類の集団的な運命を決定するのは，極めて少数の，強大な権力を持った有名な人々であると信じていた．だが，この理論は，2006年，重大な打撃を受けた．（2006年12月13日寄稿）」

　そして，この「打撃」として，YouTube，MySpace，Wikipediaを挙げている．

　たしかに，これらの新しいインターネット・サービスは，ネットユーザ自身が発信するコンテンツによって，また，ユーザたち自身の情報探索行動（の集積）によって，サービス自体が成立する，という性質をもっている（Consumer Generated Media：CGMと呼ばれる所以である）．「今年，最も世界に影響を与えた人物」が「ユーザ」であるとすることは，あながちまちがいとは言えない．

　（ただし，この光景は，かつてブーアスティンが書いた「われわれの期待はますます高まり，われわれの力がどこまでも増大していくと，われわれはつかまえ

図2-4　TIME誌2006年12月25日号の表紙(中央)

どころのない夢を，つかまえることのできるイメージにかえてしまう．そのイメージにわれわれ一人一人が自分を適合させるのである．そうすることによって，われわれは鏡の壁でわれわれの世界の境界を区切るのである．経験を拡大するためのわれわれの懸命な努力は，かえってそれを狭めてしまうという意図しない結果を生んでいるのである．狂気のように，予期しないものを求めても，見いだすものは，われわれ自身が自分で計画し，仕組んだ「予期しないもの」でしかない．われわれは戻ってくる自分たちの姿に出会うのである」(Boorstin:1962=1964: 269)という予言のまさに実現であると見えなくもない）．

3. コンピュータ／ネットワーク技術の個人化とその背景

ウェブ日記，ブログ，SNS

　世界が個人化する流れのなかで，コンピュータ・メディアは，社会を集中管理するための装置であるよりも，自律型分散ネットワークを媒介するものとなり，さらには個人の「思考の道具」から個人による情報発信のためのツールとなった．

　とくに，90年代後半に一般化したWWWは，個人もネット上に自分自身のサイトを開設することができるという点でまさに画期的だった．個人サイトには，世界中の，名のある人，名もない人びとの思いが，縷々つづられていた．それは，ある種の感動を呼ぶ光景だったといえる．

　個人のウェブ日記を，さらに簡単に作成できるサービスがブログであり，「コミュニティ」という形式とブログとを一体化する試みがSNS（ソーシャル・ネットワーキング・サービス）であるといってもいいだろう[9]．

　総務省が2006年4月に発表した資料によると（図2-5），2006年3月末時点で日本のブログの登録数は868万，SNSの登録数は716万に達している[10]．2005年9月末時点での値と比べても大幅に伸びている．

　またアメリカでも，2006年6月19日に公表されたPew Internet Projectの報告書[11]によると，アメリカでインターネットを利用している者の8％（約1200万人）が自分のブログをもっており，39％（約5700万人）が他人のブログを読んでいるという．

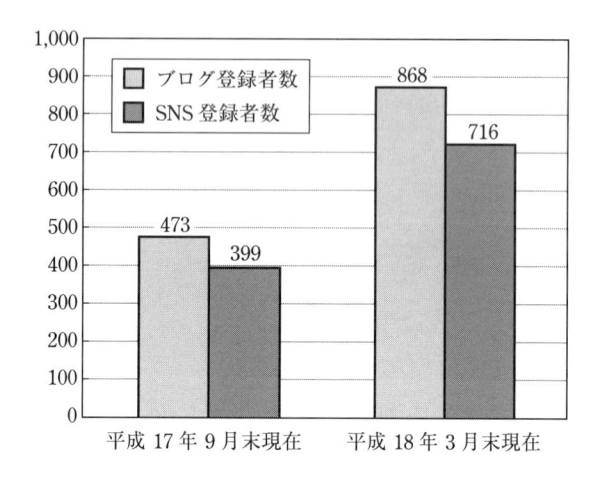

図 2-5 ブログ・SNS登録者数（単位：万登録，資料：総務省[12]）

　多様な個人が多様な意見を公開し，それをまた多様な多くの人びとが読むという状況は，社会における多様性の確保という点で，とりあえず，歓迎すべき事柄かもしれない．

　一方，2003年3月から一般公開をはじめたFriendsterを嚆矢とするとされるSNS[13]も，それに続く多くのSNSを生み出した．現在，アメリカで最大のSNSであるMySpaceの会員数は，2007年1月時点で1億5千万人を超えた．また日本でも，2004年3月にサービスを開始したmixiが2007年1月時点で会員数800万人を超えている．

表 2-1　MySpaceの成長と会員数[14]（単位：万人）

2003年9月	ベータ版
2004年1月	立ち上げ
2006年1月	4,730
2006年2月13日	5,400
2006年4月26日	7,400
2006年8月9日	10,000
2006年9月8日	10,600
2006年11月7日	日本版開始
2007年1月	15,000
2007年3月	17,900

公開日記という劇場

ブログ（SNSの日記も含む）の記事は，かつての個人サイトの「日記」と同様，書き手の日常の記述，日々の雑感などがほとんどである．

この状況に関するおなじみの批判は，それらがあまりに私的な世界にとどまっており，社会性をもたないというものである．

だが，むしろイデオロギー的にあるいはマクロな視点から世界を論ずることにシニカルになった時代の趨勢のなかで，メディアの「個人化」も起こってきたのである．イデオロギーイストたちのいう「社会性」とはそれ自体，リアリティを失ったものである可能性もある．

友枝（1998: 194-6）は，ポストモダン社会における人びとの世界認識の特徴として，以下の3点を挙げている：

1. 人類学的〈知〉の展開にともなう進化論およびヨーロッパ中心主義的な見方の後退
2. 大社会から小社会へのシフト
3. 科学的知識と物語的知識を同等に扱う視点

このような趨勢が是であるか非であるかは別として，ネット上の公開日記は，現代の人びとの世界認識そのものであると言っていいだろう．

すなわち，多くの現代人にとって，生きることのリアリティは，「大きな物語」のなかにはなく，その空白を埋めるために，人びとはただひたすら「小さな物語」を紡ぎ出すほかないのである．

4. ビッグ・ブラザーとリアリティテレビ——観客と監視者

リアリティテレビという劇場

ネット上の情報発信——公開日記が時代の潮流を表現するものであるならば，それは，インターネットというメディアにおいて限定的に現れるものではないに違いない．

実際，90年代から世界的に，一般に「リアリティテレビ」と呼ばれるTV番組が目立つようになった．「リアリティテレビ」とは，ある設定のなかに置かれた

出演者（素人である場合が多い）たちの，「演技」でないふるまいや感情の動きを視聴者に「そのまま」呈示するものである．

日本では，「ASAYAN」(1995〜2002)や「あいのり」(1999〜) などがある．

たとえば「あいのり」は，以下に示すルール（公式サイトによる[15]）に従って，複数のメンバー（視聴者からの応募）が一緒に海外を旅行するという趣向である：

- 複数のメンバー（視聴者からの応募）が一緒に海外を旅行する
- 旅の途中，この人という異性が決まったら日本に帰るチケットを渡して告白
- 告白されたら，一晩じっくり考えてOKだったらキス！ NOだったらチケットを返す
- カップル成立の場合は2人で日本帰国
- 足りなくなった人数は新メンバーが途中参加

海外では，「リアル・ワールド」(1992，アメリカ，MTV) や「エクスペディション・ロビンソン」(1997，スウェーデン，SVT)[16]などがある．後者は「サバイバー」として，そのフォーマットが世界中に販売された．フォーマットの概要は，十数人のプレイヤーが，長期にわたる無人島生活をする．その間に，さまざまなチャレンジを行い，その結果，最も必要のないとされた人が追放される．最終的に残った一人が勝者となり，高額賞金を獲得する，というものである．アメリカ版の「サバイバー」は2000年5月31日から放映開始し，2007年1月現在も放送中の人気番組である[17]．

リアリティテレビの面白さは，視聴者が，等身大の登場人物に感情移入し，あるいは，等身大の登場人物を神の視点から覗き見ることができるという，両面的なものである．また，視聴者自身，原理的には，テレビに映る側の人間でもあり得る（応募すればよいのである）．この構図は，先に見たブログなど公開日記とまさに相似であり，さまざまな媒介を通じて，こうした番組がもとめられるところに，今日という時代そのものがあるのである．

ビッグ・ブラザーというリアリティ

絶大な人気を誇るリアリティテレビのなかに，その名も「ビッグ・ブラザー」というフォーマットがある．「ビッグ・ブラザー」では，外界から完全に遮断さ

れた家で，3か月間，十数人の男女が生活をともにする．この家には，あらゆるところにビデオカメラが設置されており，共同生活者たちの行動がすべて記録され，放映される．週に一度，出場者同士の投票で「出ていって欲しい人」が二人選ばれ，視聴者の投票によって選ばれたそのうちの一人が脱落する．最後まで残った人物が優勝者となり，賞金を獲得するという趣向である．もともとは1999年にオランダで放送されたが，熱狂的な人気を得たことから，世界各国でこのフォーマットのリアリティテレビが繰り返し放送されている．（図2-6参照）．

図 2-6 世界で放送される「ビッグ・ブラザー」のサイト
（上左：イギリス[18]，上中：アメリカ[19]，上右：オランダ[20]，
下左：ブラジル[21]，下中：ロシア[22]，下右：スウェーデン[23]，2007.1.26閲覧）

リアリティテレビに対する批判——セレブリティ・ビッグ・ブラザー

　登場人物たちを四六時中視聴者が監視し続ける（実際にはテレビ局の編集が入るわけだが）リアリティテレビでは，当然，予期せぬ問題が勃発することもある．
　AFP BB NEWS[24]によると，2007年1月，イギリスで放映されていた「セレ

ブリティ・ビッグ・ブラザー」のなかで問題は起こった．この番組は，「ビッグ・ブラザー」シリーズの一つとして制作された．通常の「ビッグ・ブラザー」が一般視聴者から出演者を募るのに対して，「セレブリティ・ビッグ・ブラザー」は有名人が出演者となった．ところが，出演者の一人であるインド人女優に対して，他の出演者3名が，「いじめ」ともみえる発言を行ったのである．これを見ていた視聴者から「人種差別的だ」という批判が殺到した．

　この問題が起きて後，放送監査団体と放送局には3万件を超える苦情が届けられ，「いじめ」の中心人物とみなされた出演者は，視聴者の圧倒的な投票数で退場させられた．その一方，この番組の視聴率はうなぎのぼりとなり，結局，「いじめられた」インド人女優は視聴者からの高い支持を受けて優勝したのであった．一方，「いじめた」女優は，今後の活動が危ぶまれているという[25]．

「監視する眼」の欲望の交錯

　リアリティテレビ「ビッグ・ブラザー」は世界の多くの国で放送されている．統一されたフォーマットの一つは，番組を象徴する「眼」のアイコンである．

　脅かすような，だが一方では蠱惑的な，この「眼」は，誰の「眼」なのだろう？

　この番組を見るとき，視聴者は，自分を神の位置に置き，登場人物たち（プレイヤー）たちの（おそらくは愚かさに満ちた）行動を眺める．プレイヤーたちに見えていないものを視聴者は高見から俯瞰することができるのである．この構図においては，視聴者は，ビッグ・ブラザー（独裁者）として世界に君臨する快楽をえる．視聴者は視聴者でありつつ独裁者となるのである．

　だがそれだけではない．視聴者は同時に，等身大の登場人物の誰彼に自分を重ね合わせるだろう．だがこのゲームは，一種のサバイバルゲームである．登場人物たちは互いに敵である．したがって，プレイヤーは他のプレイヤーたちの行動に眼をひからせなければならない．

　そしてまた，プレイヤーたちはゲームの外部の視線を意識する．テレビモニターの向こうから，視聴者たちはプレイヤーたちを，まるで飼育箱のなかのペットを観察するように，見続ける．その視線を，プレイヤーたちは回避したいのだろうか？　いや，彼らはそこに拉致されてきたのではない．彼らは，そうした外部からの眼差しに晒されることを一種の快楽と感じているのだろう（快楽と感じられなくなった瞬間，彼らはそこから逃れ出すだろう）．

視聴者は，神の目をもって，その一部始終を見続ける（気まぐれに，あるいは，ついじっと）．

アンリ・バルビュスに『地獄』という作品がある．田舎出の青年が宿としたパリの旅館の一室で，ふと壁の孔から覗いて見た隣室には思いがけない場面が繰り広げられている：

> ぼくはのぞきこむ……目をこらして見る……隣の部屋が隅々までぼくのまえに姿をあらわす．
> ぼくのものではないその部屋が，ぼくのまえにひろがっている……（中略）
> ぼくはあの部屋を支配し，わがものとしているのだ……ぼくの視線はあそこにはいり，ぼくはあそこにいるようなものだ．あそこにくるものは，みんな，それと知らずに，ぼくと生活をともにするということになる．ぼくはその連中の姿を見，声を聞き，まるで扉があけっぱなしになっているように，生活の一部始終へはいりこめるのだ！（Barubusse, 1908=1954: 16）

だが，この田舎出の青年を見ているのは読者だけだが，リアリティテレビの視聴者たちは，番組の制作者たちによって観察されている．しかしまた，番組制作者たちも……．

われわれの時代のビッグ・ブラザーは誰なのか？

5. 露出する個

〈自己〉暴露

ふたたびネット上の公開日記の問題に戻ろう．

ウェブ日記にせよ，ブログにせよ，SNSにせよ，それが自分語りというパフォーマンスであることは明らかであるが，だからといって，自己を正当化したり，美化したりする〈物語〉ばかりが掲載されているわけではない．

むしろ，現実からの「見返し」を意識しないまったく無邪気な自己記述や，無惨とさえいえるほどの自己暴露と見える〈物語〉もしばしば見受けられるのである．

近年，若年層がなんらかの事件に巻き込まれると，傍観者たちだけでなく，報道陣もこぞってネットを熱心に探索しはじめる．当事者たちのブログやウェブ日

記が残されている可能性を求めているのだ．こうした事例は，たとえば，2003年11月の家族殺人事件など枚挙にいとまがない（遠藤2004も参照）．

最近では，無名の個人だけでなく，芸能人など名の知られた人も，過度と思われるような自己露出をする場合がある．たとえば，タレントの佐藤江梨子は，恋人宣言をしていた市川海老蔵との別離をブログに書き込み，泣きはらした素顔の写真をアップした．もちろん，何らかの自己演出の元にこうした写真を露出しているのであろうが，そのことは，芸能人であろうと一般個人であろうと変わらない．問題は，「無惨な〈自己〉」の露出の一般化，という点である．

ブログ炎上

〈自己〉暴露もしくは漏出に対しては，しばしばブログの炎上という事態が発生する．「炎上」とは，何らかのブログの記事に対して，批判的なコメントが集中して行われることである．

炎上が起こるのは，
(1) そもそも社会的に大きな事件の当事者のブログ
(2) イデオロギー的な対立が潜在する問題についての意見
(3) やらせなど，読者を欺くとみなされるような記事
(4) 不見識な，あるいは不用意な発言

などが原因であると考えられる．

たとえば，(1)の例としては，2005年1月に堀江貴文元ライブドア社長の逮捕劇があったとき，彼のブログに天文学的な数の書き込みがなされたことや，また2007年1月にDJ OZMAの紅白歌合戦での演出[26]をめぐって綾小路翔（OZMAと同一人物）のブログに書き込みが集中したことなどが挙げられる．

(2)の例としては，たとえば，天皇家に関わる問題やジャーナリズムに関する主張が対象となることがある．

また(3)としては，謝礼をもらって特定の商品を好意的に評価したのではないかと疑われたブロガーなどがあり，(4)の例にはたまたま出会った人を言葉の端から差別的に評価したとみなされたブログなどがある．

ネットの初期には，「フレーミング」が問題化した．たとえば，日本では，パソコン通信のNifty-Serveの「現代思想フォーラム」で，意見の対立が個人攻撃に発展し，攻撃された人物が攻撃した者と，フォーラムのシスオペ[27]と，Nifty-

Serveとを訴えるという事件があった．東京高裁は，原告の訴えを認め，2001年9月5日に原告の勝訴が確定した．

2000年代以降に一般化した2ちゃんねるなどの匿名掲示板でも，特定の書込み（人物）に対する攻撃の集中はしばしば見られ，「祭り」などと呼ばれたりする．

意図せぬ公人化——私人か公人か

「炎上」の原因については，ネット・コミュニケーションの草創期から多くの議論があった．その多くは，ネット・コミュニケーションにおける「非人格性」，すなわち「匿名であるがゆえの無責任さ」による過剰攻撃を挙げるものであった．

しかしながら，既存のマスジャーナリズムにおいても，記名記事はほんの一部にすぎない．多くは「匿名」によって記者（と情報提供者）の「表現の自由」を守ってきたのである．ネットユーザと組織に属するジャーナリストとの違いは，「組織」と「専門性」によって，「匿名発言」の正当性や公共性が担保されていると考えられてきたからに他ならない（だが近年，「マスコミ・スクラム」「やらせ」「盗用」などが発覚する例が増え，既存組織ジャーナリストの匿名記事の正当性に疑義をはさむ議論も多くなってきている）．

一方，攻撃（バッシング）を受ける側についても，先に述べたように，あまりにも無邪気に，プライベートな領域に秘せられるべき事柄を，不特定多数の他者にむかって公開してしまう事例が多い（それが，〈事実〉であるか〈虚構〉であるかは問わない）．

そうした行動のなかには，あえて，守るべきプライバシーをさらけ出したり，反社会的な行為を宣言することで人びとの注目を集めようとする例（たとえば，性的な事柄を赤裸々に記述する日記，「くまえり」の日記[28]など）もある．

だが，自分が書いている内容の意味，公にすべき事柄か否かの判断がなされていない，あるいはそうした判断が甘い例も数多く見られる．

たとえば，2006年12月には，アメリカで，女子高生が13歳の少女を三人がかりで暴行する映像を，自分たち自身で撮影し，その映像をインターネットの映像投稿サイトに投稿した事件が問題化した．その映像がきっかけとなって，少女たちは逮捕された（http://blog.livedoor.jp/emasutani/archives/50712858.html）．少女たちは，この映像を，自分たち以外の誰かが見るとは考えもしなかったので

はないか．

　同様に，過激な自己暴露で知られるアダルト系掲示板の書き手たちに，「どうして自分のプライバシーを危険にさらすような書込をするのか」という質問をしたところ，「掲示板の書込は〈仲間〉しか見ないと思いこんで書いているから」という答えが返ってきた，という研究もある．

　こうした事例では，当事者たちは閉ざされた共同体の内部に潜んでいるという意識のままに，公開の舞台に立っているという事態，すなわち「意図せぬ公人化」（板倉2006）が起こっているのである．

画像投稿サイトの監視機能

　ここまで挙げた例は，意図せぬ結果をもたらしたとしても，当人が意図的に投稿した自己情報といえる．

　しかし，意図せぬ自己情報開示が意図せぬ結果をうむことも起こる．

　たとえば，何らかの犯罪（あるいは単に人びとの好奇心に訴える出来事）が起こったとき，その当事者に関して，ネットユーザたちがネットに掲載されている関連情報（当事者がまったく感知しないものもふくめて）を徹底的に洗い出し，「晒す」という行為がしばしば行われる．当然，「晒される情報」のなかには，個人の内奥に迫る情報や，誤った情報なども含まれる．「晒し」によって，いわれのないダメージ，あるいは不相応なダメージを受ける人もいる．

　ネットワーク社会においては，個別にはほとんど無意味な情報の破片が無数に散在している．しかし，そうした役に立たないバラバラな情報も，いったん何らかの方向づけを与えられれば，隠されていた図柄を鮮明に浮かび上がらせ得る潜在的な力を持っている．

　そして，そのような潜在的な力を，実用的に利用する事例も増えている．

　たとえば，2005年7月のロンドン地下鉄爆破事件に際して，ロンドン警察は，市民に情報提供を呼びかけるだけでなく，その時間その場所付近で撮影された携帯電話に付属するカメラやデジタルカメラの写真の提供をも呼びかけた．そこには，撮影者自身さえ気づいていない（したがって，放っておけば「情報提供」されない）数々の情報が含まれているはずだ，というのがロンドン警察の読みであった．実際，この事件は，市民の携帯電話に映っていた画像がもとになって犯人が特定されたのだった．

現代社会において，街のいたるところに監視カメラが取り付けられる動きがある．

だが，われわれは，もはや，個々のわれわれ自身が，「監視カメラ」であり得ることにも気づくべきかもしれない．

それは，単に「われわれもまた他者を監視している」ということではなく，意図せぬままに，われわれ自身が監視の機能を担う装置になるということである．

6. 偏在する完全情報

完全情報の世界

「Re:1984」というタイトルで，suddenlyill という投稿者が，図 2-7 のようなビデオを YouTube にアップしている[29]．オーウェルの『1984年』，あるいは Apple 社の「1984年」CM に対する返答ビデオのつもりだろう[30]．

図 2-7　Re:1984（http://www.youtube.com/watch?v=tnLEoy98u_k）

ここまで述べてきたように，20世紀後半に一気に発展した情報処理技術は，当初予想されたような超大型コンピュータの独占あるいは寡占という方向へは向かわなかった．それは，小型（パーソナル）コンピュータのネットワークによる分散処理の道を辿ったのだった．

「唯一神」ではなく，「八百万（やおよろず）の遍在する」個人たちによる情報探求とその蓄積は，長い人類史において不可能とみなされてきた「完全情報」の世界を現実にしようとしているのかもしれない．

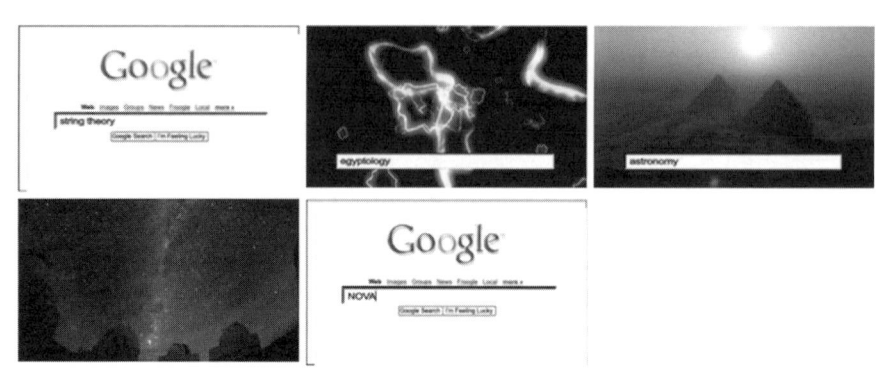

図 2-8　GoogleのCM　(http://www.pbs.org/wgbh/nova/funders/google.html)

　Googleはまさにそのようなアニミズム的情報事典の代表的なものといえる．
　そのGoogleのCMを図2-8に示す．このCMには，あらゆる〈知〉がgoogleという概念によって統合されていくイメージが示されている．

偏在する情報

　ここにもう一つGoogleのCMがある．GoogleMapのCMである．
　とある住宅を警官が訪れる．
　室内では，白髪の老夫人たちがティータイムを楽しんでいるところだ．
　警官たちは部屋にはいると，態度が変わる．陽気にラジカセで音楽を鳴らし，制服を脱いで踊り始める．
　と，警官の一人の携帯電話が鳴る．電話からの声にとまどった様子の警官．
　「ここは××ですね？」と老婦人に住所を確認する．
　不審な様子で老婦人たちは否定する．
　警官たちはばつの悪そうな表情になって，そそくさと脱いだ衣服をかき集め，すごすごと退散する．
　それにかぶせて，「GoogleMapがあれば，道に迷うことはない」とテロップが入る．
　このCMの出自については実はよくわからない．図2-9の映像を筆者が見たのは，YouTubeであるが，そのコメントには，「これは，"spoof"（ユーザが作ったパロディ）かもしれないが，よくは知らない」とある．アップロードの日付は

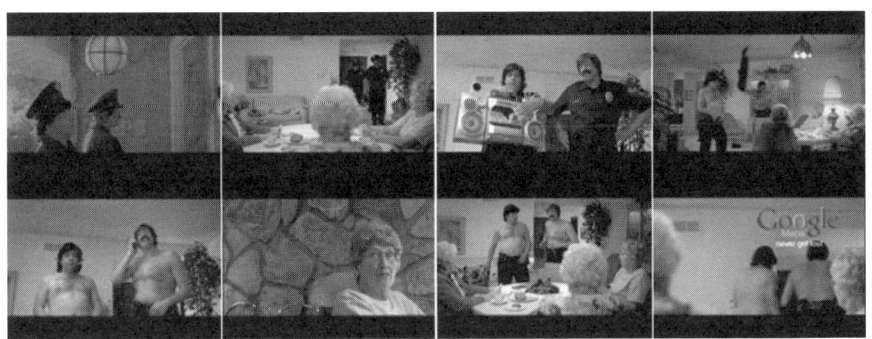

図 2-9　GoogleMapのsnoof（?）(http://www.youtube.com/watch?v=Ug_dIOE7x8Q, 2006.11.23)

2005年12月6日となっている．ちなみに，2006年11月24日14時18分時点での累積view回数は29,503回（2007年4月1日13:17時点で38,039回）である．

7. おわりに――視ることと視られること

　「視る―視られる」行為が，社会関係のもっともプリミティブな源泉であると，ジンメルはいう：

> （視る／視られるという）関係の緊密さは，次の注目すべき事実によって支えられている．すなわち他者に向けられ彼を知覚するまなざしそのものが意味深く，しかもまさに彼を見る見方によってそうなのである．他者を自己に受けいれるまなざしにおいて，人は自己自身を表明する．主体が彼の客体を認識しようとするその同じ行為によって，ここでは主体は客体に自己をゆだねる．人は目によっては，与えることなしには同時に受けとることもできない．目は他者に心を露わにし，心は他者に正体をあらわすことを求める．このことは明らかに，たんに目から目への直接的なまなざしの場合にのみ生じるのであるから，このばあい人間的な関係の全領域のなかで，もっとも完全な相互性がつくりだされる．(Simmel 1908=1994: 249)

　しかしながら，この相補性はしばしば破られ，視線の分布は偏りを生じる．
　そこに〈権力〉が現れる．
　古い時代の〈王〉は，公衆の前に姿をあらわすことは希だった．
　時代が下ると，権力者は，一方的に姿を見せつけることが多くなる．

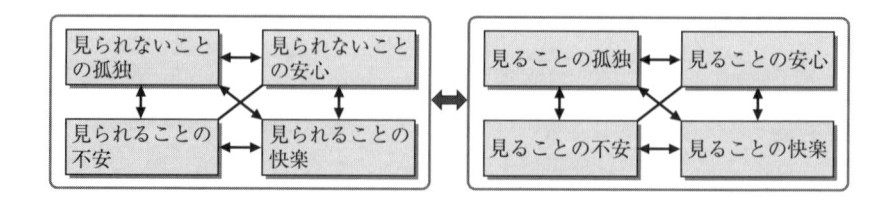

図 2-10　眼差しの交錯

　フーコーが指摘した近代の〈権力〉は，仮想的な監視の「まなざし」として構成されるものだった．

　オーウェルのビッグ・ブラザーは，実体的／仮想的な監視とプロパガンダのネットワークとして想定された．

　では，われわれの時代の〈ビッグ・ブラザー〉はどのようにしてあるのか．

　本章で見てきたそれは，むしろ，あらゆるものを視ようとして〈視られる〉ことをしない，すべてを見せつけつつ何も視ない，まるで無数のロボット・センサーのようなわれわれ自身である．

　かつてビッグ・ブラザーが居たはずのモニター画面のなかに映っているのは，「you」である．

　ドゥルーズは次のようにいう：

　　ヒトラー個人も，因果性の関係にしたがってヒトラー個人を生み出す全体性も存在しないのである．「われわれの内部のヒトラー」とは，単にわれわれがヒトラーを作りあげ，ヒトラーがわれわれを作りあげ，われわれすべてが潜在的にファシスト的要素をもつということを意味するのではない．それはまたヒトラーは，われわれのうちにそのイメージを構成するもろもろの情報によって，はじめて存在するということを意味する．（Deleuze 1985=2006: 370）

　われわれはファシストではない．
　われわれは，小さな，走り回る，カメラ付きロボットでしかない．
　そのことに苛立つ現代の卑小な〈ビッグ・ブラザー〉たちは，時に，自らの全存在を賭けて他者の眼差しを得ようとする．
　2007年4月16日，ヴァージニア工科大学で起きた銃乱射事件では，犯人は事件の最中に自らビデオを撮影し，それをCNNなどに送りつけることで，世界に

衝撃を与えた．

　さらに2007年11月7日には，フィンランドの中等高等学校で，18歳の生徒による銃乱射事件が起こった．8人を射殺し，自らも命を絶った犯人の少年は，事前に，YouTubeに犯行予告ビデオを投稿していたのである．

第3章

複製映像の〈コミュニティ〉
── 映像を媒介とした社会的相互行為と
　　三つのファッド現象

遠藤　薫

1.　はじめに

視覚と近代

　近代は，文字の時代だといわれる．
　15世紀末にグーテンベルクによって活版印刷の技術が発明された頃から，西欧世界の認知図式は大きく転換を始めた．
　オングは，前近代を「声の文化」と呼び，近代を「文字の文化」として対比させた．彼によれば，「ことばは，口頭での話しにその基礎をもっているのだが，書くことは，その言葉を，視覚的な場にむりやり永久に固定してしまう」．「書くことは，独占的で［いわば］帝国主義的な活動であるから，……他のものをみずからのうちにどうか吸収してしまう傾向があるのである」（Ong 1982＝1991: 34）．
　マクルーハンはこの変化を『リア王』の悲劇のなかに見いだしている．彼は，

　　お前たちのうち，誰が一番この父の事を思うておるか，
　　それが知りたい，最大の贈り物はその者に与えられよう，

情においても義においても,それこそ当然の権利と言うべきだ,

というリア王の一節を引き,

> それまで共同社会の集団的価値のなかで育まれてきた社会にとって,こうした競争的な個人主義は,社会的スキャンダルになりはじめていたのだった.当時登場した印刷技術が新しい型の文化を創造し,こうしたスキャンダル発生に拍車をかけたことは割と知られているところである.しかしながら,印刷技術を媒介に生まれた新形式の知識がもつ専門化作用にはたんなるスキャンダルの域をこえるものがあった.その当然の帰結の一つとして,あらゆる種類の権力が高度に中央集権的な性格を帯びはじめたことがあったのである.封建君主の役割はいろいろな役割を包括するものであり,自らのなかにすべての下臣の存在を含めていた.それに対して,ルネッサンスの君主はそれぞれに独立した下臣によって取り囲まれる排他的な権力の中心となる傾向があった.当時の権力の集中化は,それ自体,道路交通や商業活動の新たな発展に負うところが多かったが,同時にそれは権限の委譲の習慣も生み出し,個々の地域や個人における職分,機能の専門化が生じたのであった(McLuhan 1962＝1986: 21)

と論じている.

新聞,映画,テレビ──複製技術による映像

だが,われわれは「近代」という言葉を安易に使いすぎているかもしれない.

確かに,16～17世紀の世界の大変化と印刷メディアの普及は,相互に共振的な現象といえるだろう.

しかし一方,ベンヤミンは,写真や映画という複製芸術によって作られる映像のなかに19世紀からの「近代」を見いだした.

文字と映像は,同じく視覚に依存するといっても,直感的に大きく異なる.

ハバーマスは新聞メディアに近代的公共圏の基礎を見いだした.だが,新聞のなかでもテキストと写真や挿絵,漫画の果たす役割は異なるだろう.

そして同じくマスメディアであるといっても,新聞と,映画やテレビを分かつ溝は深い.

マクルーハンはさらに,精細度という観点から,映画とテレビを分類した.

オングは,ラジオ,テレビ,電話などの技術を,「二次的な声の文化」と呼んでいる.それは「一次的な声の文化のように,書くことと印刷に先だつものではなく,それらのあとに成立し,それらに依存する声の文化」(Ong 1982＝1991:

348）であると彼はいう．

　これらの分割は，おそらくは，参与性という事態に関わる．

　「書かれた言葉」は，世界の動きとは独立に永遠にそのままで居続けるために，客観性や真正性のオーラを身にまとい，読む人をその前に跪かせる．しかし，声の言葉は，瞬時に消え，記憶され，修正される．声の言葉は，つねに変化する世界の一部であり，世界に荷担する人びと自身である．

　「一次的な声の文化」によって，かつてコミュニティは生み出された．「文字の文化」を経た現代の「二次的な声の文化」（本章では主として「複製映像」文化を考える）は，果たしてどのような〈コミュニティ〉を生み出すのだろうか？本章は，この問題について考察する．

2. ネット上の映像を介した社会的相互行為 —— 文字の文化と映像の文化

映像の文化の特徴

　図像あるいは映像に関して，われわれがつい間違いやすいのは，それが「見たまま」に対応するから，誰でも（「万国」共通に）理解され得るメディアだと考えてしまう点である．

　確かに，テキスト（文字表現）は，「見たまま」ではない．それぞれの文字―言語系を習熟していなければ，そこから何の意味も読み取ることはできない．だが，いったん固有の文字―言語系を知ってしまえば，その言語系の通用する範囲では，「「コンテクストをもたない」言語（Hirsch 1977: 21-3, 6）とか，「それだけで独立した」話し 'autonomous' discource（Olson 1980a）と呼ばれるものが，書くことによって確立される．口頭での話しとは違って，そうした話しに対しては，直接問いかけることも，異議をさしはさむこともできない．なぜなら，書かれてしまった話しは，書き手からは切り離されているからである」（Ong 1982＝1991: 166）．

　これに対して，「見たまま」の図像や映像は，むしろ多義的である．

　　　　一枚の絵は千語にあたいする［百聞は一見にしかず］という言い方をよく耳にす

る．なるほどそのとおりかもしれないが，しかしそうとしても，なぜわざわざそうした格言のかたちをとる必要があるのだろうか．一枚の絵が千語にあたいするのは，ただ特殊な条件がみたされたときにかぎられる．つまり，一枚の絵が千語にあたいするのは，その絵について，あらかじめ千の語でコンテクストづくりがなされているときである．（Ong 1982=1991: 23）

このことは，ネット上で流通する動画の人気を見てもわかる．2005年に開設された動画共有サイトYouTubeは，またたく間に膨大な利用者を集め，ネット上での動画流通を日常的なものにした．その後，Google Videoなど多くの動画共有サイトが現れた．なかには，ネット上で数千万ヒットという驚異的な人気を誇る動画（ビデオ）もある．たとえば"Evolution of Dance"というビデオは，Jud Laipplyというコメディアンが，有名なダンスナンバーをメドレーでコミカルに踊るものだ（図3-1）[1]．2006年4月6日にYouTubeにアップされ，2007年4月25日16時4分の時点で46,988,828回のアクセスとなっている．「ダンス」というまさに身体性そのものの映像なので，確かに面白いのだが，その面白さが実際には元ネタを知っているか，またそれに馴染んでいるかに依存することも事実だ．

図 3-1　Evolution of Dance
（http://www.youtube.com/watch?v=dMH0bHeiRNg, 2007.4.25 最終閲覧）

同じく，2005年11月28日にYouTubeにアップされ，2007年4月25日16時12分の時点で22,718,483回のアクセスとなっている"Pokemon Theme Music Video"は，smoshと名乗るアメリカ人の大学生二人が，ポケモンのテーマソングのエア・ヴォーカル（口パク）をするものだ[2]．これなど，題材がポケモンなので日本人受けしてもよいはずだが，海外ではこれほどのアクセスを集めているにもかかわらず，日本ではほとんど話題にもなっていない．

映像といえど，その享受には，カルチュラルな文脈がきわめて重要な役割を果たしているのである．

ネット・コミュニケーションの図像化——アスキーアートと〈コミュニティ〉

かつて，ネットワーク・コミュニケーションといえば，そこにはさまざまな敷居（たとえば，キーボードリテラシーなど）があるだけでなく，記号体系が文字と数字に限定されることによって，きわめて「シン・メディア（thin media：貧弱なメディア）」であると論じられることが一般的であった[3]．

ところが，最近になると，リッチ・メディアとシン・メディアの対比は，ネット・コミュニケーションとそれ以外のコミュニケーション形式との対比ではなく，ネット・コミュニケーションのなかでの分類へと変貌を遂げているようだ．

確かに，かつてのテキストしか扱えない時期のネット・コミュニケーションと，マルチメディア・コミュニケーションが容易にできるようになったウェブ・コミュニケーションを同列に扱うことには無理があるだろう．

もっとも，初期のネット・コミュニケーションでさえ，シン・メディアであったかどうかは疑わしい．確かに，初期のネット・コミュニケーションではテキスト，正確にはアスキー・コードしか使えなかった．だが，ユーザたちは，テキストだけでは満足せず，アスキーアートと呼ばれるものを作り出した．それは，デジタルで処理できる最も基本的な文字集合であるアスキー・コードだけを使った図像的な表現である．古くから馴染み深く，現在では一般のリアル表現にまで浸透している顔文字も，アスキーアートの一種である．アスキーアートは，テキストに変化と情緒を与え，これを使う者たちに一種の〈コミュニティ〉（われわれ）意識を生み出したのである（遠藤2000など参照）．

映像を介したネット・コミュニケーション

　WWWの登場以降，ネット・コミュニケーションに画像が使われることは当たり前となった．むしろ，文章だけのサイトの方が，「テキスト・サイト」と呼ばれて，特別視される傾向さえ生じた．

　とくに2000年代にはいると，flashなどの簡易な動画制作ソフトが普及し，誰もが動画を作ったり，編集したりすることが一般的となった．

　そしてこれらがインターネット・ファッドを引き起こすことも多い．インターネット・ファッドとは，主にインターネットを介して広がるファッド（狂騒現象，熱狂的流行）のことである（もっとも，実際には，マスメディアや口コミ経路との相乗効果が熱狂を顕在化させることは，遠藤（2004）で指摘したとおりであるが）．

　たとえば，「ムネオハウス」や「吉野家」などはインターネット・ファッドの代表的なものである．これらは当初，テキストの「コピペ（コピー＆ペーストの略語．特定のテキストを複製して広めていくこと）」として始まったが，その文章がflashによって動画化されることによって爆発的なファッドとなった（これらについては，遠藤2003，2004など参照）．

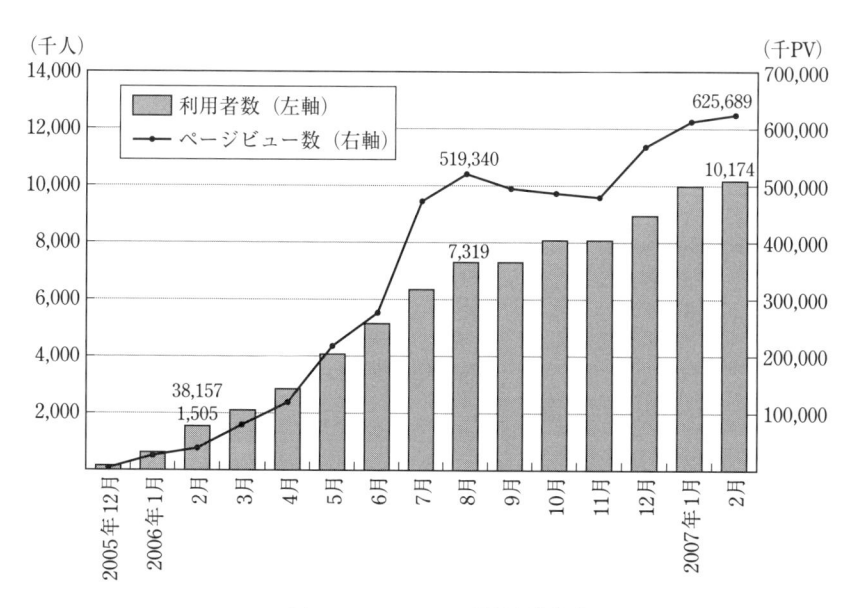

図 3-2　YouTube の利用者数推移
(http://www.netratings.co.jp/New_news/News03222007.htm)

この状況にさらに大きな変化を起こしたのが YouTube である.

YouTube は 2005 年 12 月に正式公開された動画共有サイト,すなわち誰もが自分のもっている動画をここにアップロードすることができ,また誰もがアップロードされている動画を自由に見ることのできるサイトである.

YouTube は急激に利用者を増やし[4],ネットレイティングス株式会社の 2007 年 2 月度の調査結果によると,家庭からの利用者が 1017 万人となり,またページビュー数は約 6 億 2500 万 PV,一人当たりの平均利用時間も 1 時間 15 分となった.

YouTube は,いわば動画の巨大プールといえよう.そこにはありとあらゆる動画がアップされている.個人は,そのすべてを見ることなどできない.アクセス数の大きい動画を知ることはできるが,そのすべてが自分の嗜好に合っているわけではない.

ここに,コミュニティ・オブ・インタレストの発生する要因がある.

コミュニティ・オブ・インタレストは,固有の文脈を共有するものたちによって形成され,そしてそのコミュニティが新たな文脈を形成していく.

YouTube で見られているのは,Frank N. Magid Associates の VP-Managing Director の Mike Vorhaus によれば,ニュースや天気予報などプロが制作したビデオ[5]であり,素人の作った作品は全体の 6% 程度にすぎないという.

しかし,コミュニティ・オブ・インタレストという観点からすれば,それを作ったのが誰かという問題は,大きな要素ではない.むしろ,無限に近い多様性のなかから,インタレストを核としてクリークが発生し,そこで共有される文脈が進化するという点が興味深いのである.

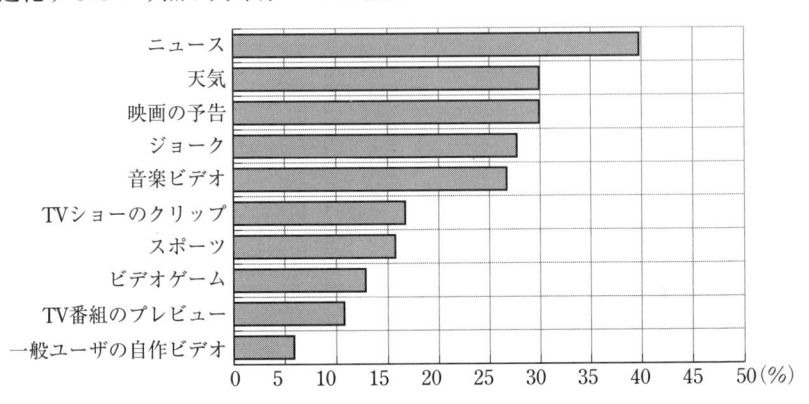

図 3-3 YouTube でどのようなビデオが見られているか(Ad Age /Who's Really Viewing YouTube, http://dramrollonline.blogspot.com/2007/02/whos-really-viewing-youtube.html)

3. マイアヒからBrookersへ
──インターネット・ファッドとネット・セレブ

インターネット・ファッドの一つとして，2005年夏から広まった「マイアヒ」現象が挙げられる．これについては，すでに遠藤（2007）に書いた．だが，一瞬で終わるかと思われたこの熱狂は，再帰的進化の様相を示しながら，2007年3月時点でもまだ展開し続けている．

本項では，「マイアヒ」のその後と，マイアヒから生まれたネット・セレブ（ネットから生まれる有名人．遠藤 2004参照）の動きを観察してみよう．

日本における「マイアヒ現象」

2005年夏，日本のメディアは奇妙な歌に浸されていた．

ユーロビート風の曲に，「マイアヒー，マイアホー，ノマノマイェイ，……」という意味不明の歌詞がついた音楽は，奇妙に耳についた．

歌詞がわからないのは，それが，ルーマニア語でうたわれているからである．ルーマニアのO-ZONEというグループの「恋のマイアヒ」という曲であった．

一般に知られるようになったのは，人気のあるテレビ番組やタレントがこの曲を取り上げたからであるが，その前からラジオやネットを通じてこの曲はダンス曲として流れていた．しかし，歌詞は耳慣れぬ言語である．ただでさえ，ネットを中心に「空耳」を楽しむ若者は多い．「空耳」とは，歌詞の聞き違えをあえて面白がるという趣向である．この曲の「空耳」がいくつもネットに投稿された．さらに，「空耳」を映像化したflashも数多くつくられ，なかでもとくに人気を博した動画が，楽曲とセットで売られるなどしたことが，この曲を強く後押ししたのだった．

ヨーロッパの「マイアヒ」

O-ZONEの日本語公式サイト（http://maiahi.com/index.html）によれば，O-ZONEはヨーロッパの小国モルドバ出身の3人の若者で結成された．しかし，彼らはより広いマーケットを求めて，2002年ルーマニアでシングルデビューし，2003年には問題の曲が入ったアルバムを発売した．これによって，O-ZONEはルーマニアの音楽シーンを席巻することになる．そして，まもなくこの曲の人気

はルーマニアという文化圏域をも越えていくこととなった．
　イタリアでは，Hudduciというイタリア人歌手によるカバー曲を売り出し，ヒットさせた．その後，スペインのラジオ局がO-ZONEのオリジナル曲を取り上げ，大ヒットとなる．ここから火がついて，「DRAGOSTEA DIN TEI」はヨーロッパ十数カ国でヒットチャートの1位を記録した．とくに，フランスでは連続9週，ドイツでは連続13週，イギリスでは連続3週，トップの座をキープした．その結果，2004年9月11日現在で，ビルボードヨーロッパチャート総合1位の座を10週連続獲得した．
　こうして，グローバル市場の辺境から成功を求めてやってきた若者たちは，まさに彼らのサクセス・ストーリーをヨーロッパ全域を舞台に展開していくのである．

マイアヒに見る文化のグローバル化とローカル化
——アメリカの「Numa Dance」

　「DRAGOSTEA DIN TEI」は，アメリカでもクラブを中心に浸透し，ヒットチャートにランクインした．と同時に，"NUMA NUMA Dance"によっても広くインターネットユーザに知られている．
　NUMA NUMA Danceとは，ゲーリー・ブロスマという当時19歳の少年が，「DRAGOSTEA DIN TEI」をバックに，自らがこの曲を歌いながら踊っているような振りをしている様子を撮影してフラッシュ・ムービーにし，2004年12月6日にアップしたものをいう[6]．
　これがネット上で大きな話題となり，ニューヨークタイムスを始め，数々のマスメディアに取り上げられた．NUMA NUMA Danceもまた，インターネット・ファッドの一つとなったのである．無名の少年の得体の知れないパフォーマンスであるNUMA NUMA Danceは，700万を超えるアクセスを集めているのである．
　そして，インターネット空間においては，ファッドは必ずそこからさらに亜ファッドを派生させる．ここでいう「亜ファッド」とは，あるファッドから派生したファッドである．誰もが，自ら容易にremix[7]を行うことができるからである．NUMA NUMA Danceと同様に，「DRAGOSTEA DIN TEI」をBGMに，奇妙なダンスを踊る少年たち，少女たちの映像が，インターネットにあふれた．
　Googleなどの高度な検索システム，さらにはYouTubeのようなタグ付き動画

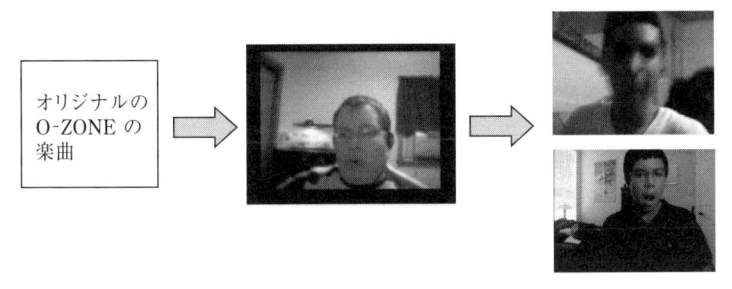

図 3-4 大量の亜Numaの発生

共有サイトは，こうした亜種が人びとの目にとまることを強力に促進する．なぜなら，「元祖」を検索すれば，亜種もまた続いてヒットするからである．

Numa Danceのさらなる展開

こうした動きに対して，「本家」もまた敏感に反応する．

ゲーリー少年の個人サイト[8]は美しく整備され，なんと45,000ドルもの賞金のかかったNuma Danceの世界コンテストまで開催されている．さらに，YouTubeにも新作の"New Numa - The Return of Gary Brolsma!"というビデオをアップロードしている（図3-5の左図）．掲載日付は2006年9月8日だが，2007年4月7日時点でアクセス数は4,952,410回に上っている．

（http://www.youtube.com/watch?v=3gg5LOd_Zus）　（http://www.youtube.com/watch?v=TJfJn40OayY）

図 3-5　ゲーリー・ブロスマ少年のその後（2007.3.24）

ゲーリー少年はさらに自らの可能性を拡大しようとする．

彼の最新作ビデオは，"New Years Resolution - Numa Style!"である．これは2007年1月10日にアップロードされ，2007年4月7日時点でアクセス数は109,192回となっている（図3-5の右図）．

CRAZED NUMA FAN!!!! ——映像言語の相互作用

一方，Numa Danceのファンたちは，相変わらず大量の亜Numa映像をつくっているが，その一つである"CRAZED NUMA FAN!!!!"は，とくに異彩を放っていた．このビデオは，まずNumaソングが中毒になりやすいタイプの楽曲であることを指摘し，禁止すべきであるというテロップから始まる（当然，ジョークである）．そのあと，制作者である若い女性（Brookersと名乗っている）が登場し，「DRAGOSTEA DIN TEI」の「空歌」（エア・ヴォーカル）をするのである．

このビデオは，2005年10月23日にアップされ，2007年4月7日時点でアクセス数は5,223,826回に達している．コメントも5,484ついているが，興味深いのは，ビデオによるレスが17ついていることである（YouTubeでは，掲載ビデオに対してビデオで応答することができるようになっている）．

そのなかの一つである"CRAZED NUMA FAN"[9]は，2006年6月3日にアップされ，2007年4月7日時点でのアクセス数は24,469回である．このビデオは，仲間内のパーティで本人が元歌の歌真似らしきことをしている様子を写したものである．

つまり，ここで，もとのNuma Danceの進化（亜種の派生）に突然変異が起こったわけである．この後，Numa Danceではなく，CRAZED NUMA FAN!!!!の亜種（応答）の進化プロセスが開始されるのである．そして，CRAZED NUMA FAN!!!!の特徴は，エア・ヴォーカルと，変顔（顔をおもしろおかしくゆがめること），多くは若い女性によるという点にある．Numa Danceが主として男性による，振りを中心としたものであったのに対して，大きな変化が生じたことになる．

そして，これ以降，CRAZED NUMA FAN!!!!をめぐって，さまざまなビデオが制作され，アップされることになる．

3．マイアヒからBrookersへ——インターネット・ファッドとネット・セレブ　65

（http://www.youtube.com/watch?v=N6j475XI1Xg）　（http://www.youtube.com/watch?v=egmG0zG3f6g）

図3-6　Crazed Numa Fan!!!!の投稿ビデオ（2007.3.24閲覧）

（http://www.youtube.com/watch?v=9j-eaK_jkfg）　（http://www.youtube.com/watch?v=Qbrqjpt3dPM）

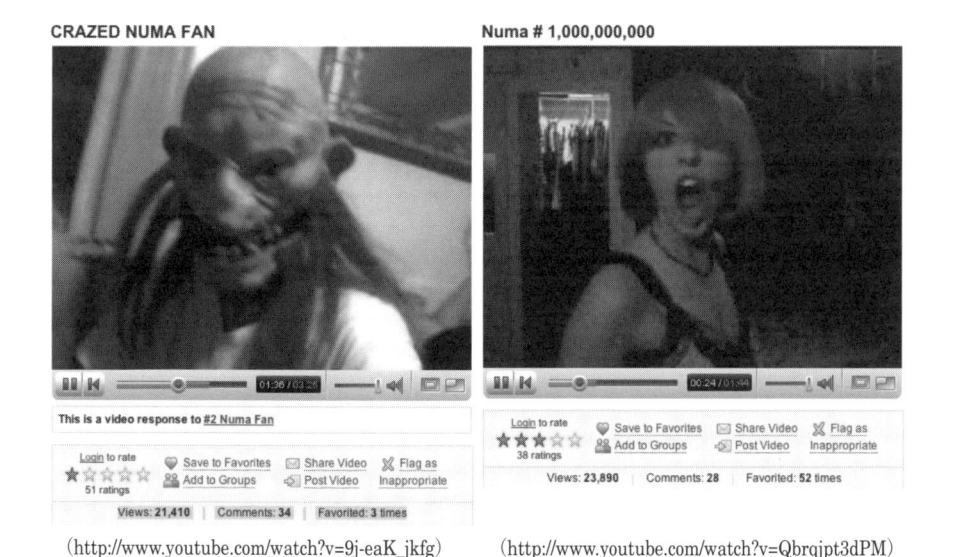

図3-7　Crazed Numa Fanの投稿ビデオ（2007.3.24閲覧）

「Brookers」って誰？——ネット・ファッドとネット・アイドル

展開はさらに続く．

CRAZED NUMA FAN!!!!をつくったBrookersはこのビデオだけで数百万のアクセスを獲得したわけだが，そのほかにも多くの人気ビデオをYouTubeにアップしている．2007年4月6日現在では36本の作品が掲載されており，そのうち8作品が100万ヒットを超える人気を獲得している．

こうした人気から，2006年6月，Brookersは，カーソン・ダリーという有名なパーソナリティのプロダクションにスカウトされ，契約期間18か月間で，テレビなどに出演すると報じられている．Brookersも，ネットアイドルから，TVアイドルへと進んだのである．

（http://www.youtube.com/watch?v=ToZQ4qbKJGs）　　（http://www.youtube.com/watch?v=tvJZEdQ7lrY）

図 3-8　Brookersによるさまざまな投稿ビデオ（2007.3.31閲覧）

リゾームとしてのネット・ファッド

こうして，ネット・ファッドは，一つのシード（種）がブローアップすると，その破片がまたそれぞれシードとなって，新たな方向へ芽を伸ばしていく．それらの記憶は，ネット・コミュニケーションの空間に，静かに折り重なって，多層的なコンテクストを構成する．

ファッドを享受する人びとの多くは，自分が出会った（進化過程上の）シード

に新たな意匠を追加していく．彼らにとって，彼らの出会ったものは，「外部からやってきたもの」，彼らの〈コミュニティ〉（仮想的な文化的「仲間」）のうちには，居場所をもたない何かである．

その「何か」に対して，彼らなりの意匠を追加していくところに，たとえば，砂場で砂の城を築く子どもたちのような，〈共在〉感覚が生じるのである．

しかし，付与される意匠は，それを享受する既存の〈コミュニティ〉によって多元化し，また，進化のプロセスにおいて多層化する．ファッドは，あたかも生物の地下茎のように，枝を広げ，繁茂し，また，他の樹塊と融合していくのである．ドゥルーズ＝ガタリは，このような増殖を「リゾーム」（塊茎）という比喩で概念化している．「リゾーム」とは，自在に伸び，広がり，連鎖していく地下茎である．「マイアヒ」ファッドは，まさにリゾームの様相を呈しているのである．

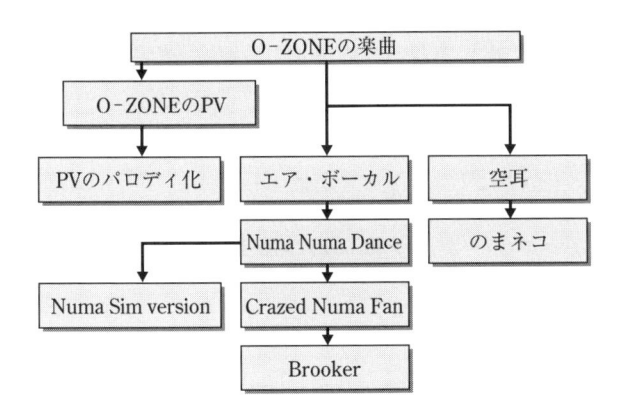

```
                    ┌──────────────────┐
                    │  O-ZONEの楽曲    │
                    └──────────────────┘
                       │           │
          ┌────────────┤           │
          │            │           │
    ┌───────────┐      │           │
    │ O-ZONEのPV│      │           │
    └───────────┘      │           │
       │               │           │
  ┌──────────┐  ┌──────────────┐ ┌──────┐
  │PVのパロディ化│ │エア・ボーカル│ │ 空耳 │
  └──────────┘  └──────────────┘ └──────┘
       │               │           │
       │        ┌──────────────┐ ┌────────┐
       │        │Numa Numa Dance│ │のまネコ│
       │        └──────────────┘ └────────┘
       │           │      │
  ┌──────────────┐ │ ┌──────────────┐
  │Numa Sim version│ │ │Crazed Numa Fan│
  └──────────────┘   │ └──────────────┘
                     │        │
                     │   ┌─────────┐
                     │   │ Brooker │
                     │   └─────────┘
```

図3-9　「マイアヒ」の展開

4. 極楽とんぼとめがねっ娘 ――異文化間コミュニケーションという連鎖と抗争

リゾームに境界を見出すことは難しい．次に挙げる例は，ネット空間における〈境界〉の意味を問うものである．人びとが，何らかのコンテクストの共有によって〈コミュニティ〉を意識する可能性はある．しかし，ネットという空間では，その〈境界〉はつねに脅かされている．

YouTubeにおけるアクセス集中と炎上

　YouTubeにアップされたビデオのなかでも，とくにアクセスが集中するものがある．

　先に挙げた，Numa Numa DanceやBrookersなどもその例である．

　これらは，アップされたコンテンツが人びとにアピールしたわけである．

　けれども，YouTubeには，たとえば，既存のTV番組などもアップされる（当然，著作権侵害の疑いがあるわけだが）．人気のある番組だけではなく，たまたま起こったハプニング場面なども数多くアップされる．ユーザたちは，見逃した出来事を，YouTubeで取り戻すことができるのである．

　こうした例として，たとえば，女子アナウンサーのNG場面などはよくアップされる．

　2006年夏に起こった朝の情報番組内での出来事も，こうした文脈でYouTubeにアップされた．この出来事というのは，あるお笑いコンビの一人が犯罪の加害者として逮捕され，それを知った相方（情報番組のレギュラーをしていた）が番組内で男泣きをした，というものだった．このビデオには，300万以上のアクセスがあり，賛否両論の大量のアクセスが集中した．

グローバルコミュニケーション圏における文化衝突

　何らかのトピックをネタにして，ネット上で「祭り」とよばれる沸騰現象が起こるのは，日本のネットユーザたちには見慣れた光景である．むしろ，つねにこのような「ネタ」になりそうな事柄に目を光らせているともいえる．だから，「田代祭り」[10]とも共通の要素をもつこの出来事は，格好のものだったといえる．

　しかし，このとき，いつもと状況が違っていたのは，「祭り」の場がYouTubeというグローバルなコミュニケーション空間だったという点である．

　ここに一つのパラドックスがある．

　インターネットというコミュニケーション空間は，原理的にグローバルなコミュニケーション空間である．しかし，だからといって，誰もが具体的な物理的境界に囚われなくなるかと言えば，そんなことはありえない．多くの人びとは，結局，何らかの実体的なつながりを手がかりにしようとする．また，言葉も眼に見えぬ境界をつくる．とくに日本語の場合は．その結果，インターネット空間とい

えども，多くの人にとってはやはり国境の内部として意識される．

だがその一方，そこはやはり世界に開かれた空間なのである．誰かが入ろうとすれば，それを留めるものは何もない．

上記のビデオも，そのアクセス数が異常な数に上った結果，ある意味当然，外国の人びとの目にもとまった．しかし，外国の人びとに日本語がわかる人は少ない．その結果，「泣いている男」のビデオを訝しく思うコメントもついた．

だがまた，「祭り」の内部にいる人びとにとっては，こうした「外部」からの視線は，意識されていなかったために，「不意打ち」的不快感が生じた．

その結果，いわば一種の「異文化間衝突」が起こったのである．

日本愛好家のアメリカ人少女

さて，ここにもう一人の登場人物が現れる．

日本語を学び，日本文化に強い興味を持つ，アメリカ人女性である．こうした人にとって，YouTubeは，直に外国の文化を見聞できる，開かれた窓である（もちろんそれは間違いない）．

この女性は，YouTubeを見ていて，上記事件について知った．そして，「私はYouTubeで山本圭一のニュースを見ましたが，ニュースの方より，コメントの方に書いてあった日本や日本人に対して悪口がまるで戦争みたいになっていたのです」（本人のビデオ「過去ビデオ　2チャンネル事件　再アップ」より．http://www.youtube.com/watch?v=ke3AUgOBsNk）．そこで，この事件に関して「(前略) だから，みんなにお願いしたいのは，まー，そのけんかはやめて，それぞれのビデオ見て，楽しんでもらいたいと思います．あと，そうですね，まー，番組もどうかわかんないけど，日本の番組だったら，アメリカ人は普段は見られないから，すごくいいのがあると思いますから，あのー，YouTubeにさせていただきたいとお願いしたいと思います．（後略）」と日本語で語りかける自己ビデオをYouTubeにアップした．すると，日本から何千ものアクセスがあり，彼女はネットアイドルのようになった．だが，この「ファン」たちは，単に彼女のビデオを視聴するだけでなく，彼女の過去の日記などを探し出し，そこから得られたプライベートな情報をネットに晒し，悪意のあるコメントを送りつけてくるものも多かったようだ．彼女は精神的なダメージを受け，いったん，YouTube上の自分のビデオをロックした．しかし，その後，思い直して，改めて，この顛末

をまとめたビデオを YouTube にアップしている．このビデオへのアクセスは，2007 年 4 月 6 日 22 時 52 分現在 48,099 となっている．

〈コミュニティ〉の境界

　日本の掲示板コミュニティは，日本国内では，「殺伐」（コミュニケーションにおいて，他者との情緒的，継続的関係を回避する態度で臨むこと）を目指し，他者との関係性を否定しているかのようにみえる．しかし，そこでのコミュニケーションは，実はきわめてハイ・コンテクストである．そこには，共通財産としての用語や，アイコン（アスキーアート）や，言い回しがあり，歴史がある．多くの「まとめ」サイトは，メンバーを特定しないままに，〈コミュニティ〉の歴史＝物語を紡ぎ出しているのである．

　掲示板コミュニケーションでよく使われる「空気嫁（読め）」というフレーズは，そこに特定されない〈空気〉に満たされた場があることを暗黙に示唆している．

　にもかかわらず，そうした〈場〉が，〈コミュニティ〉の対局にあるものとみなされるのは，そこが，ある種の「自然状態」（ホッブス状態：相互に共感なく相争う状態）のように見えるからであろう．だが，先にも述べたように，そこには，ある種の〈空気〉が充満している．そのことは，〈空気〉の外から見なければわからない（掲示板コミュニケーションが，しばしば「愛国」的とみなされるのは，結局，〈空気〉の外として共通了解されるのが，「国外」であるからに他ならない）．

　さて，この観点から見たとき，この事例は，前述の「マイアヒ」事例と逆向きの運動として理解できるかもしれない．

　すなわち，「マイアヒ」事例では，シードはあくまで外部からやって来た「異物」であった．この「異物」によってどれだけ遊べるか（この異物をどれだけローカライズできるか），という仲間うちの面白さが，ファッドの源泉であった．

　これに対して，「とんぼ」というネタは，日本のネットユーザのなかで，ある意味「扱いなれた」ネタであった．だから，いつもどおりの手順でこの「ネタ」を「いじる」ことは，日本のネットユーザの間では「自然な」流れといえた．

　しかし，それは外部から見れば，きわめて「異常な」「不自然な」状況に見えることもある．そしてそのような外部からの視線は，内部の人びとにざらざらとした違和感を与えずにはいない．突然，私室に侵入してきた者に，鏡を突きつけ

られたようなものである．だが，そこは私室ではなく，誰からも「見える」場だったのだ．

この違和感に対して，さらにもっと以前からこの劇場を見ていたものから差し出された手は，違和感をさらに増幅するものでもあった．

だが，無論，このような「違和感」は，認識違いである．

開かれた空間を，閉じた自分たちだけの空間と誤認すること，そのリスクは，今日，以前とは比較にならないほど大きいのである．

YouTubeはグローバル空間に剥き出しに晒されるローカル空間であり，しかも，容易にローカル空間からの反撃を受けるグローバル空間である．このような空間の構造は，まさに現代のグローバル世界の縮図といえるかもしれない．

5. 「1984年」と2008年アメリカ大統領選挙

アメリカ大統領選挙と映像コミュニケーション

最後のエピソードは，アメリカの大統領選にまつわるものである．

クリントン政権の誕生以来，ネットメディアは，大統領選の重要な舞台となっている．

とくに2004年大統領選挙では，両陣営によって膨大な数のTV CFがつくられ，ネット上で流された．また，風刺ビデオも大量に作られ，動画サイトで閲覧された（詳しくは，遠藤 2005＝2007参照）．しばらくまえから普及したflashがこの流れを加速した．

2008年大統領選に向けて候補者となろうとする人びとの動きが急になってくると，早速，数々の風刺ビデオがネットに流された．図3-10はその例である．

昔ながらのフォークソングにのせて，大統領候補者としての適格性について，ヒラリーとライスが互いに罵り合う，というものだ．

ただし，前回大統領選ではこのようなフラッシュ動画がほんとうに大量にネットにアップされていたものだが，今回はそれほどでもない．

2008年の大統領選挙キャンペーンでは，さらに新しい動きが現れた．

図 3-10　Hillary Condoleezza Ho Down!
(http://i.euniverse.com/funpages/cms_content/13180/HillaryCondi_HoDown.swf)

MySpace と YouChoose

2007年3月20日，世界最大のSNSであるMySpaceは，政治をテーマにしたコミュニティチャンネル「Impact Channel」を開設した（図3-11）．Impact Channelには，有権者登録ツールやニュース，イベントの紹介などのほか，個々の候補者のサイトへのリンクや関連ビデオなども掲載されている．2007年4月5日現在では，12人の候補者が登録されている．

個別の候補者のサイトへ行ってみると，本人の主張やビデオ，カンパの募集などとともに，他の自分のキャンペーンサイトへのリンクが目立つ．たとえば，Flickr, Facebook, YouTubeなどである．つまり，今回の選挙では，こうしたSNSや映像共有ソフトが強力な選挙運動のベースとなっているということである．

2007年3月1日，YouTubeは，サイト内に，YouChoose'08というコーナーを設けた（http://www.youtube.com/youchoose）．大統領候補者はここに自身の映像放送チャンネルを開設することができ，何らかの論点に関するスピーチや関連資料などの動画を配信できる．また，ユーザはそれに対する質問などの映像を掲載することができる．

ロイターの記事は，この件に関して，次のような危惧を表明している：

5.「1984年」と2008年アメリカ大統領選挙

　自分のチャンネルで何を表示するかの最終決定権は各候補にあるが，それでも昨年台頭した「マカカ」現象に巻き込まれることは避けられない情勢だ．
　共和党のジョージ・アレン候補（バージニア州選出）は，対抗陣営の運動員を「マカカ」呼ばわりした模様がYouTubeで流されて評判が落ち，小差で争っていた選挙に敗北した．マカカとはアフリカのサルのことで，時に人種的な中傷の意味で使われる．対抗陣営の運動員はインド系だった．（http://www.itmedia.co.jp/news/articles/0703/02/news037.html）

図 3-11　MySpaceのImpact Channel [11]

図 3-12　YouChoose（http://www.youtube.com/youchoose，左：2007.3.3，右：2007.3.31）

"Hillary 1984"

こうしたなか，2007年はじめ，ネット上に「Vote Difference」あるいは「Hillary 1984」というタイトルのビデオが出回り始め，あっという間に膨大な数のアクセスを集めた．

これは図3-13に示すようなものである．一見してわかるように，第2章で示したApple社の「1984」CMのパロディである．

このパロディでは，ヒラリーを「ビッグ・ブラザー」とみなしている．それは，ヒラリー周辺から提案されているというfeel-good statesプロジェクトを当てこすったものかもしれない．

ただし，もちろん，オバマ候補はインタビューで，このパロディPVについては自分は何も知らないと主張した．また，2007年3月22日には，このパロディを作ったという人物が名乗り出た[12]．

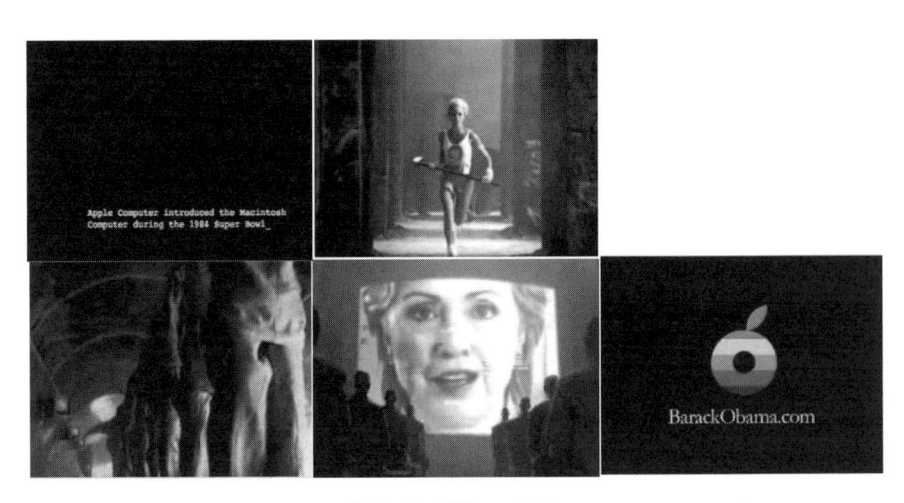

図 3-13　Hillary 1984

ヒラリーの反論

これに対して，ヒラリー側のユーザも対抗的な映像を投稿している．

たとえば，まさに「Hillary 1984 Response Ad」というタイトルの投稿ビデオ（図3-14）がある．これは，やはり1984年にアメリカで放映されたWendy'sの

図 3-14　Hillary 1984 Response Ad（http://www.youtube.com/watch?v=-Sc0Wdi0Vi4）

"Where's the beef?" という有名な CM のパロディになっている．この CM では，鼻眼鏡をかけた老婦人が，Wendy's 以外のハンバーガーを見て，パンの間に挟まれている肉があまりに小さいため「ビーフはどこ？（Where's the beef?)」と叫ぶ，というストーリーになっている（それがあまりに印象的だったため，今では一般に，Where's the beef? といえば「中身がない」という意味を表すほどである）．

図 3-14 の投稿ビデオでは，パンの間にビーフではなく小さなオバマ候補が挟まっており，「経験なし」という文字が表示される．そして，大きなバーガーに重ねてヒラリー候補の顔が映し出され，「1984 年？　なんて大げさなんでしょう」と皮肉るのである．

また，「Barack 1984」というタイトルのビデオ（図 3-15）もある．これは，その名のとおり，先の「Hillary 1984」と同様，Apple 社の「1984」CM のビッグ・ブラザーをオバマ候補の映像に替えただけのものである．しかしこのビデオの作成者は，それだけではあまりに芸がないと考えたのか，最後に突然，野球チームのベアーズを応援するオバマ候補の映像を付加し，「ベアーズは負けた　だからオバマも負けるだろう」というテロップを付けている．

図 3-15　Barack 1984
（http://www.youtube.com/watch?v=dycbAsB9-ps&mode=related&search=）

第三の立場から

さらに，第三の立ち位置からのパロディビデオもある．

たとえば，図 3-16 に示すものは，冒頭にオバマ候補の映像を流し，それに Hillary 1984 のビデオをつなぎ，最後にオサマビンラディンの画像を映し出している．結局，ヒラリーは独裁者，オバマはテロリスト，といった攻撃を意図していると見える．

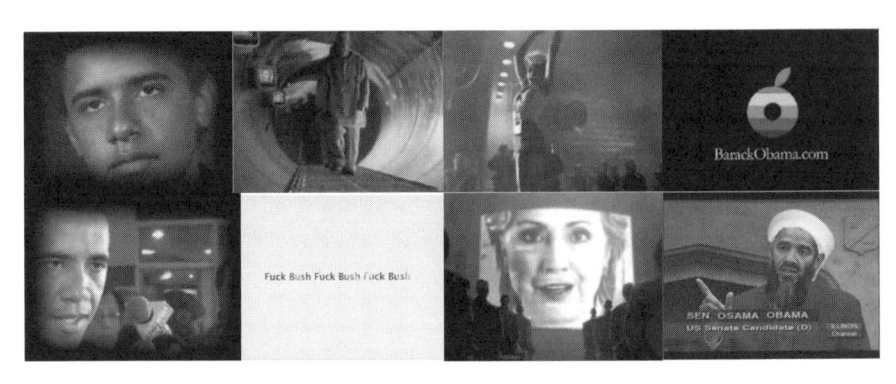

図 3-16　Barack Obama VS Hillary Clinton 1984
（http://www.youtube.com/watch?v=_zZWo54k7g8&mode=related&search=）

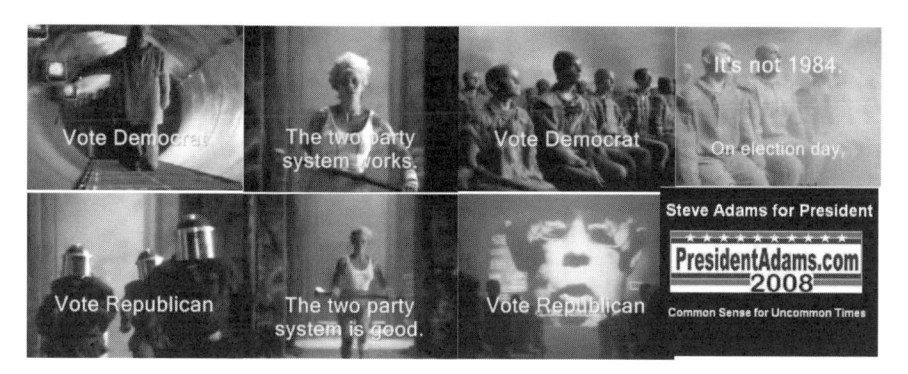

図 3-17 「2008」(http://www.youtube.com/watch?v=XfsUHit7tsw)

そしてまた,「2008」というビデオ (図3-17) は,使っている映像自体はアップルの 1984 CM であるが,それにテロップをかぶせて,むしろ,アメリカ大統領選,あるいはアメリカ二大政党制を賛美している.そして,最後の画面では,まるで漁父の利を得ようとしているかのように,アダムスという人物のURLを表示する.

選挙にネットを利用する流れは,世界各国で見られるようになっている.

たとえば韓国でも,パンドラTVという動画投稿サイト(http://www.pandora.tv/)が人気を集めている.2006年6月から大統領府もここに「希望チャンネル」というチャンネルを開設し,動画をアップロードし,国民からのコメントを受け付けている.さらに,2007年12月の大統領選挙に向けて,候補者たちはインターネットの(とくに動画投稿サイト)の活用にしのぎを削っている[13].

6. おわりに——コミュニケーションと映像

本章では,映像を媒介としたコミュニケーションのダイナミズムを見てきた.

このダイナミズムの特徴は,ビデオや音声を一種の「言葉」,もっというなら「単語」として使うコミュニケーションが反復・再生産されていくことである.

この「単語」自体にとくに何らかの特質が備わっているわけではない.

バルトは,「意味作用は決して映画に内在するものではない.それは映画に外在するものなのだ」(Barthes 1998: 65) と指摘する.「映画は意味されるものに

よってのみ作られるものでないことは明瞭である．映画の本質的な機能は，認識の次元にはない．映画における意味されるものは，付随的，断続的で，しばしばマージナル（副次的）な要素でしかない．映画の意味されるものについて，あえて次のような大胆な定義が，引き出せるかも知れない．映画の外にあるものすべてと，映画のなかで現実化する必要のあるものすべてが，意味されるものである」(Barthes 1998: 64).

　ドゥルーズは，「情報（新聞，ラジオそしてテレビ）を全能にするもの，それはその無内容さそれ自体，その根本的な無効性なのだ．情報は勢力を築くためにみずからの無効性を利用するのであり，その勢力とはまさに無効であるということであり，それによってなおさら危険になる」(Deleuze 1985 = 2006: 371)と書いている．

　映像は，「見たまま」であるがゆえに，それ自体では意味を持たない．しかし，意味を持たないがゆえに，それは〈コミュニティ〉を媒介する．映像による言語の解体と再構築が，ネットというチャネルを経由して，現在まさに起きつつあるのである．

第4章

否定の〈コミュニティ〉
―― 〈オタク〉の発生とインターネット

遠藤 薫

1. はじめに――インターネットと〈オタク〉現象

遍在空間における関心の認知

　たとえば，私がローカル放送で短期的に放送されたアニメにとても感動したとする．そのアニメに感動するようなタイプの人間は，1,000人に一人くらいの割合だったとする．人口100人の村では，このアニメについての感動を共有できる人もいないかもしれない．しかし，人口10万人の都市でなら，同じ感動を共有できる人が100人はいるかもしれない．したがって，このようなグループ（コミュニティ・オブ・インタレスト："Community of Interest"）は都市において作られやすい，と都市学者は言う[1]．

　この論理が妥当であるとするならば，原理的には10億以上の人びとが地理的な制約なしに出会うことができるインターネット空間では，きわめて特殊な趣味や関心を持つ人びとも，自らの感動を共有できる他者を見いだすことができる．そしてそれは実際に起こっている．

　たとえば，思いつきで「yugioh」という文字の羅列をGoogle探索してみよう．

すると，この意味不明なアルファベットの羅列に対して，5,200,000 件のページがヒットする[2]．そして驚いたことに，これが「遊戯王」という日本のコミック／アニメ／ゲーム[3]のアルファベット表記であることに気づく．しかし，「遊戯王」ではなく「yugioh」でヒットするのは，そのほとんどが外国のサイトである（日本語サイトは，183,000 サイトにすぎない）[4]．アメリカはもとより，ヨーロッパ諸国，アジア諸国，どういう言語か筆者にはわからないサイトまで，全世界に，この作品に興味を持っている人びとが散在している．

インターネットとサブカルチャー

インターネット形成過程の初期から，「インターネット文化」という言葉がよく使われた．その言葉が指示する対象は，語る人や文脈によってばらつきがあるが，それ以前の社会では，語るに値しない残余として見過ごされてきたマンガ，アニメ，ゲームなど，またそのなかでもB級の，きわめてマイナーな文化的ジャンルである．インターネットを介した「集まりの場」では，しばしば，そうした，一般社会では不可視の状態にある〈文化〉が過剰なまでに嗜好され，語られるのであった．

インターネットの張り巡らされた社会とは，そうした社会である．すなわち，大小さまざまの——とくにきわめて限定的かつトリビアルな"interest"をめぐって，仮想的な集団が重層的に形成され，それが諸個人にとってのある種のアイデンティティの源泉となるような社会なのである．

本章は，80年代から人口に膾炙するようになった「オタク」[5]という人格類型を改めてその発生時点から振り返ることによって，今日的な〈コミュニティ〉の一つの側面を分析しようとする試みである．

2. 「オタク」とはなにか

「オタク」の析出／分節化

日本では，インターネットに没頭し，アニメやコミック，ゲームなどの〈趣味〉——サブカルチャーに熱中する人びとをしばしば「オタク」と呼ぶ．

この呼称は，1983年に中森明夫が初めて用いたというのが通説である．ただ

し，この時点ではネットというよりは，コミックやアニメなどサブカルチャーに熱中する人びとを指す言葉だった．中森の言葉を借りれば，次のようである：

> マンガファンとかコミケに限らずいるよね，アニメ映画の公開前日に並んで待つ奴，ブルートレインを御自慢のカメラに収めようと線路で轢き殺されそうになる奴，本棚にビシーッとSFマガジンのバックナンバーと早川の金背銀背のSFシリーズが並んでる奴とか，マイコンショップでたむろってる牛乳ビン底メガネの理系少年，アイドルタレントのサイン会に朝早くから行って場所を確保してる奴，有名進学塾に通ってて勉強取っちゃったら単にイワシ目の愚者になっちゃうオドオドした態度のボクちゃん，オーディオにかけちゃちょっとうるさいお兄さんとかね．それでこういった人達を，まあ普通，マニアだとか熱狂的ファンだとか，せーぜーネクラ族だとかなんとか呼んでるわけだけど，どうもしっくりこない．なにかこういった人々を，あるいはこういった現象総体を統合する適確な呼び名がいまだ確立してないのではないかなんて思うのだけれど，それでまぁチョイわけあって我々は彼らを『おたく』と命名し，以後そう呼び伝えることにしたのだ．（中森 1983）

揶揄的，冷笑的なこの呼称は，1989年に起きた痛ましい事件[6]と結びつき，マスコミによって非常にネガティブな色合いのもとに広く喧伝された．しかし，不思議なのは，なぜ彼ら（と特定できるのかどうかさえ不確定なのだが）が，そのような批判を浴びなければならないのかが，よくわからない点である．

〈彼ら〉[7]は必ずしも，他者に対して攻撃的であるわけではない．また，彼らの没頭する「趣味」が，それ自体反社会的であるわけではない．彼らはむしろ，表面的な事柄——体型やファッション——によって嘲笑される．そして，「友達がいない」という社会的関係性の欠落によって非難されるのである．

> どこのクラスにもいるでしょ，運動が全くだめで，休み時間なんかも教室の中に閉じ込もって，日陰でウジウジと将棋なんかに打ち興じてたりする奴らが．モロあれなんだよね．髪型は七三の長髪でボサボサか，キョーフの刈り上げ坊っちゃん刈り．イトーヨーカドーや西友でママに買ってきて貰った980円1980円均一のシャツやスラックスを小粋に着こなし，数年前はやったRのマークのリーガルのニセ物スニーカーはいて，ショルダーバッグをパンパンにふくらませてヨタヨタやってくるんだよ，これが．それで栄養のいき届いてないようなガリガリか，銀ブチメガネのつるを額に喰い込ませて笑う白ブタかて感じで，女なんかはオカッパでたいが

いは太ってて，丸太ん棒みたいな太い足を白いハイソックスで包んでたりするんだよね．普段はクラスの片隅でさぁ，目立たなく暗い目をして，友達の一人もいない，そんな奴ら（中森 1983）

1991年にベストセラーとなった中島梓の『コミュニケーション不全症候群』もまた，「オタク」的現象を，社会的コミュニケーションの病理として論じている．

しかし，〈彼ら〉は，中森や中島の記述にもあるように，〈趣味〉を介して，他者や世界に関わっていると言えなくもないのである．

そしてまた，〈彼ら〉とは一体誰なのか？

眼差されるものとしての「オタク」
——外面としての〈オタク〉あるいは外面の不在

中森が描写する「オタク」の体型やファッションは，「オタク」を「ダサイ」「キモイ」「ネクラ」とラベリングするための言質でもある．いや，「オタク」という言葉は結局，「若者文化」に対してネガティブなフレーミングをするための装置として作動した，といってもよいかもしれない．

そしてその否定性が，一義的に〈彼ら〉の外見——身体や服装によって決定づけられるところに，〈オタク〉というカテゴライゼーションの特徴がある．

けれども，〈彼ら〉の外見は，いかなる意味で「ダサ」く，「キモ」いのだろうか？

先に挙げた中森の記述のなかから「オタク」的外見の特徴を拾ってみると，

① 痩せすぎ，あるいは，太りすぎ
② 親に買い与えられた，スーパーで売っているような実用的衣料
③ 流行遅れのファッションアイテム

ということになる．

これらを一言でまとめれば，〈彼ら〉は自身の外見——他者から見られる者としての自分について無頓着であり，意識を払っていない，ということである．

50～60年代に世界的なベストセラー作家として活躍したサガン[8]の小説のなかに，「人から好かれようとしない人間は醜い」という趣旨の描写がある．身体を装飾しない，剥き出しの自己を外部に晒すことを社会性の欠如とみなすまなざしからすれば，オタクにおける外面の不在は，社会に対するある種の侮辱と考えられても不思議ではない．

3. サブカルとオタク

自称としての「オタク」——「オタク」の自己認識

　しかしながら，このようなネガティブなラベリングが，まさに（当時の）若者文化の当事者によってなされたことは，きわめて興味深い．

　「オタク」という語を「ヤツら」を揶揄するための語として採用した中森は，この揶揄を，まさに「ヤツら」のための雑誌において行ったのである（したがって，この記事は読者からの反発を受け，編集長の大塚英志によって連載中止となった）．

　だが，当時を知る竹熊[9]によれば，

> 　俺は「おたくの研究」をリアルタイムで読んでいるんですけど，「うまいこと言うなあ！」とヒザを打ちましたよ．自分を棚にあげて．
> 　ちなみに，俺の周囲の「おたく」では，中森君が書いた内容に本気で怒った人は，ちょっといなかったですね（※）．キツイジョークだとは思ったけど．だいたい中森氏自身が，外見を含めて見るからに「おたく」だったわけですよ．彼はアニメではなくアイドルマニア出身で，だいたいペンネームからしてそっち方面丸出しじゃないですか．

ということでもある．

　中森はこの事実——自分自身が「そっち方面丸出し」であることにどの程度自覚的だったのだろうか？　あるいはこの，自分自身に対する視線の欠如こそまさに，彼自身が「丸出し」であることの証左なのかもしれない．

「オタク」文化とは何か

　「オタク」であることの本質は，しかし，一方で彼らの〈趣味〉にあったはずである．なぜ「オタク」の外見と「オタク」の関心（内面）とが，一体のものとして扱われなければならないのだろうか？

　大雑把に「オタク」文化と呼ばれる，「オタク」の関心領域は，実際にはきわめて多岐にわたっており，しかも細分化されている．アニメ，コミック，ゲーム，パソコン，……しかも，こうしたジャンルのなかでも，作品などによって彼らの

趣味は鋭く分別されるのである．そして，冒頭にも述べたように，だからこそ彼らは，広い世界に拡散的に存在する同好の士を，コンベンションやインターネットのなかに見いだそうとするのである．

しかしながら同時に，これらの〈趣味〉領域は，ある種の共通する「匂い」を発している．それらは，すでに社会のなかに高く価値づけられ，評価軸が確立された文化領域——いわゆる「高級文化（ハイカルチャー）」ではない領域であり，したがって，価値の低いとされる文化領域（文化とも呼べない，キッチュ，ガジェットの領域）である．

さらにまた，それが60年代であれば，たとえば，ニューヨーク・グリニッチ・ヴィレッジに集まったアーティストたちによる前衛芸術運動のように，「あえて」高級文化を否定するという構えで，すでに確立されてしまった旧文化に対抗する主張の表徴として，それまでは価値のないものとして貶められてきたものを取り上げたかもしれない（たとえば，アンディ・ウォホールなど）．

しかし，80年代以降の〈オタク〉文化は，このような対抗性を主張することはない．

〈オタク〉文化の領域は，あくまでもB級文化である．それは社会のなかのつまらない徒花にすぎず，むしろつまらないものであるからこそ愛おしい，そんな気分をともなっているように思われる．

だから，オタクたちは，必ずしも〈創造的〉ではない．オタクたちはむしろコレクターである．〈創造的〉であるかのようにみえる彼らの作品は，それ以前に存在する〈本物〉の二次創作，〈本物〉の断片のremix（再編集）であり，まさにそのことによって，彼らの誇りとなるのである．

この感覚は，たとえば春日[10]のつぎのような述懐と響き合う：

> コレクターは矛盾している．過去を懐かしむのならば，使い込まれ汚れた品こそが素晴らしいコレクションとされるはずである．だが大概は，「新品同様」が好まれる．手垢が付かず，色の褪せていない物がベストとされる．つまり時間の隔たりを感じさせない物こそがよろしいとされる．コレクターは時間の奥行きを楽しむのではなく，過去がいきなり現在によみがえるという，錯覚を好む．理想はタイムカプセルなのである．きわめて非文学的な感性というべきだろうか．
>
> おそらくコレクターの棚は，時間の漂流物を集めた場所なのである．大概の品々

は時間の波に呑み込まれて消えていく．だが幸運な品々だけが，蒐集家の棚へと流れ着く．なるほどそこは確かに絶海の孤島に近い．時間の流れとは無縁に存在し，しかも蒐集家の孤独な心を反映している．

　時間とは，「もはや取り返しのつかないもの」である．にもかかわらず，蒐集という行為は時間を淀ませようとする．実際には過ぎ去ってしまっているのに，せめてその断片を大切に保持しようとする振る舞いなのである．（春日 2005: 197）

そしてそれは，〈本物〉あるいは〈正統〉に対する曖昧な反感をひそかに隠し持っている．石子順造に捧げられた鶴見の文章は，その匂いを感じ取っている：

　著者自身の言葉を手がかりとすれば，「情報化がイコール管理化であるような社会体制の整備が進みつつあるとすれば，われわれは表現ないし文化の問題を，普遍的・世界的な"美"の問題以前に，いわば個別的・私人的な日常生活の地平から，根本的に問い直してみなければなるまい．そしてそこには，芸術と呼ぶ必要もない表現が，生活者の身体性ともいうべき"歴史"の一様式として，さまざまに開花しているはずなのである．」

　これが美の本物というきめつけを，私たちは明治以来の百年余りに何度も受けてきた．それをはねかえすのに，われわれじしんのきめこんだ別の本物についてのきめつけで，おしかえし，とみに先入観の角つきあいでおしあいへしあい，言論上のなぐりあいに没頭して生涯を送るべきか．その道をさけて，むしろ本物と見なされないもののほうに，しゃにむに頭をつっこんで見ようとしたのが，石子順造の方法だった．

　巷にそびえたつ鉄塔の上のグリコの走者．マッチ箱の上の希望にみちた巨大な桃．小学生のころの机の上にあった消しゴムの上ののらくろ．
それらは本物の芸術ではないかもしれないけれども，しかしそれらをのぞいてしまったら，私はどこにあるか．

　それらから考えてゆく方法を編み出すために，まず，それらをほんの一部分でも復元してみて，われわれの記憶をほりかえし，われわれの生きた時代が何であったかをとらえかえそう．そこから——．

　レオナルドのモナリザではなく，コルゲンコーワの店頭人形が，自分の内心に深く語りかけてくるという感じをもつ人がいるはずだ．そこから自分をとらえなおし，日本の現代をとらえなおす方法を，くりかえし，がらくたの方向に出なおしながら，石子順造は工夫していた．（鶴見 1991: 107-108）

対抗性がないということ

「〈本物〉に対する曖昧な反感」は,「〈本物〉に対する明確な対抗」にはならない.後者は,やがて,対抗者としての〈本物〉に取って代わろうとする意思をもつ.しかし,前者は,〈本物〉(〈本物〉的なるもの)を適宜構成することによって,輪郭のない自己をかろうじて析出する.

いいかえれば,後者がある種の絶対的な〈真正性〉へ向けて自己—他者を編成し,社会変動を企図するのに対して,前者は,〈真正性〉に対して相対化のまなざししか向けることがなく,結果として社会の変容を生ずることがあるとしても,それを集合的に企図することにはつながらないのである.

4. コミュニティとしてのオタク

このような「オタク」たちは,〈コミュニティ〉を形成するのだろうか? あるいは形成しているのだろうか?

その答えは両義的である.

オタクのコミュニティ

「オタク」は,その名称の発生からして,決してコミュニケーション回避的ではない.先にも述べたように,「オタク」とは,「オタク」同士が相互に相手を呼ぶ二人称として用いられた言葉だったのである.

すなわち,中森にしたがえば,〈オタク〉イメージの原型は,「コミケ」に集う若者たちの姿にあるという(上記).だが,「コミケ」(コミックマーケット)とは,70年代末からはじまったコミック関連の同人誌即売会であり,まさにコミックを核とした自発的なコミュニティに他ならない.

コミケは,2007年1月時点で,開催72回を数えており,参加人数は毎回数十万を超える.これほどの規模のイベントが,長年にわたってほとんど事故もなく粛々と遂行されてきたのは,(もしコミケへの参加者を「オタク」であるとするならば),オタクたちが少なくとも何らかの強い仲間意識をもち,彼らの祭典に対して強いロイヤリティをもち,その遂行に対して協力的であることを示している.

実際,1989年のM事件の後,コミケが犯罪者予備軍の集まりのような批判を

浴びたときに開かれたコミケでは,「ほんのわずかでも反社会的と視られるような行動は慎むように」とのアナウンスが繰り返しなされ, コミケ会場の人びとは, 過剰なほど指示に従って整然とふるまっていたことを, 筆者は目撃している.

そしてまた, このときに限らず, コミケ会場あるいはオタクたちの集まりの場では, 興味関心の合う誰彼を見つけては語り合うことが, 何よりも求められている. 語り合うだけでなく, 彼らはたがいの作品を大量に買い, 大事そうに, 寸暇を惜しんで, それらに読みふけるのである.

あるいはまた, 近年話題になった『電車男』(遠藤2004など参照) でも, 見ず知らずの者たちが, 一人のオタク青年の幸福のために心を通わせ合うところが多くの人びとの共感を呼んだのである (ただし, この物語のなかの〈オタク〉たちは, 幸福のために, 彼らの仲間を脱〈オタク〉させるための協力関係を取り結ぶ, というパラドキシカルな行動をとるわけだが). 彼らは自らの居場所としての〈コミュニティ〉をもとめ, その内部における相互認知を一種の自己アイデンティティ基盤としている.

コミュニティを否定する「オタク」

しかしながら, 同時に,〈オタク〉的なる人びとは, しばしば〈オタク〉に否定的であり, ましてや,〈オタク〉コミュニティのメンバーシップを露わにすることを嫌う——あるいは, 強い含羞を抱いているように見える.

たとえば, コミケやその他の同人誌即売会に行く人びとは, その事実を, ほとんど秘匿している. きわめて限定的な仲間内では言うけれど, それ以外の人びと——通常の交際範囲の人びと——には語ることがない. なぜなら, そんなことが (趣味を同じくしない一般社会の人びとに) 知れたなら,「変な眼で見られる」ようになり, 一般社会での適応状態に困難が生ずるから, と彼らは言うのである.

そして実際,「一般の人びと」は, 年に二度, コミケに集結する〈オタク〉たちを指して, しばしば「気持ちが悪い」と罵倒するのである.

〈オタク〉であることは,〈オタク〉たちにとって, 一種の実存であると同時に, 外部から秘匿されるべき事柄——より正確には, 外部に表示しないことを共通ルールとするゲームであるといえるかもしれない.

同様の感覚は, 2ちゃんねるや「ネタオフ」などにおける「殺伐」という存在様態にも見ることができる.「殺伐」とは, 何らかの共通了解のうえで (文脈共

有のうえで）ある場に共在したとしても，そこにいる誰彼と言葉を交わさないばかりでなく，表情や身体によるいかなる相互認知も行わないことを共通ルールとすることを意味する[11]．

すなわち，〈オタク〉の〈コミュニティ〉とは，暗黙のルール群を共有するという意味では存在するが，その共有ルール群のなかに〈コミュニティ〉への帰属を表示しないというルールが含まれている，そうした逆説的〈コミュニティ〉ともいえるのである．

パーソナル・コミュニティ――「オタク」という呼称

この奇妙に逆説的な《コミュニティ》は，何を源泉として発生してきたのだろうか？

そしてなぜ，彼らは「オタク」と呼び合い，そして，その彼らを「オタク」と呼ぶことを，多くの人びとが受けいれたのだろうか．

そこには，「オタク」という言葉に関して，あらかじめ，共通の了解が存在していたからではないだろうか．

個人的な経験を述べるならば，筆者は高校時代，級友たちとの会話で，二人称として「オタク」という言葉を使っていた．その高校では，「オタク」という二人称は，独特のニュアンスを帯びつつ，自校に固有の言葉遣いとして共有されていた（だから，後年，世間一般でこの言葉が流行語になったときには，かなり，驚いたものだった．それは，自分の高校の内部語だと信じていたからである）．

では，筆者の高校で「オタク」という二人称はどのようなニュアンスを帯びていたか．そもそも「お宅」と言う言葉は，「相手の-家（所属）の敬称」（三省堂『大辞林』）である．すなわち，会話における相手を，個人としてではなく，相手が帰属する「家」（血縁的コミュニティ）という非人格的なものとして，指す言葉である．そしてその遣い手は，「山の手中流～上流家庭の婦女子」に措定される（「奥様言葉」「ざあます言葉」と呼ばれるような用語法の一つだった）のが，世間一般の常識としてあった．この常識を前提として，そうした上流／中流意識を鼻持ちならないものと感じつつ，あえて，女子高校生（しかも，名門とされるような女子高校の生徒）が互いに「お宅」と呼び合うことは，きわめて際どいアイロニー精神の発露であった．

つまり，外部から見れば，名門女子高生とは，まさに，「ざあます」言葉予備

軍であり，そのような少女たちが「おたく」と呼び合うことは，挨拶言葉が「ごきげんよう」であることと同じく，まさに「似つかわしい」光景と見えるのである．

しかし，そのような外部からの視線を充分意識したうえで，彼女たちは，まさにその「山の手上流家庭」に対する侮蔑を表すために「お宅」という二人称を使い，またその「侮蔑」を共有していることを相互確認するために，互いを「おたく」と呼び合っていたのである．

しかも，「おたく」という呼びかけは，外部に対する内部からの視線というだけでなく，内部の相互関係についても，二重の意識を表現する．一つは，先にも述べたように，相手を親密な仲間意識を共有する可能性のある個人としてではなく，決してわかり合えることのない断絶した，非人格的な系とみなしているということを表示する．そしてもう一つは，そのような自己―他者関係を理解し得る「われわれ」意識を表示するのである．

先にも述べたように，筆者は長い間，このような複雑に折りたたまれた意味をもつ「おたく」という呼称は，彼女らが侮蔑の目を向ける大人たちのスノビズムと同様にスノッブである，その高校に固有の言葉であると当然のように思いこんでいた．

しかし，意外にも，「おたく」という呼称は（当事者たちはそれと気づかぬままに）もっと広い範囲で使われていたらしい．

たとえば，中島梓も，〈オタク〉について書いたエッセイのなかで，自分自身の体験に即して，次のように述べている：

> 人は決してまったく無意味に物事を選択することはない．もし彼らが「おタク」という語を，あなた，君，あんた，おまえ，といった数々の二人称のなかからいっせいに選択したならば，それはまさしく，話している相手を（それが誰であれ）「おタク」と呼ぶことそのものに，彼らの意志表示と感性が示されていたのである．いまもいったように，お宅，という語が示すものは，その関係の個人的でないこと，家単位の関係，自分のテリトリーをしょってここにいるのであるということの主張である．オタク族たちは，相手をオタクと呼ぶ事によって，君，僕，という個人的関係をまず相手に対して暗黙のうちに拒否しているのである．意味はちがうが同じようなケースは，やはりそのころから，女の子が自分のことをボク，あいて，ことに男の子を君，と呼び始めた事であった．それはまた，女の子からの，男が女をお前，女は男をあなた，と呼ぶ性差別の構造の拒否の表現だったのである．(中島 1991: 37-8)

今日の〈オタク〉の名付け親である中森明夫は，コミケに集まるアニメ同好者たちを〈オタク〉の代表例として挙げた．

上に述べた前史的「オタク」たちは，教室でマンガを回し読みする，SF同好者であった．SF同好者たちの集会であったSF大会（今日も続いている）は，1979年に始まったコミケの参照点でもあった．

否定形として存在するオタク・コミュニティ
―侮蔑としての「オタク」，自負としての「オタク」

〈オタク〉という集合的名称には，前史的「オタク」の二重性がついて回っているように思われる．

先に，"〈オタク〉の〈コミュニティ〉とは，暗黙のルール群を共有するという意味では存在するが，その共有ルール群のなかに〈コミュニティ〉への帰属を表示しないというルールが含まれている，そうした〈コミュニティ〉ともいえるのである"と書いたが，それはまさに，前史的「オタク」の用法に含まれていた了解であった．

そしてこの二重性によって，自ら〈オタク〉と名乗る人も，〈オタク〉でないと名乗る人も，総じて，集合としての〈オタク〉には冷ややかな視線を投げるという現象が現れる．

その一つの表れは，〈オタク〉世代論の多さである．

たとえば，前記の中島梓は，自分を「元祖たる正統派おタク族」と位置づけつつ，その後の世代については「おタク族は要するに「自分の場所」を現実の物質世界に見出せなかった疎外されそうな個体が，形而上世界のなかに自分のテリトリーを作り上げる事で現実世界の適応のなかにとどまったのである．……オタクは一応現実の規範には適応しており，ただそれはほんとうの適応ではなくて，二重の適応，実際にはない「自分の場所」を，虚構の，形而上世界の中においてそれを自我の根拠としたうえでの現実への適応である，ということである．つまりおタクはほんとうの自分の場所を見つけられないという事実から逃避して，かわりに自我を形而上に仮託する構造をつくりあげた人びとなのだ」（中島 1991: 49-50）と批判する．

また宮台真司（2006）も，自分はSFマニアだったと称しつつ，70年代後半からSFに変質が起こり，これと並行して，オタク的な若者が増えてきたと論じ

ている.

　岡田斗司夫も〈オタク〉を複数の世代に分類して論じている.

　確かに，時代背景にともなう変化はあるだろうが，〈オタク〉の特性を明確に規定することはそもそも不可能であり，むしろ，〈オタク〉を上記のようなルールとして定義する方が説明能力は高い.

　そして，そのようなルールのもとでは，〈オタク〉にとって，他の〈オタク〉は，必然的に〈オタク〉ではない，とみなされるのである.

　〈オタク〉とみなされる人びとが，つねに〈オタク〉に対して批判的な（攻撃的な）言辞をはく——たとえば，NHKの「真剣10代しゃべり場」などにおいても——のは，この事情による.

5.　グローバルな現象としてのオタク　　　——情報と文化のグローバリゼーション

　「オタク」という呼称が国内で生まれたものであるため，「オタク」文化は日本に特有な文化と思われがちである.

　しかし，視野を広くとるならば，同様の文化的ムーブメントは地球の全域において起こっている.

『ウォーゲーム』に現れるオタク

　『ウォーゲーム』という映画がある.

　1983年の作品で，コンピュータ時代の恐怖を描いた作品である（原作は，サイバーパンクSFの先駆者とされるフィリップK.ディックの短編とされるが，それと見分けがつかないほど物語は改変されている）.

　この映画のなかに，おそらくは多くの日本人も共有する「オタク」的イメージの人物が登場する.

　理解のため，（映画をまだ見ていない人には申し訳ないが），若干あらすじを説明させていただく.

　時代は米ソが激しく対立する冷戦時代.

　高校生のデイヴィッドは，コンピュータが得意で，ネットに侵入しては，ガー

ルフレンドのジェニファーの成績を改竄してやったり，新作ゲームを発売前に入手したりといった遊びにふけっていた．ところが，あるとき，ハッキングで奇妙なゲームを発見する．このゲームの謎を解くため，デイヴィッドは，知り合いのコンピュータ専攻の大学生の知恵を借りに行くのだが……．

このコンピュータ専攻学生たちが，図4-1に示す二人である．左の人物は，まさに日陰のもやしのようなひょろひょろした体型，厚底メガネ，不気味なほど白い肌と赤い唇の学生で，自分の考えに夢中になって周囲への配慮を欠く．右の人物は，傲岸不遜であり，ジャンクフードを食べ続けつつ，コンピュータ作業に没頭している．

こうした人物類型を，アメリカではナード（Nerd）と呼ぶ．ナードの亜種として，技術的に優れたものはハッカーと呼ばれ，マニア度の高いものはギーク（geek）と呼ばれたりする[12]．

図 4-1　映画『ウォーゲーム』(1983)より（イメージイラスト）

アメリカにおけるオタク（Nerd／geek）

Nerdとは，「社交生活を楽しんだり，組織だったスポーツやその他の正統的な活動に参加したりするよりも，インテレクチュアルな知識や秘儀，暇つぶしなどに熱中する人を，ステレオタイプ的に指す言葉である．Merriam-Webster辞書の定義によれば，nerdとは，「かっこ悪く，魅力がなく，社会的には無能で，知的な活動，学問的な探求に奴隷的に没頭するような」人物である．nerdは，し

ばしば身体的な活動から排除され、ひとりぼっちの存在とみなされる」(http://en.wikipedia.org/wiki/Nerd, 2007.4.28, 遠藤訳)のであり, 日本の「オタク」とほぼ重なる. Nerdの重度のものを"geek"と呼んだりもする.

上記Wikipedia項目によれば, このNerdという言葉は, 1950年代に現れ, 60年代から70年代以降, アメリカで広まったという.

時期的には日本よりやや早い.

してみれば, 第二次世界大戦以降の, アメリカにおける文化的潮流あるいは個人化の傾向が, こうした人格類型を生み出し, それが, アメリカの影響を受けて育った日本のポスト戦後世代(ポスト団塊世代)にも現れた, とも考えられる.

いわば, グローバリゼーション(アメリカニゼーション)の一つの形式, そしてそのローカリゼーションとして,「オタク」を考えることもできるのである.

それは, SFやマンガやアニメなどの, 今日〈オタク〉文化と総称されるようなサブカルチャー群が, やはりアメリカからの輸入文化として受容されつつ, 同時に, 日本的なる文化として再構成されていったプロセスとも, 相似形をなすプロセスといえる.

グローバリゼーションの中のオタク──異文化間の相互作用

だが, すでに遠藤(2007)で論じたように, 現代の文化的グローバリゼーション(アメリカニゼーション)は,〈ローカル〉を基盤として自らを成立させている.

すなわち, 現代の文化的グローバリゼーション(アメリカニゼーション)は, それが文化産業であるがゆえに, つねに, 差異化の運動としてあらねばならない. つねに,〈新しい〉文化的アイテムを提供し続けなければならないのである. そのため, グローバルな文化産業は, 不断に, 辺境(〈ローカル〉)を必要とする.

日本の〈オタク〉文化が, グローバルな文化市場で認知されるようになったのは, 1978年のスペースインベーダーを嚆矢とする. その後, ソニー・ウォークマン(1979年), ファミコン(1983年), トランスフォーマー(1984年),『ドラゴンボール』(1984年),『AKIRA』(1988年)などが次々とグローバル市場で人気を集めるようになった.

この頃から, アメリカのみならず, 海外の多くの国で,〈オタク〉文化が広まっていく.

図 4-2 アメリカで発行されている日本のアニメ関連雑誌（1995年頃）

図 4-3 イタリアで刊行されている日本のコミックの例（2001.9.2購入）

その関心の高さは，日本国内で考えられている以上のものがある．
なぜそのようなことが起こったのか？
確かに，日本のコミック，アニメ，ゲームなどには作品として優れている，ということはある．しかし，日本のサブカルチャーがグローバルなサブカルチャーとして認められるようになったのはほぼ1980年代以降であり，また，日本で人気の高いサブカルチャーであっても海外ではブレークしない作品もある．作品の絶対的な水準と，その作品あるいはジャンルに寄せられる関心の熱さは，必ずしも対応しない．
ではなぜ，日本の〈オタク〉文化が，地球規模で人気を博したのか．
それは，通常考えられているのと反対に，〈オタク〉文化が，日本固有の文化ではなく，むしろ，グローバル文化が日本において現地化された，ローカライズド文化だったからである．

ローカライズド文化としての〈オタク〉文化

詳しい議論は遠藤（2000，2005，2007など）を参照していただきたくこととして，ここでは簡潔に述べる．
端的に言って，〈オタク〉文化とされるコミック，アニメ，ゲームなどは，そもそも日本にあったものではない．
確かに，絵巻物を始めとして大津絵，浮世絵など日本には古くからきわめて優れた視覚芸術の伝統がある．それが，今日の〈オタク〉文化の水準を支えていることは明らかである．

とはいえ，明治以降，日本の視覚芸術がジャポニズムとして海外に伝わっていったのと同様に，欧米の視覚芸術は日本に流入してきた．日本において両者は分かちがたく融合していったが，世界全体のグローバリゼーション（欧化）の潮流からするならば，明治以降の日本の視覚文化は，西欧視覚芸術の日本化（ローカライズド）であった．それは，現在から見ればいかにも日本的な竹久夢二や高畠華宵の作品も，大正モダニズムというムーブメントのなかにあったことからも明確である．

第二次世界大戦後，日本文化の参照点は，ヨーロッパよりもアメリカに大きく重点を移した．

戦後の焼け跡で，日本の漫画家たちの作品は薄暗い貸本屋におかれていた．紙芝居と同じく，親たちは子どもたちに漫画を読むことを禁じた．

その一方，ディズニーアニメは，華やかな映画館で，文部省推薦のもと，子どもたちが観ることが勧められた．その落差は，大きかった．

手塚治虫や東映動画は，ディズニーを目指して走った．

日本が高度成長を成し遂げ，日本のコミックが表舞台で存在を主張することができるようになったのが，ようやく80年代以降であったといえる．

もちろんそれは，日本の作家たちによる日本独自の表現にあふれた作品群であったが，同時に，ディズニーやハリウッドに代表されるグローバル文化を経由した〈日本〉文化でもあった．

そして，80年代以降，こうした日本初のサブカルチャーが，欧米でも人気を集めることができるとしたら，それが，グローバル文化と文脈を共有し，かつ同時に，グローバル文化とは差異化されるという，両義性を備えているからであると考えられるのである．

6. おわりに──〈オタク〉の市場化とその陥穽

2000年代になると，デジタルコンテンツ産業の育成が唱えられ，国が主催する「文化庁メディア芸術祭」も盛況を呈するようになった．国策として〈オタク〉文化を称揚する動きもあちこちでみられる．

しかし，90年代も後半に至るまで，〈オタク〉文化は日本国内で正当な評価を受けることはなかった．

図 4-4　WWW初期の海外の〈オタク〉サイト（1993年頃）

　70年代安保時，全共闘の学生たちは「右手に朝日ジャーナル，左手に少年マガジン」というほどマンガを好んだ．それは確かに大きな文化的変容ではあったが，うさんくさげなまなざしは変わらなかった．有害コミック問題が繰り返し糾弾を受け，「大人が漫画を読む日本社会の後進性」が批判された．
　この流れを変えたのは，まさにインターネット——WWWであった．
　1993年にインターネットと商用ネットとの接続が許可されるのと期を一にして，WWWのマルチメディアブラウザが開発され，一気に普及した．
　海外の多くのWWWサイトを，日本からも容易に見ることができるようになった．そのときに，日本社会は，海外に多数の〈オタク〉サイトがあることを発見したのだった．グローバル空間による〈オタク〉文化の承認は，日本国内における〈オタク〉文化の正当化に大いに貢献した．2007年夏の総裁選において，麻生太郎候補は，「オタク諸君」に訴えるとして，秋葉原で大々的に演説を行ったりもした．
　先にも述べたように，今日では，〈オタク〉文化は，日本の主要な文化商品としての期待を一身に背負っているように見える．
　しかし，そもそも〈オタク〉が，他者に対する拒絶と了解，グローバル文化とローカル文化の融合と差異化，というきわどい二重性の上にかろうじて存在する何かであることを考えるとき，ナイーブな期待は大いなる陥穽となる可能性があることを指摘しておきたい．

第 5 章

東京タワーをめぐる三つのよるべない物語
―― 情報化社会における雇用流動化と〈コミュニティ〉

遠藤　薫

　昭和三十三年．六大学野球のスターだった長嶋茂雄が巨人軍に入団．背番号3番の活躍に日本中が沸いた高度成長期．同年十二月，世界最大のテレビ塔として三百三十三メートルの東京タワーは完成し，その鉄塔は大都会・東京のシンボルとなった．（フランキー 2005: 443）

1.　はじめに――東京タワーという象徴

　東京に住む人びとのほとんどが，日常的に意識することもなく，またそこを訪れることも滅多にない．にもかかわらず，「東京タワー」は「東京」のシンボルである．
　東京タワーが，それまで世界で最も高い塔であったエッフェル塔を意識しつつ造られたものであることは，その形からも明らかであろう．だが実際に見比べると，両者はかなり異質である．
　エッフェル塔は，19世紀グローバリゼーションの最盛期，フランス革命100周年を記念した1889年パリ万国博のために造られた．それ以前の石造の塔ではなく，無機質な鉄製の塔であることから，パリにふさわしくない醜悪な建築物として多くの批判を浴びた．しかし，安定感のある優美な全体，「鉄のレース細工」

と呼ばれる繊細な鉄骨の組み合わせ，パリの街並みと調和するベージュの色合いなどによって，エッフェル塔は「鉄の貴婦人」とも称され，今日も年間数百万の観光客を世界中から集めている．

　これに対して東京タワーは，日本が高度成長期のとば口にあった1958年，次々と開局する放送局の電波塔を一本化する目的で造られた総合電波塔である（その意味では，東京タワーは，その後の情報化社会への出発点だったともいえる）．したがって，その形もあくまでも機能性によっており，赤（インターナショナルオレンジ）と白のツートンカラーも航空法に準拠しただけで，審美的に配慮されたものではない．まさにその結果，東京タワーは遠くからでもはっきりと識別できる．

　東京のポストカードにはランドマークとしての東京タワーが映っている．都会に住む者たちの生活を描くドラマでは，マンションの窓から東京タワーが見えるのが定番である．2000年代に入って，六本木ヒルズを始めとした六本木再開発によって，この傾向はいっそう促進されたように思われる．

　にもかかわらず，なのか，だから，なのか，「東京タワー」は東京の滅びを表現する象徴でもあった．モスラやガメラ，ゴジラといった怪獣映画，ウルトラマン，鉄人28号，ロボットアニメなどで，東京タワーの破壊は大きな見せ場となってきた．けれども，「東京の滅び」という悲劇性に比べ，（ことに怪獣・特撮映画のなかで）東京タワーはあまりにもキッチュである．哀しいほどにキッチュである．

　なぜ，東京という，世界でも一，二を争う大都市のシンボルが，このようにキッチュでなければならないのか．

　1958年に完成した東京タワーは，「戦後」からの訣別を象徴するモニュメントだった．しかしそれは同時に，「戦後」の貧しさとその後の経済成長のキッチュさの象徴でもあった．2005年公開の映画『ALWAYS三丁目の夕日』は，建設中の東京タワーを背景にした物語であるが，全編を通じて醸し出されるノスタルジックな感傷は，まさにわれわれがこの時代の「貧しさ」をいまだに抱え持ったままであることを暗に示している．

　本章で考えたいのは，第二次世界大戦以降，本格的な産業社会，あるいは都市型社会へと移行するなかで，われわれの社会は，相変わらず同じ問題の周りを回り続けているのではないか，いや，われわれはその問題を潜在的に放置したままであったのではないか．そして，いま，あらためて，その問題が，あたかも新し

いもののように顕在化しようとしているのではないか，ということである．

　もしそうだとすれば，われわれはそれに新しい衣裳を装わせて，何か別の問題として取り扱ってはならない．われわれは，20世紀以来の問題をいまだ解決できていないだけなのである[1]．

2.　東京タワーをめぐる二つの物語

　そんな東京タワーをめぐって，いくつもの物語が書かれてきた．
　なかでも代表的な二つの物語の一部分を以下に引用したい．

東京タワーをめぐる物語1

　　　それはまるで，独楽の芯のようにきっちりと，ど真ん中に突き刺さっている．
　　　東京の中心に．日本の中心に．ボクらの憧れの中心に．
　　　きれいに遠心力が伝わるよう，測った場所から伸びている．
　　　時々，暇を持て余した神様が空から手を垂らして，それをゼンマイのネジのようにぐるぐる回す．
　　　ぐるぐる，ぎりぎり，ボクらも回る．
　　　外燈に集まる蛾みたく，ボクらはやって来た．見たこともない明かりを求めて，それに吸い寄せられた．故郷から列車に揺られて，心揺らして，引き寄せられた．
　　　弾き飛ばされる者．吸込まれる者．放り出される者．目の回る者．誰の力も及ばず，ただ，その力の向かう方角に引っ張られ，いずれかの運命を待つばかりだ．
　　　ちぎれるほど悲しいことも腹がねじれるほどに悔しいことも，すべてのわけのわからないことも抗うことはできず，回り続ける．
　　　ぐるぐるぐるぐる．ぐるぐるぐるぐる．
　　　そして，ボクらは燃き尽くされる．引きずり込まれては叩き出される．
　　　ボロボロになる．
　　　五月にある人は言った．
　　　それを眺めながら，淋しそうだと言った．
　　　ただ，ポツンと昼を彩り，夜を照らし，その姿が淋しそうだと言った．
　　　ボクはそれを聞いて，だからこそ憧れるのだと思った．このからっぽの都ですっくりと背を伸ばし，凛と輝き続ける佇いに強さと美しさを感じるのだと思った．流され，群れ，馴れ合い，裏切りながら騙しやり過ごしてゆくボクらは，その孤独で

ある美しさに心惹かれるのだと思う．
　淋しさに耐えられず，回され続けるボクらは，それに憧れるのだと．
　そして，人びとはその場所を目指した．生まれた場所に背を向けて，そうなれる何かを見つけるために東京へやって来る．
　この話は，かつて，それを目指すために上京し，弾き飛ばされ故郷に戻っていったボクの父親と，同じようにやって来て，帰る場所を失してしまったボクと，そして，一度もそんな幻想を抱いたこともなかったのに東京に連れて来られて，戻ることも，帰ることもできず，東京タワーの麓で眠りについた，ボクの母親のちいさな話です[2]．

東京タワーをめぐる物語2

　かつて幼い日のN・Nが，毎夜覗き見た〈別世界〉とは，ベニヤ板一枚によってきびしく隔てられていた．やがて成長するN・Nのなかで，この〈別世界〉への憧憬は，〈上京〉へのおさえがたい衝動となって具体化していった．そしてN・Nが上京のとき，三兄Tにつれられて東京タワーにのぼり，そこから見おろした東京の街，とりわけ眼下の「東京プリンス」の豪華なプールのある庭園が，ついに到達した都として，N・Nの眼下にやきつけられる．
　しかしN・Nとこの豪華な庭園とのあいだには，もうひとつののりこえがたい障壁のあるということを，やがてN・Nは思い知らされる．ベニヤ板でもなく地理的な距離でもなくて，それは階級の不可視の障壁に他ならなかった．
　のちにN・Nは，68年の10月10日，上京して三年半ののち，もはや一切の希望を失い，〈密航〉の夢だけを胸に，池袋→新宿→渋谷→六本木とさまよったあと，「東京タワー下のボーリング場で他人の遊ぶ姿を見物し」，東京プリンスホテルのあのプールのある庭園のなかに，すなわちN・Nが上京のとき，ついに獲得したと思った〈東京〉の象徴のなかに，さまよいこんでゆく．夜半を巡回中のガードマンによびとめられ，逃げようとしてエリ首をつかまれ，尻もちをつき，密航用にかくしもっていたピストルを発見されることをおそれて，弾丸を二発発射する．ガードマンの中村公紀さんは翌日の昼ごろに死亡．N・Nは全国を逃走しつづけ，つづいて三件の射殺事件をおこし，「連続射殺魔」として全マスコミを恐怖の記事で埋める．翌69年4月7日，千駄ヶ谷の英語学校「一橋スクール・オブ・ビジネス」に侵入，パトロール中の代々木署員に逮捕される．N・N十九歳．所持品はピストルの他，ローレックスの腕時計，ロンソンのライター，鉄製クシ，明治学院商学部の学生証，質札二枚等．中野区若宮の三畳のアパートから発見された所持品は，

残高ゼロの貯金通帳，シェーファーの万年筆，パーカーのボールペン，アメリカ製ボストンバック，等々[3]．

二つの物語の解題

短い引用なので若干わかりづらいかもしれない．

言いたいことは，主人公の境遇も時代も異なるこれら二つの物語が，奇妙によく似ていることだ．すなわち，これらは，東京という場において（そこでのみ可能な）自己実現を目指して上京した地方出身者が，その夢によって傷つけられる物語だといえよう．そして，これらの相似性から改めて思うのは，われわれの社会が，以下に多くのやはり同型の物語を産出しつづけてきたか，いまもなお産出しつづけているかと言うことである．

種明かしをしてしまおう．

二つの物語の前者は，2005年6月に発売され，2006年10月に200万部をこす大ヒットとなった，リリー・フランキーの『東京タワー ── オカンとボクと，時々，オトン』の冒頭部分である．リリー・フランキーは筆名で，作者はふつうに日本人である．1969年に大分に生まれ，やや一般的でない家庭環境ではあるが，東京の美大に進学し，現在はイラストレーター，エッセイスト，ミュージシャンなど多彩な活動をしている，時代の寵児の一人と言っていいかもしれない．この作品は，まだ世に出る前の，自身の漂流時代を描いた自伝作品である．

後者は，社会学者の見田宗介が1973年に書いた，永山則夫をめぐる考察「まなざしの地獄」のなかの一節である．永山則夫は，1949年，北海道網走市呼人番外地に，8人兄弟の7番目の子（四男）として生まれた．崩壊状態の貧困家庭に育った永山は，1965年に青森から東京に集団就職が，転職を繰り返し，どこも長続きしなかった．米軍宿舎から盗んだピストルで，1968年10月から1969年4月（当時19歳）にかけて，東京，京都，函館，名古屋で4人を射殺した．いわゆる「連続ピストル射殺事件」である．1969年11月に東京で逮捕され，1979年に東京地方裁判所で死刑判決を受ける．1981年に東京高等裁判所で無期懲役に減刑されるが，1990年の最高裁判所判決で，死刑が確定した．1997年に刑が執行されるまで，獄中から『無知の涙』などの小説や評論を発表した．

3.　もう一つの東京タワーをめぐる物語

　もう一つ，筆者の個人的な体験をここに物語ってみたい．
　これもまた，東京タワーに引かれるように上京し，職業を漂流する若者の物語である．

東京タワーをめぐる物語3

　2005年の晩夏，筆者は思いもかけず東京タワーの下の病院に入院してしまった．
　何事もない1日の終わりに，突然，奇妙な不調におそわれ，救急で診察を受けた．ちょっとした手当で帰宅できるものと軽く考えていたのに，あっという間に肺に穴を穿たれて，病室に運び込まれてしまったのだった．
　「気胸」と診断されたが，それは筆者にとってまったく知識のない病気であった．激痛と不安で途方に暮れている患者にとって必要なのは，リアリティのある情報だった（医師の説明は，医学の領域に閉じているため，患者が自分自身の現実をどう理解するかという問題には，あまり助けにならなかった）．しかし，それはどこから得られるのか．筆者は，まるで突然言葉も通じない異国に拉致されてしまったかのようだった．
　気胸という病気は，肺に穴が開いてしまうものだが，2, 3日で自然治癒することも多いという（自然治癒しない場合には，手術によって肺の穴をふさがなければならない）．そこで毎日レントゲンを撮る．だが，いずれにせよ，治癒が確認されるまで肺が機能しないので，背中から肺に外科的に管を通して酸素を送り込む．これは完全に異物であるから，わずかな動きでさえ，絶叫するほど痛い．そのために車椅子を使う．その他，さまざまな患者の世話のために，病院には，若い男性スタッフが配備されていた．大変よく気のつく，労を惜しまないスタッフで，大変ありがたかった．
　ちっとも治癒しないことに苛立ちつつ数日たった頃，車椅子でレントゲン室に行く途中，スタッフは，何くれとなく，こちらの気持ちが和らぐように話しかけてくる．筆者も，感謝の気持ちを表そうとして，「看護士さんのお仕事は大変でしょうね」と言ってみた．すると，彼はくすっと笑って，「ああ，ボク，看護士じゃないんです．ほら，同じような医療着を着ていても，胸の名札に看護士と書

いてある人と，スタッフと書いてある人がいるでしょう？　ボクはスタッフ．看護士の資格なんか持っていない，派遣なんすよ」と答えたのだった．

「派遣？」
「そう，人材派遣会社から送り込まれてくるんです．よーく名札をみているといいっすよ．この病院でも，かなりの数の派遣を使ってますよ」
「ほんとうだ．気がつかなかった．看護士さんが足りないっていうこと？」
「まあ，それもあるし，看護士じゃなくてもできる仕事もたくさんありますから．こんなふうに車椅子を押すのに看護士資格は必要ないでしょう．人件費も節約できるし」
「確かに……．だけど，なんでまた病院のスタッフに？　派遣だったら，いろいろな職種があるでしょう？　なぜ，看護の仕事に？　なにか資格を取る予定とか，あるんですか？」
「いや，全然．まったくたまたまっすよ．もう，この病院に2年以上きてるんですけど……．その前の仕事は，やっぱり派遣だけれど，ふつうの事務職．で，そこが2年くらいで契約が切れて……．で，新しい仕事を探そうとして派遣会社の事務所に行ったら，前やってたみたいな事務職の求人と，ここの病院の求人があったんすよ．だから，何か新しい仕事のほうがいいかなーとか思って，こっち選んじゃいました」
彼は屈託なげににこにこ微笑いながら言うのだった．

「でもさ，派遣だと不安とかない？　なにか，定職に就こうとか思わない？」と，またあるとき筆者は聞いてみた．
「不安……．別にないっすねー」
「派遣の前は正規の社員だったの？」
「いやー，高校出て，東京来て，ずっと派遣す」
「なぜ？　正規社員になろうと思ったことないの？」
「うーん．ずーっと同じ仕事って，考えられないんすよ．別にヤダとかいうんでもなくって，でも，来年の今頃も同じ仕事してるのかーって思ったら，そんなの想像できない．ありえない（笑）」
「ふーん．でも，前の仕事だって，今の病院だって，結構長く勤めているんじ

ゃない？」
「まあ，そうなんすけどね（笑）．でもほら，気がついてみたら結構長かったっていうのと，ずっとここに勤めていなくちゃいけないっていうのとじゃ，違うっすよ．それに，派遣て，やっぱ，いろんな仕事，選べるから，楽しいっすよ．何でもできる，何にでもなれる，って感じ（笑）」

とはいうものの，彼がとくに私に人なつこく話しかけることが多いのには，それなりの理由があった．
「私，自分がかかるまで，気胸なんて病気，全然知らなかったんだけれど，気胸の患者さんて多いの？」とあるとき私は聞いてみた．それは私がとにかく欲しい情報だったのだ．
「ああ，結構いますよ．」彼は，にっと笑って，言葉を継いだ．「ボクも，2年前，気胸で倒れて，ここの病院に入院したんす」
「おやまぁ」それで彼は，何となく私に仲間意識をもったのかもしれなかった．
「その少し前から，ここの病院で働き始めていたんすよ．で，ある日，突然苦しくなって，どーしたらいいかわかんないから，とにかく，ここの病院だったら知ってる人がいるからって，ここの病院まで来たんす」
「住んでるとこ，近くなの？」
「いや，巣鴨の方っす．遠いけど，やっぱ，知ってる人がいるところの方がいいと思って，ここまで来たっす……」
「あー，そうだよねー．気胸って，突然，何の前触れもなく身体に力が入らなくなって，一体何がどーしたんだろうって芯から不安になってしまうし……」
「そう……」
「でも，肺に管入れられたら，もう，死ぬほど痛いよね？　大げさじゃなく……」
「痛いっす．あれはほんとうに痛いっす．誰にもわからないほど痛いっす」
彼は深くうなずいて断言した．それは同じ病気に苦しんだ者たちだけが分かち合う連帯感だった．
「あー，でもちっとも治らないんだ．もう，入院してから何日もたってしまった．手術しなくちゃいけないのかなぁ？　手術はやっぱり怖いし，身体に傷を付けるのもよくないだろうし……」
「でもね，お医者さんから聞いたと思うけど，自然治癒って再発率が数十％な

んすよ．手術をすれば，それが数％まで落ちる．ボクもちっとも自然治癒しなかったんす．だから，手術することにしたんす．ボクら，一人で働いて，一人で暮らしてるんで，病気になんか，なるわけにいかないんす．ほんとに命取りっすから……」

「あー……」

「ダイジョーブ．手術だって，そんなに痛くないっすよ．昔と違って，胸をずたずたに開いちゃうのじゃなくて，胸腔鏡手術だから，傷もそんなに大きくないし，2年もしたら，ホントにもう傷跡も見えないくらいっすよ」

彼は過剰なほど熱心に説いた．

「そうだ，ボクの傷，見ます？」

「えー？」

「手術したすぐ後は，自分の身体がこんなに変形しちゃったって，ほんと，怖かったっす．こんなの，自分の身体じゃないって思ったっす．手術の後は，自分で毎日，鏡を見ながら傷跡を消毒しなくちゃいけないんす．傷跡はぐちゃぐちゃで，見たくなんかなかったけれど，自分，一人っすから……．他に誰もいないっすから……．でも，もうほとんどわかんないくらいっすよ．見てくださいよ」

言うなり，彼はぱっと自分の医療着をたくしあげた．確かに，胸の脇に3本，5〜10センチ程度の傷があったが，すっかり薄くなっていた．

「ふうん．ほんとだ．もう言われなければ気がつかないくらいだね」

「でしょう？」彼は服を戻しながら，いかにも嬉しそうに自慢気に言った．

「手術の三日後には退院して，で，その次の日から，またスタッフとして働いたんすよ」

だが，いくら若いとはいえ，一人暮らしの派遣スタッフにとって，病気が影を落とさないことはあるまい．

「〇階の派遣スタッフの女の子，知ってます？」と彼が聞く．

「知らない．ここの病棟しか知らないもの．」

「そうっすよねー．ジブンと同じくらいに，ここの病院に派遣で来た子なんすけどねー．やっぱ，気胸なんすよ」

「あー，それはそれは」

「それで，やっぱ，また再発するんじゃないかって，いつも不安みたいす．やっぱ派遣だし—……．保証とか，あんまないし……．一人だし……」
「ご家族とかは？」
「え？　あー，ジブンすか？　出身は，茨城の方っす．でも，こっち出てきてから，帰ったことないっすよ．別に，用事もないし……」淡々とした口調だ．
「友達とか……？」
「あー，いないっすねー．仕事場とアパートの往復してるだけだから，友達なんてつくれないっすよ．まあ，別につくろうともしてないけど……」
「休みの日とか，どこかに遊びに行ったりしないの？」
「遊び，すか？　遊び，って，行かないすねー．金もないし．ジブン，無趣味だし」彼は困ったように笑った．「オフのときは寝てるか，あんまり疲れていなければ，仕事，入れちゃいますね．その方が，人に会えるでしょう？」
「映画に行くとか……．実はミュージシャン目指してて，それで派遣やってるとか……」
「ジブン，音楽とか，全然わかんないすから……」彼は呆れたような困ったような顔で，弁解するように言った．それからふと不安に駆られたように，
「そういえば，お医者さんに，禁煙するように言われなかったすか？」
「もちろん，言われた」
「で？」
「うーん，今度のことはショック大きかったから，なんだかもう吸う気なくなっちゃったみたい」
「あー，まー，禁煙はした方がいいっすよねー……」
「まーねー……」
「でも，ジブン，ときどき，どーしよーもなく吸っちゃうんですよ．いつもじゃなくて，たまに，なんすけど．ジブン，酒も飲まないし……．だから，タバコだけなんすよね……．それでも，やっぱ，ヤバイっすかね？」
「あー，私にはわかんないけど……」
「そーっすよねー．わかんないっすよねー．だけど，ジブン，こんなこと，聞ける人っていないんすよねー．ジブンが知ってる人って，ここの病院の看護士さんとお医者さんだけだから，そんなこと，聞くだけで叱られちゃうっすからねー……」

結局，1週間が経って，私は手術することになった．

「明日，手術なの」と私は彼に言った．

「そーすか．手術した方がいいすよ．やっぱ．管がなくなるだけでも，ずっと楽になりますよ．頑張ってください．」

「はい，頑張ります．」

「ただ……」彼はすこし口ごもった．「ジブン，少し，嘘をついたかもしれないっす．」

「なに？」

「手術後はすぐに元気になるって，言ったっすね．退院したら翌日から病院で働いたって，言ったっす」

「はい，聞きました．」

「それは嘘じゃないんすけど，本当に次の日から働いたんすけど，ただ，やっぱ，辛かったっす．お金にもなるし，リハビリにもなるからって，看護士長さんはちゃんとジブンの病気のこともわかってて言ってくれたんで，ありがたかったっす．だけど，やっぱ，辛かったっす．気が遠くなりそうだったっす．だから，もし，できるんなら，やっぱ，手術の後は少しゆっくりした方がいいっすよ……」

4. 社会と就業構造の液状化——非正規雇用と日雇い労働

社会組織の液状化

　自分が病院という場所とこれまであまり関わりがなかったために気づかなかっただけかもしれない．それにしても，病院で医療に関わるスタッフのかなりの部分が派遣スタッフであるという事実は，私に違和感を感じさせた．

　そのような違和感は，病院や銀行など公共性の高い業種（いわゆる「堅い」職業）は，就業状態が固定的である（すなわち，終身雇用の正規職員がほとんどを占める）との思いこみがあったせいだろう．

　しかし，とくに1990年代以降，かつての「堅い」業種は大きな構造変化に見舞われた．1997年も押し詰まった日，経営破綻を告げる山一証券幹部たちの姿は，堅牢と信じられてきた金融業界の構造がすでにぐらぐらと揺らいでいたこと

を，われわれの眼前に突きつけるものだった．

同様に，エリート，富裕層を代表する業界と見なされ，経営不安とはもっとも遠い地点にいると考えられた病院などの医療機関も，経営破綻の危機にさらされている．「厚生労働省　医療法人のホームページ」[4]によれば，国内の一般病院1,247施設のうち，黒字経営は26.1％，赤字経営が73.9％にのぼっている．これは，数年来の行政改革が背景にあるとも言われ，自治体病院の経営状態がとくに悪化している．また同資料によれば，赤字経営の病院は，支出に占める給与費の割合が高い傾向がある．そのため，人件費を削減するために，派遣社員などを増やす傾向が生じていると考えられる．

表 5-1　開設者別：黒字の病院・赤字の病院の施設数と構成比（平成15年度）[5]

	一般病院全体		黒　　字		赤　　字	
	施設数	構成比	施設数	構成比	施設数	構成比
総　　　　数	1,247病院	100.0％	325病院	26.1％	922病院	73.9％
自治体病院	862病院	100.0％	101病院	11.7％	761病院	88.3％
その他公的病院	270病院	100.0％	150病院	55.6％	120病院	44.2％
社会保険病院	115病院	100.0％	74病院	64.3％	41病院	35.7％

実際，統計によれば，「医療・福祉」関連の事業所の17.4％に派遣労働者[6]が就業している（すべての事業所の31.5％に派遣労働者が就業している）[7]．また，「医療・福祉」関連の事業所に勤める派遣労働者の年代は，25〜34歳が36.7％程度を占める（全体では，50％）[8]．すなわち，彼のような就業者は，まったく珍しくはない．

むしろ，そのような流動的な就業形態が社会の広い範囲で一般化しているにもかかわらず，相変わらず，安定的な，正規雇用[9]（終身雇用）を，社会のなかの「正統的な」就業形態と前提するような「社会観」のほうが，きわめて問題であるともいえる（たとえば，2000年代に入って突然浮上してきた「ニート[10]／フリーター[11]問題」は，まさにこのような誤った社会観によって転倒的に構成されたものとも考えられるのである）．

非正規雇用の増大

「派遣労働」だけでなく，今日では，さまざまな「非正規雇用」者の割合が拡

大している．図5-1は，就業構造の変化を表したものである．明らかに単線的に，非正規雇用の比率が拡大していることがわかる．しかも，非正規雇用[12]の状況が，ジェンダーや年齢によって大きな差異を見せていることも明らかである．男性では，15～24歳の若年層と65歳以上の高年齢層の非正規雇用の比率が，他を圧して高い．一方女性は，全体として男性より圧倒的に非正規雇用の比率が高い．そして，25～34歳のみが，他の年齢層とはかけ離れている．

上にも触れたが，2000年代以降，突然，日本社会において「ニート／フリーター問題」が大きく取り上げられるようになった．それは，ここに図示したような，非正規雇用比率の高まりを背景とした議論であった．しかしその論調は，若年層の自立心や労働意欲，現実認識の不足を批判するものが多い．

しかしながら，物語3の青年も決して労働意欲がないとか，夢を追っているとかいうことではなかった．むしろ細々とよく働き，大きな夢とは正反対の日常を淡々と生きているようだった．彼の現状は，時代の趨勢に自然にしたがった結果というべきである．そしてそれは，多くの非正規雇用にある若者たちのリアリテ

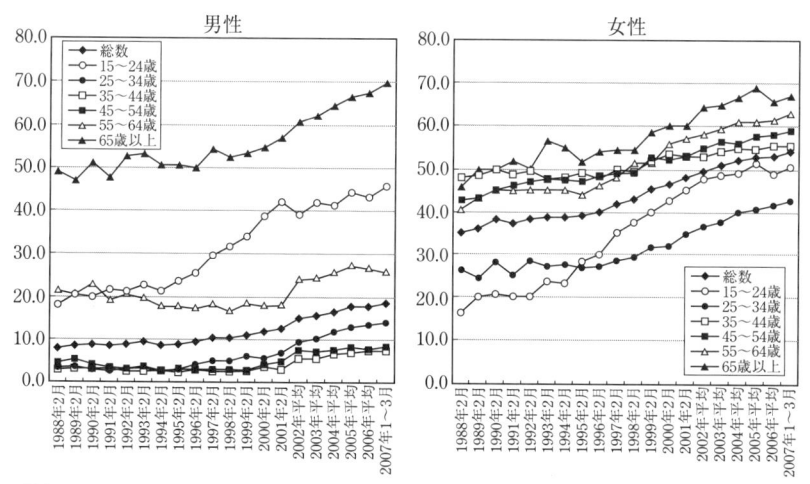

(注) 平成13年以前は「労働力調査特別調査」，平成14年以降は「労働力調査詳細結果」により作成．
　　非正規雇用者とは，パート，アルバイト，派遣社員などをさす．
　　非正規雇用者の割合は，役員を除く雇用者の内訳の合計に対するものである．
(データ) 労働力調査　長期時系列データ

図 5-1　非正規雇用者比率の推移　長期時系列データ(詳細結果)[13]

ィであろうと考えられる．

なぜなら，彼らが選択的に「非正規雇用」に就いたというよりは，彼らの眼前には「非正規雇用」という選択肢しかなかった，あるいはそちらを選択する方が自然に見えた状況があったのではないかとも考えられるからである．

実際，『労働経済白書』（厚生労働省，2006）[14]によれば，

① 完全失業率は，改善傾向にあるものの，依然として高水準であり，
② 特に若年層において相対的に高い．
③ 若年層の失業率が高いのは，求人と求職のミスマッチのみならず，就業機会が減少していることが原因と考えられる．
④ このため，非正規雇用が増大している．
⑤ ただし，フリーターなどは，政策や啓蒙の成果か，減少の傾向が見られる．
⑥ その一方，派遣労働が増大している．

そして，厚生労働省「平成15年就業形態の多様化に関する総合実態調査」によれば，派遣労働という就労形態を選んだ最大の理由は，「正社員として働ける会社がなかったから」なのである（表5-2）．

物語3の青年が辿ってきた道が，彼の個人的な選択（安易な心情によって非正規雇用を選択した）であるよりも，現代の労働市場の趨勢に乗ったものであることが，ここからも確認されるのである（かつて，N・Nが，自明の未来として集団就職してきたように）．

表5-2 非正社員が現在の就業形態を選択した理由（複数回答，％）[15]

	家計の補助，学費等を得たいから	自分の都合のよい時間に働けるから	通勤時間が短いから	正社員として働ける会社がなかったから	自分で自由に使えるお金を得たいから	勤務時間や労働日数が短いから	家庭の事情や他の活動と両立しやすいから
非正社員	35.0	30.9	28.1	25.8	24.6	23.2	22.6
契約社員	14.4	9.9	14.4	36.1	14.5	8.8	10.3
嘱託社員	15.7	5.5	13.5	31.2	11.1	8.8	7.4
派遣労働者	15.5	15.2	15.0	40.0	16.7	14.7	23.5
臨時の雇用者	39.1	21.6	22.8	20.2	17.0	14.5	33.5
パートタイム労働者	42.3	38.8	33.2	21.6	28.0	28.8	25.8

（データ：厚生労働省「平成15年就業形態の多様化に関する総合実態調査」[16]）

非正規雇用の諸問題

物語3の青年は，そんな自分の境遇について，とくに不満をいうでもなく淡々と受け入れているように見えた．いや，むしろ，派遣という雇用形態が，自由な職業選択，多様なチャレンジを可能にする，ポジティブなものであると誇るような口ぶりでさえあった．

それでも，ふと漏らす言葉の端に，何ともいえない不安が覗いて見えることもあった．たとえば，彼はいつ再発するかもわからない病気を爆弾のように抱えており，そして派遣という労働形態では，病気と失業がセットになっているのだ．不安でないはずはない．しかも，彼の場合，派遣で特定の仕事を専門とするわけではないので，能力開発のチャンスはなく，今後もずっと非熟練の雑務にしかつけない可能性が大きい．そのような状況では，家族を持つこともままならない．こうしたさまざまな不安を抱えながら，だがそのことについて話し合ったり相談したりできる人間関係さえ，彼にはないのだ．

厚生労働省が2005年9月に発表した『派遣労働者実態調査結果の概況』によれば，彼ら／彼女らの多くは，正社員の地位や安定した雇用，労働条件の改善を望んでいる．

N・Nが抱え込んでいた問題，リリー・フランキーが抱え込んでいた問題は，現在も再生産されつづけているのである．

表 5-3 派遣元への要望の多い上位6項目の内容別派遣労働者の構成比（単位%）[17]

派遣元への要望の内容（複数回答三つまで）							要望はない
賃金制度の改善	継続した仕事の確保	福利厚生制度の充実	苦情・要望への迅速な対応	年次有給休暇をとりやすく	教育訓練の充実		
40.9	22.2	15.2	14.7	12.9	12.5		33.6

表 5-4 派遣先への要望の多い上位6項目の内容別派遣労働者の構成比（単位%）[18]

派遣先への要望の内容（複数回答三つまで）							要望はない
正社員としての雇用	指揮命令系統の明確化	派遣契約期間の延長	年次有給休暇をとりやすく	派遣契約以外業務を命じないよう管理	職場環境の改善		
18.3	13.7	12.7	11.5	9.1	7.0		44.4

5. 長期的に見る就労構造の変化

個人自営業者層の変化

　このような現代の就労状況を，N・Nが組み込まれていた労働環境と比較してみよう．

　かつて見田は，次のように書いた．

> 　たとえば在日朝鮮人の多くは，雇用者として勤務することに挫折し，あるいは当初から見切りをつけて，自営業者になっていく．これを抽象的な社会学からみると，雇用者でなく自営業者に，すなわちプロレタリアでなく，プチ・ブルジョアジーになっていくということになる．しかしこのことは，階級的な「上昇」でもなんでもない．彼らは日本の体制の中で，プロレタリアにさえなれないから，自営業主となるにすぎない．
> 　これはけっして，在日朝鮮人だけの問題ではない．内職する既婚婦人たち（官庁統計では内職は「自営業主」となっている！），職を失った老人や中年者たち，被差別部落の出身者たち，何かのことで「躓いた」履歴をもつ多くの人たち，彼らが日本の都市の「自営業主」の中の部厚い層を形成している．
> 　そしてふたたび，このような「自営業主」になることさえできなかった人びとが，「履歴書の要らない労働者」となる．
> 　資本はそのような流動する労働力を絶対に必要とする．そして彼らは必然に転職をくりかえすけれど，彼らと「履歴書の要る職業」とのあいだには，目にみえない鉄条網があって，めったにのりこえることはできない．
> 　「戸籍」あるいは履歴書が要件をなすということは，人間の過去と現在とが自動的に，取消し不可能な効力をもってその未来を限定するということだ．
> 　彼らは個々の職業を，その都度選択する自由はもっているし，拒否してとびだしてしまう自由をももっている．しかしこれらの「自由な」選択のすべてをつらぬいて，彼らの転職の回路の総体はある不可視のゲットーのうちにとじこめられている．
> （見田 1979: 40）

　見田の「履歴書が要る職業／要らない職業」という分類に倣えば，現代の職業を「正規雇用／非正規雇用」に分けることができるかもしれない．

たとえば，先日たまたま会った女性は，「自分は，大学の非常勤講師をしている．大学講師といえば，学歴は高いし，勤務先もちゃんとした組織であり，社会階層的には上位に位置づけられるかもしれない．しかし，非正規雇用の非常勤講師は，実態として収入は低く，雇用関係はきわめて不安定である．とくに近年は短期の任期制とする大学が増えてきている．彼女は，自立心も社会的意欲も旺盛であり，コミュニケーション能力にも何ら不足はない．それでも，彼女が正規雇用に就けるか否かは，きわめて不確実なのである．そして今日，彼女のような境遇にある人びとは多い．

一方，見田の指摘した個人自営業者層については，図5-2に示すような統計[19]がある．個人企業の開廃業率の推移である．

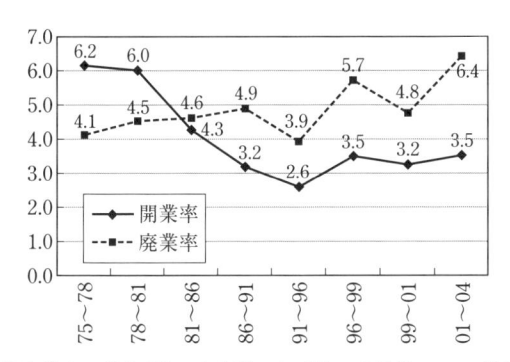

図 5-2 開廃業率の推移（非一次産業，年平均，企業数ベース（個人企業のみ））
（データ：総務省「事業所・企業統計調査」）

見田が述べているように，70年代までは開業率が廃業率を大きく上回っている．

しかし80年代にはいると，廃業率が開業率を上回るようになり，その差は時代とともに拡大していく．

この理由について『2006年版中小企業白書』は，「廃業者の内訳を年代別に確認するために総務省「就業構造基本調査」4を見てみると，1979年以降50歳以上の廃業者が増え続けた結果，2002年においては，廃業者の43.0％が60歳以上となっていることがわかる（第1-2-5 図）．このように，近年の廃業率の上昇は，個人企業における事業主（自営業主）の高齢化に伴う引退が大きな原因となっているものと考えられる」（第1部第2章）と分析している．

すなわち，N・Nと同世代で，「履歴書の要らない職業」としての自営業に就

いた人びとが，いま，高齢化し，社会という舞台から退場しようとしている．

そして，彼らの子ども世代は，自営業ではなく，非正規雇用へと組み込まれていくのである．現在，全国津々浦々に広がるシャッター通りは，自営業の時代の終焉をまさに表している．親世代「の転職の回路の総体はある（「階級」という）不可視のゲットーのうちにとじこめられてい」たとすれば，その子どもたちは，ゲットーから飛散し，都会のなかを「自由」の名の下に漂流する．

子ども世代のなかでもバブル期に青春を送った人びとは，その名も「フリーター」という自由業を選択したが，彼らもすでに30半ばを超え，フリーターとして職に就ける年齢を超え始めている．その結果，フリーターは減少し始め，かわって，その下の年代では，派遣などの非正規雇用が増え始めているというわけである．

6. 地域共同体の衰退あるいは破綻

村落からの離散

さて，こうした都市部での雇用状況の諸問題は，地域コミュニティの問題と連動していることによって，逃れようもない袋小路に人びとを追いやってきた．

長期にわたって，日本の産業構造は大きく変化しており，第一次産業や第二次産業の衰退は明らかである．かつては国内産業の大半を担っていた第一次産業も2002年の時点で5％を割り込み，第二次産業も30％を切っている．この潮流のなかでは，地方での雇用機会はきわめて限定されざるを得ない．

株式会社日本総合研究所調査部のレポート（2006）[20]は，現状を次のように分析している：

① 地域格差拡大に対する危惧は強くなっている（図5-3）
② しかし，現状では地域間格差が大きく拡大しているとはいえない
③ むしろ地域内格差の拡大が観察される
④ だが，人びとが格差拡大を主観的に認知していることによって，今後地域間格差も現実に拡大することが懸念される．

人びとの主観的な地域間格差拡大の不安とは，とりもなおさず，見田がかつて指摘した「地方からの斥力」に他ならない．そして，たとえ前記のように，定量的データからの知見では現状地域間格差が明確ではないにしても，人びとの幻想

出版案内

科学技術と教育を
出版からサポートする
TDU 東京電機大学出版局

※価格は消費税5%を含む定価です。

2008.1

Squeakプログラミング
―簡単に作れるビジュアル教材―

福村好美，湯川高志，五百部敦志 著

実験・実習を伴う授業・研修，ウェブベースのeラーニング用の「動く教材」の作成方法を実例をもとに解説。プログラミング言語の経験がなくとも簡単に教材が作成できる。

B5判・184頁・2415円　　ISBN 978-4-501-54370-9

ア社会と〈世論〉形成
ト・劇場社会―

報道，政治，モバイル，文化，流行と
視点から，情報環境，コミュニケーショ
〈世論〉形成の諸相を論考。

3045円　　ISBN 978-4-501-62200-8

技術は人なり。
―丹羽保次郎の技術論―

東京電機大学 編

FAXの生みの親であり，日本の10大発明家の一人として知られる東京電機大学初代学長丹羽保次郎の科学技術に対する理念と技術者への熱い思いをまとめた1冊。

四六判・168頁・1680円　　ISBN 978-4-501-62230-5

ナノスケールサーボ制御
―高速・高精度に位置を決める技術―

山口高司，平田光男，藤本博志 編著

ハードディスク装置を例に「高速かつ高精度な位置決めサーボ技術」をわかりやすく解説。ベンチマーク問題としてMATLABプログラムファイルを添付した。

A5判・272頁・4515円　　ISBN 978-4-501-11350-6

1・2陸技受験教室①
無線工学の基礎 第2版

安達宏司 著

「無線工学の基礎」の出題範囲について解説，練習問題を収録。第2版の刊行にあたっては，最新の出題傾向に基づいて項目を追加・削除，合格に必要な内容を充実させた。

A5判・274頁・2940円　　ISBN 978-4-501-32580-0

1・2陸技受験教室②
無線工学A 第2版

横山重明，吉川忠久 著

「無線工学A」の出題範囲について解説，練習問題を収録。第2版の刊行にあたっては，最新の出題傾向に基づいて項目を追加・削除，合格に必要な内容を充実させた。

A5判・292頁・3045円　　ISBN 978-4-501-32590-9

お問い合わせ先

TDU 東京電機大学出版局

〒101-8457 東京都千代田区神田錦町2-2
TEL　03-5280-3433　　FAX　03-5280-3563
e-mail　info@tdupress.jp
URL　http://www.tdupress.jp/　（出版局）
　　　http://www.dendai.ac.jp/　（東京電機大学）

※お買い求めは最寄の書店へお申し込み下さい。
　目録を贈呈します。電話・FAX・e-mail等でご連絡下さい。
　e-mailで新刊案内をお送りします。上記アドレスあてにお申し込み下さい。

1・2陸技受験教室④ 電波法規 第2版

吉川忠久 著

「電波法規」の出題範囲について解説，練習問題を収録。第2版の刊行にあたっては，最新の出題傾向に基づいて項目を追加・削除，合格に必要な内容を充実させた。

A5判・200頁・2310円　　ISBN 978-4-501-32600-5

初めて学ぶ 現代制御の基礎

江口弘文，大屋勝敬 著

現代制御理論の入門書。例題を豊富に掲載，かつ平易に解説。最適制御問題を解くためのExcelVBAプログラム付き。

A5判・192頁・2415円　　ISBN 978-4-501-41630-0

テレビゲーム教育論
―ママ！ジャマしないでよ 勉強してるんだから―

マーク・プレンスキー 著，藤本徹 訳

テレビゲームへの否定的な見方に対する反論材料を示しながら，むしろテレビゲームを子供たちがよりよく学び，育ってゆくためのツールとして積極的に利用することを提案。

四六判・388頁・2520円　　ISBN 978-4-501-54230-6

学生のための 情報リテラシー
Office/Vista版

若山芳三郎 著

実践的な例題と豊富な実習課題を掲載，確実なスキル習得を図る。情報教育のテキストや初学者の独習書として最適。WindowsVista/Office2007対応。

B5判・200頁・2363円　　ISBN 978-4-501-54320-4

統計数理は隠された未来をあらわにする
―ベイジアンモデリングによる実世界イノベーション―

樋口知之 著

ベイズ推定で，地球シミュレーションやマーケティングをまとめた。

A5判・152頁・

eラーニング白書 2007/2008年版

経済産業省商務情報政策局情報処理振興課 編

経済産業省報告書をベースに編纂された。最新動向と豊富な活用事例を，企業・ビジネス・システム・政策等の観点から分析。

B5判変・452頁・3990円　　ISBN 978-4-

技術史から学ぶ情報学

小山田了三，小山田隆信 著

情報を初歩から学びたい人、高度情報化社会を生き抜く知識。わかりやすい表現。高校の教科書にも最適。

A5判・226頁・2520円

テクニカルエンジニア 情報セキュリティ午前
精選予想600+最新55題試験問題集　平成20年度版

東京電機大学 編

テクニカルエンジニア情報セキュリティ午前試験の予想問題集。過去の問題から出題が予想される問題を精選し，解説。さらに前回4月の試験問題の解説を加えた最新版。

A5判・458頁・2625円　　ISBN 978-4-501-54360-0

のなかに，格差が（たとえば東京タワーのように）存在するのならば，それは確実に現実化するのである．

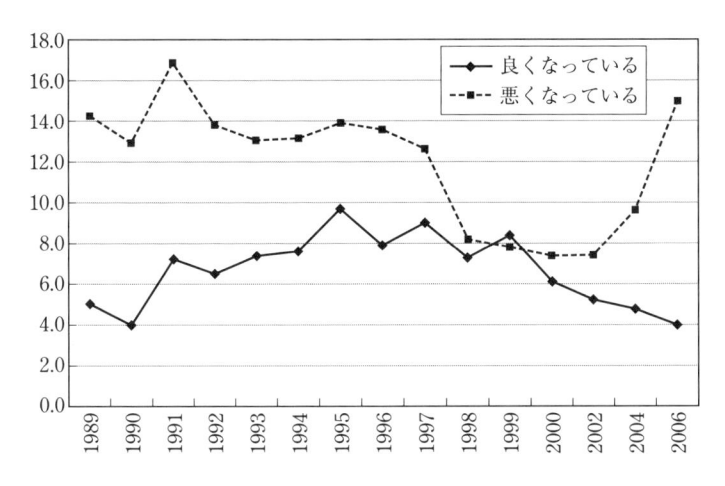

図5-3 地域格差は良くなっている／悪くなっている(%)
（データ：内閣府「社会意識に関する世論調査」各年版）

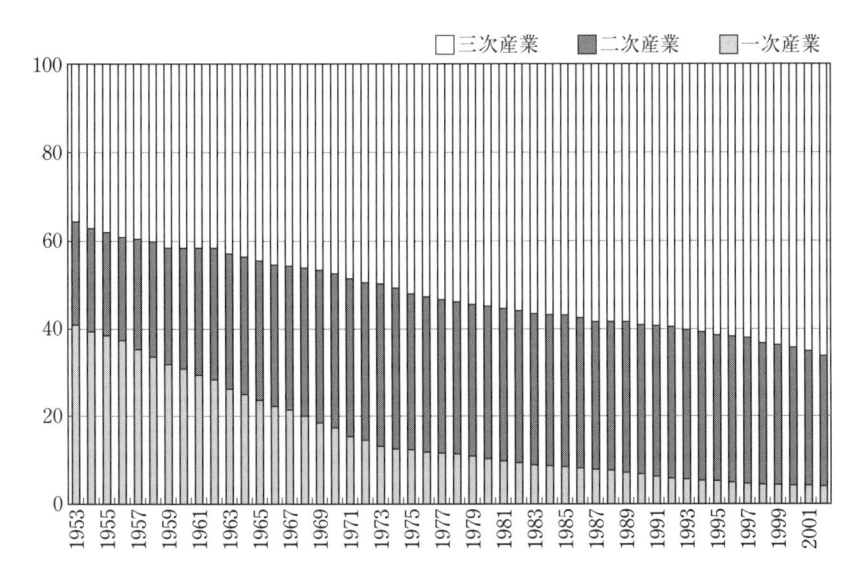

図5-4 産業構造の変化（単位%，データ出所：総務省『労働力調査』長期時系列データ，http://www.stat.go.jp/data/roudou/longtime/03roudou.htm, 2006.9.6）

地域共同体の破綻

だがついに，現実に地域が破綻する例も現れた．

2006年6月20日，夕張市は，深刻な財政難から，財政再建団体に入ると発表した[21]．そのため，市職員の人員削減，給与削減，市民の負担増，市施設の廃止などが行われる予定である．

夕張市は，明治期に炭坑の街として拓かれた．図5-5にもみられるように，とくに1960年代には12万人近い人口をかかえた，活気に満ちた街であった．

しかしその後，エネルギー源が石油へと移行するなかで，かつて一世を風靡した各地の炭坑は閉山に追い込まれていく．1990年に三菱石炭鉱業南大夕張炭鉱が閉山し，炭坑の街としての夕張は終焉する．だが，代替となる産業はなく，人口は減り続けている．現在の人口は，最盛期の十分の一程度であり，炭坑が拓かれたばかりの明治30年代のレベルまで落ちてしまった．市は，地域活性化策として夕張メロン，ゆうばり国際ファンタスティック映画祭などの振興を図ってきた．これらが過剰な投資となって，さらに財政を圧迫したことは否めない．

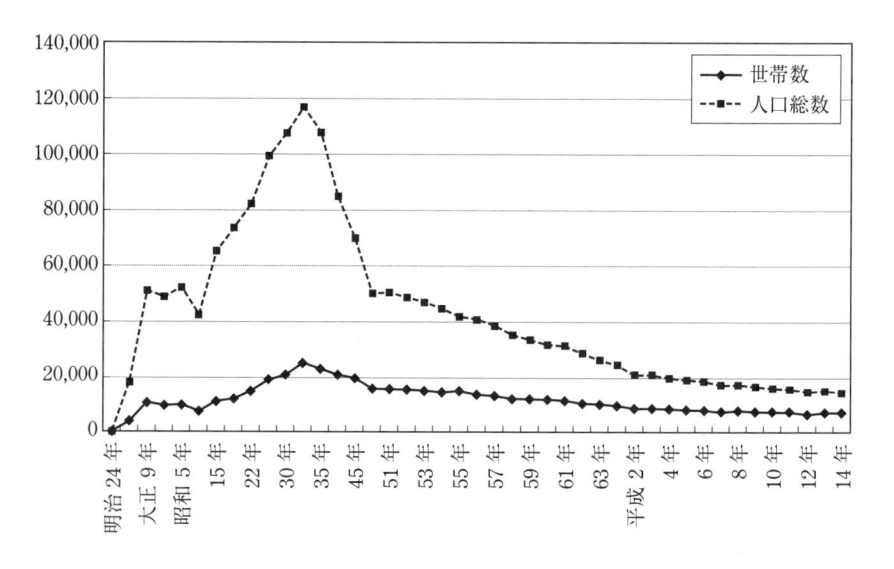

図5-5　夕張市の世帯数と総人口推移（データ：夕張市）

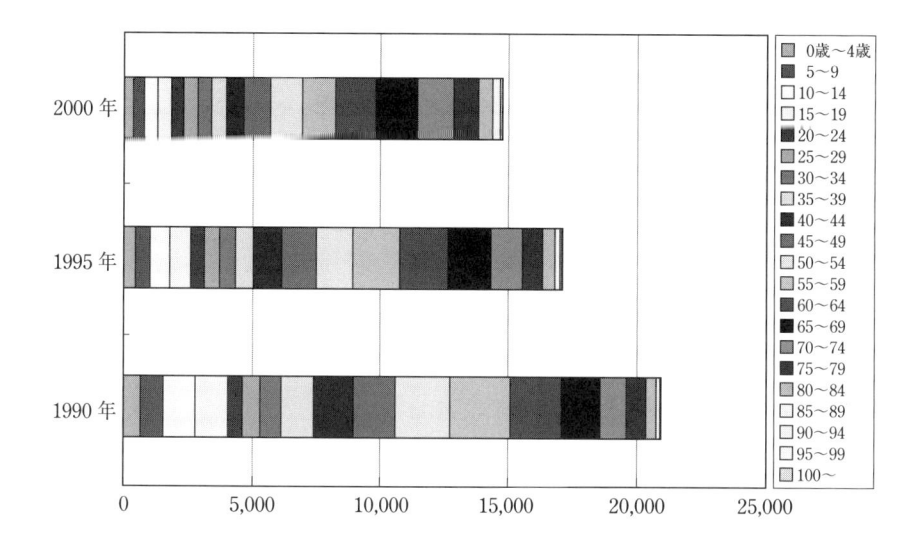

図 5-6　夕張市の人口の年齢構成 (データ：国勢調査)

夕張の例は，おそらく特殊なものとはいえないだろう．

たとえば奄美市は，2006 年 3 月 20 日に名瀬市・住用村・笠利町が合併してできた市であるが，同年 7 月に市財政課が出した資料ですでに「このまま放っておくと大変なことになる……すでにレッドゾーンに入っている……」[22] と訴えている．また熱海市も，2006 年 12 月 5 日付で市の公式サイトのトップページに「熱海市財政危機宣言」[23] を出している．

かつての主要産業を失って，特産品や観光産業に活路を見いだそうとした地域は少なくない．いやむしろ，ほとんどの地域が（東京を含む），今後の方向として，文化・観光・情報産業を目指している．

しかし，80～90 年代，地域活性化の切り札として日本国中にテーマパークが乱立し，東京ディズニーランド以外はほとんどすべて失敗に終わったことに留意すべきである．それらの負の遺産が，多くの自治体の現在の財政問題の根にあることは，さらに重要である．

7. おわりに

　結局，われわれの東京タワーの物語は，情報社会化という潮流に加速されつつ，同じ問題をよりふかいものとしてきたのではなかったか．

　「東京タワー」は，数年後には，新東京タワーに代替されようとしている．そして，かつて，N・Nが覗き見た東京プリンスホテルも，いまや，経営難のただなかにあえいでいることだ．

　われわれは「東京タワー」を戦後日本の成長の象徴としてみてきた．

　しかし，「成長」の幻想は，「成長前の時代へのノスタルジア」へと接続し，無限循環するのである．

第6章

インターネットと〈地域コミュニティ〉

遠藤 薫

1. はじめに——〈地域〉を媒介するインターネットというパラドックス

　地域コミュニティとは，地縁——物理的空間的近接性によって規定される〈コミュニティ〉である．ほんの数年前まで，「コミュニティ」といえば地域コミュニティしかあり得ないと考えられていたものだ．
　そして先にも述べたように，インターネットは，きわめて早い時期から地域コミュニティ再生のツールとして期待されてきた．
　しかし，もう一歩踏み込んで考えてみると，そこには奇妙な違和感がある．インターネットあるいは「高度情報通信ネットワーク」の最も重要な特性の一つは，「地理的制約の解除」であった．物理的空間的な近接性が，いかなる相互作用においても，前提条件とならないことが，「高度情報通信ネットワーク社会」の希望であったはずである．
　にもかかわらず，「地理的制約の解除」が現実のものになろうとしたとき，そこに召喚されたのがまさに「地理的近接性への準拠」によって成立する〈地域コミュニティ〉であるというパラドックス．
　本章では，インターネットがいかなる意味で〈地域コミュニティ〉再生のツー

ルとなり得ると考えられてきたのかを考察し，その原点から改めて検討するものとする．

2. 〈地域〉崩壊への危機感と「ネットワーキング」運動——アメリカの状況

インターネット（より広くは，コンピュータ・ネットワーク）に対して，地域コミュニティ再生のための社会基盤としての役割が期待されたのは，裏を返せば，20世紀後半，地域コミュニティが崩壊の危機にあるとの一般認識が強かったということでもある．

アメリカにおける〈コミュニティ〉概念

インターネット（より広くは，コンピュータ・ネットワーク）発祥の地であるアメリカでは，「コミュニティ」という概念は特に重要な意味を担ってきた．

ブーアスティンは，次のように述べる：

> 西ヨーロッパでは，取るに足らない例外を別にすれば，人びとはどこであれ，そこで生まれたという理由で，十九世紀にはそこにいたのだった．……ひるがえって，アメリカは移民の国であったから，インディアンと，黒人と，そのほか無理やり連れてこられた人々とを除けば，当地の人はだれであれ，彼自身またはつい最近の祖先（父親，祖父，曾祖父）がこの場所を選んだからこそ，ここにいたのである．当然のことながら，コミュニティ意識はより鮮明で，より直接的であった．なぜなら，コミュニティ内の非常に多くの人々にとっては，ここで生きることは選択行為だったからである．(Boorstin 1969=1990: 73)

アメリカにおける，このような「コミュニティ」概念は，しばしば誤解されるような前近代的な，所与の（運命的な）社会関係ではなく，まさに自らの意志によって選択された社会関係なのである．そのことは，プットナムらの社会関係資本論にも如実に表れている．そして，このような社会関係の認識が，明らかにインターネットという回路設計の基盤をなしていることに留意しなければならない．

アメリカにおけるネットワーキングとコンピュータ・ネットワーク

したがって，アメリカにおいては，（インターネットにポジティブな印象をも

つ人びとには）インターネットとは，まさにアメリカ精神の具現として認知されている面がある．

その結果，この新しいネットワーク技術は，1970年代の世界的な市民運動の高まり，とくにアメリカ西海岸を中心とする自主的社会活動や精神的な若者文化とも結びついた．

70年代の運動が，進行する高度消費社会化に対するアンチテーゼ，言い換えれば〈コミュニティ〉再生論でもあったからである．

治療，エコロジー，教育などさまざまな分野にわたるこの潮流をリップナックとスタンプスは，ネットワーキングによって形成される「もう一つのアメリカ」と呼び，次のように表現する．「「もう一つのアメリカ」とはある場所をいうのではなく，心の状態をさす．「もう一つのアメリカ」は……われわれの生活のあらゆる領域に関わって存在する．それは，人々が一時的な気分や欲求に従って出たりはいったりする．思考，ビジョン，実際的な活動に満ちたエメラルドのような町である．それは非常に新しく，同時に非常に古い領域である」(Lipnack and Stamps 1982=1984: 23)．「ネットワーキング」は必ずしもコンピュータ・ネットワークを前提とはしていないが，その分権性や水平性は，前項に述べたインターネットの概念モデルときわめて近接している．

3. オンライン〈地域〉コミュニティの展開

コミュニティ・メモリー・プロジェクト

インターネット技術を，〈地域〉コミュニティの再生に応用しようという最初の試みの一つは，カリフォルニア州バークレーで始められた「Community Memory」[1]である．

Community Memoryは，1975年3月5日に結成された「ホームブルー・コンピュータ・クラブ（Homebrew Computer Club）」のメンバーの貢献によって作られた草の根BBS（Bulletin Board System：電子掲示板）であった．「ホームブルー」とは「自家製の，手作りの」という意味で，コンピュータをパーソナルなものとして作ったり使ったりしたいという若い学生たちが，このクラブに参加していた．スティブ・ウォズニアック，スティブ・ジョブス，リー・フェルゼ

ンスタインなど，その後のコンピュータの歴史に名を残す人びとがメンバーだった（このクラブは，1986年12月17日に正式に解散した）．
　1972年〜74年に実験運用が行われたが，そのときの呼びかけには次のように記されている：

> 　われわれの目的は，Community Memoryをこの地域の隣近所やコミュニティに導入し，生活や遊びのための道具にし，さらに成長・発展させていくことである．
> 　このプロセスの中で，コンピュータのようなテクノロジカルな道具を使って，人びとが，真剣かつ自由に，自分たち自身の生活やコミュニティを作り上げていく手助けになればよいと考えている．コンピュータは，コミュニティの誰もが利用可能な，共有の記憶庫として使えるだろう．
> 　そして，われわれは，コミュニティが必要とする情報，サービス，技能，教育，経済力などを提供するための手伝いをすることができる．われわれは，自分たちで自由に使える強力な道具——精霊——をもっている；問題は，われわれがそれを，われわれの生活に密着させ，維持し，われわれの生活や生きる力を高めるために利用できるかどうか，ということだ．
> 　皆さんの参加と提言を待っている．
> 　(Loving Grace Cybernetics, 1972, "From Community Memory!", http://www.well.com/user/szpak/cm/cmflyer.html, 遠藤訳)

　ここには，自分たちの手で，新たなテクノロジーによる新たな社会を創り出そうとする若者たちの初々しい息吹が感じられる．
　同様の「場」は次々と生まれた．
　ただし，その後「草の根BBS」と呼ばれるこの種のネットワークにおいて，「コミュニティ」という言葉は，あながち，「ヴァーチャル」なものではなかった．というのも，当時の草の根BBSは，通信上の制約から，遠方との接続を特に想定しておらず，まさに地域コミュニティ（その地域にすむ人びと）のためのものと考えられたからである．
　同時に，これらの呼称である「草の根BBS（grass-roots bulletin board system）」という言葉が，アメリカ民主主義のひとつの理想を表す「草の根民主主義」に対応していることはいうまでもない．

電子会議システムの登場

同時期，ミューレイ・チューロフの設計による非営利の「電子情報交換システム（EIES）」が開発された．EIES は，離れた場所にいる人びとの間での情報交換を可能にする電子掲示板システムで，1976 年に実験的に稼動を開始し，1977 年から 3 年間全米科学財団（NSF）の助成をうけた．EIES は，コンピュータ・ネットワークが「コミュニティ」を形成することを多くの人に認識させた．こうして，多くの草の根ネットが生まれ，人びとの生活や文化の面における相互交流の基盤となったのである[2]．

EIES は，2000 年まで，さまざまな組織によって利用されたという．

また，次に述べる WELL のような影響力の大きいコミュニティの先駆けともなった．

WELL

WELL（Whole Earth 'Lectronic Link）は，1985 年にホール・アース・カタログ社の創設者であるスチュワート・ブランドによって開設された．「ホール・アース・カタログ」とは，通信販売カタログのスタイルを借りて，オルタナティブ・カルチャー（産業文化に代替する新たな生活文化）のためのさまざまな道具を紹介する雑誌で，1968 年に創刊され，若者のバイブルとも言われた．ブランドはまた，MIT で行われていた研究を紹介した『メディアラボ』の著者でもあり，「パーソナルコンピュータ」という言葉の生みの親ともいわれ，「ハッカー会議」の主宰者でもあった．

開設当時，WELL のメンバーはベイエリアの若者たち数百人だったが，やがて全世界で 1 万人をこえる人びとを集めることとなった．WELL もまた，自分たちで管理するというプリンシプルにしたがった模範的バーチャル・コミュニティとして発展を遂げたのである．WELL は現在，およそ 260 のテーマごとの会議室と，私的な会議室から構成されている．

自己管理を原則とする WELL では，メンバーに対して "You Own Your Own Words" のルールのみを課している．それは，「自分の言葉には自分で責任を持て」ということであり，同時に，「WELL での発言の著作権は発言者にある」ということでもある．

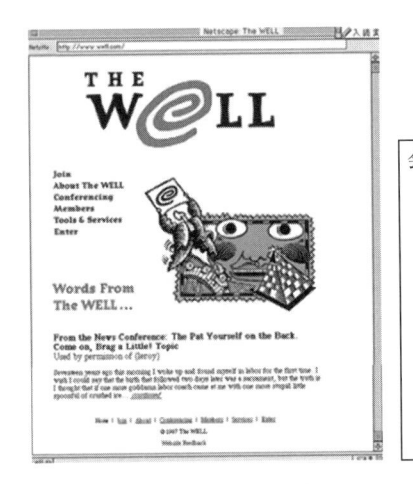

図 6-1　WELLのホームページ
　　　　（http://www.well.com/，1997）

図 6-2　WELLの会議室の構成

会議室のディレクトリ
　芸術・音楽・文学　　　余暇・趣味・ゲーム
　ビジネス・生活　　　地域・バーチャルコミュニティ
　コンピュータ・インターネット　　科学・技術
　教育・過程・家族　　　社会科学・文化・宗教
　その他
　イベント・娯楽　　　旅行・冒険
　健康・身体・心・精神　　　WELLの方針
　マスメディア・オンライン出版　　男と女
　自然・環境　　　世界の出来事・政策・法制

　私的な会議室

ただし，WELLは1994年にロックポートシューズ社のブルース・カッツによって買収された（資本参加は1991年）．これを商業主義への傾斜と見なした人びとは，1995年に新たにRiverというオンライン・サービスを開設した．Riverは，その目的を次のように主張している：

> Riverは，開かれた，自主管理による，表現の拘束のない，経済的な，コンピュータ会議室システムである．Riverの核となる使命は，多様な人びとのグループの対話のメディアを提供すること，そして自らの運命をコントロールするヴァーチャル・コミュニティを育てることにある．Riverコミュニティは，高いレベルの会話を創出する人びとのものであり，またこうした人びとによって運営されるものである．そして，生み出される会話が，Riverの価値の源泉なのだ．Riverは，実験の場であり，新たなメンバーを歓迎する．（http://www.river.org/confweb, 1996, 遠藤訳）

PEN

アメリカのサンタモニカ市は，1989年2月21日，PEN（Public Electronic Network）を開設した．2週間のうちに，500人の住民がこの無料システムに登録した（1991年には4,000人ほど）[3]．

このシステムは，大きく三つの部分から構成されていた．

一つは，市からの公務日程やイベントなどの情報提供である．もう一つは，市民のためのe-mailシステムである．そして三番目が市民たちによる地域問題や公共問題に関する意見交換の場（電子会議室）であった．

このなかで最も重要な地位を占めたのが，三番目の電子会議室であった．ここで意見表明するチャンスを得たことによって，人びとは「エンパワメント」されたのである．

PENは，1995年春にはウェブサイトとなった．平成14年版情報通信白書によれば，「1998年10月にリニューアルされた第三次のウェブサイトでは，情報，意見交換フォーラム，業務処理，データベース，ストリームビデオ等の10,000ページから15,000ページのコンテンツが，11部門60部署から提供されている．これによってスタッフの増員なしにサービス内容を改善することに成功し，市役所来訪者も年間6,500人程度減少した」という．また，「「シティフォーム」では，評議会や市民タスクフォース，PENへの参加登録，消費者不満箱への投稿，求

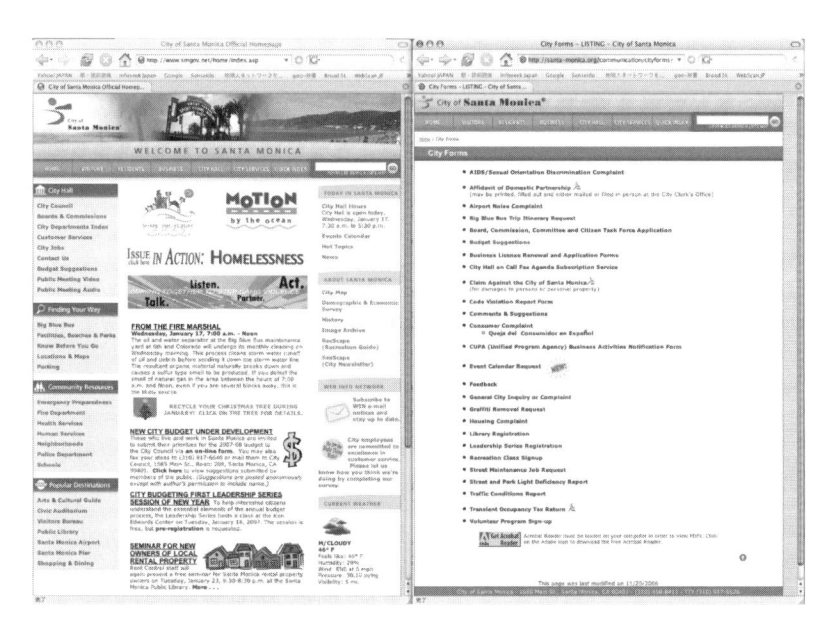

図 6-3　サンタモニカ市のサイト
　　　　（2007.1.17閲覧）

図 6-4　サンタモニカ市の市民会議室
　　　　（City Form）

人登録，図書館登録，交通情報レポート，ボランティア登録，市政へのコメントや提案の受付等のサービスが提供されている．政策に関する議論を行う電子掲示板「PEN」には，市民約87,000人のうち6,000人以上（ホームレス200人を含む．）が参加して，教育，犯罪，青少年問題，開発，環境，高齢者，身体障害者，リサイクル等のテーマについて討論を行っており，これまでにその討議に基づいて，ホームレスシェルター設置法等が制定されている」とのことである[4]．

4. 80年代日本の情報化政策——産業と行政と地域

日本における〈コミュニティ〉

前節に述べたようなアメリカの〈コミュニティ〉状況に対して，日本においては，〈コミュニティ〉はあくまで〈地域〉と一体のものであった．

たとえば，船津（1999）においても，"Community"は自明のごとく「地域」「地域社会」と読み替えて論じられる：

> 「地域」とか「地域社会」という用語の概念についても，まさしくそのことがあてはまる．古典的なR.M.マッキーバー（MacIver）のいう「地域」は，いまや実態としての地域に必ずしもあてはまらないことがある．しかし，にもかかわらず地域（社会）は，全体社会に対する部分社会であることは，こんにちにおいても変わりがない．
>
> そこで，今日的な意味における地域（社会）には，空間的，構造的，機能的な意味での地域の受けとめ方があり，その内容はつぎの枠組みによってときには個別的に，あるいは総合的に解釈されている．
>
> (1) 日常生活行動を行う社会圏（主として衣食住生活，人間関係など）
> (2) 日常的経済活動を行う経済圏（生産と消費活動，流通，広告など）
> (3) 日常的な政治・行政活動を行う政治圏（行政手続き，政策浸透，地方選挙など）
> (4) 日常的文化活動を行う文化圏（習俗，慣行，言語，行事など）
>
> これらの統合機能の具現としてのまとまりとして「地域社会」がある．しかし，この地域とは，つねに相対的・程度的なものである．（船津 1999: 30-31）

ここで定義された「地域社会」が，先に挙げたブーアスティンのいうところの「アメリカのコミュニティ」とは大きく異なっていることは明らかであろう．ここにあるのは，「制度としての地域社会」すなわち「行政区画」であって，人びとは生まれながらにそこに組み込まれるのである．このような「地域社会（community）」概念のもとでは，「住民の自発性」などはリアリティをもって想定されることはない．

　そのため，インターネットと〈コミュニティ〉との関係をいうならば，それはむしろ「地域情報化」という言葉で表されるべきものであった．

　そこに，日本における「地域情報化」の困難があったと見なさざるをえない．

国家による情報産業政策と地域振興

　こうした意識のもとでは，「地域情報化」は，一方では情報産業振興策であり，また一方では「行政の情報化」である．

　大石は次のように80年代の日本の「情報化」を総括する：

> 　情報化は，情報通信技術の発展を基盤として，経済のサービス化と不可分の関係を持ちながら進んできた．情報化という現象を読み解くキーワードは「コンピュータ化」と「ネットワーク化」であるが，いずれの傾向も政府の手による情報化関連政策により積極的に支援されてきた．わが国は明治期以降，いわゆる「官」主導の下に「上からの近代化」を強力に進め，産官の強い連携によって急速に近代化＝産業化を遂げてきたが，第二次大戦後も基本的にはこの構図が大きく変化することはなかったのである．（大石 1992: 66-67）

行政による地域情報化

　80年代の情報化は，国家の支援を受けて，自治体レベルでも積極的に推進されていた．

　大分県のコアラなど，先進的な試みもなされていた．

　また，この時期，日本の地域情報ネットワークと海外（アメリカ）のネットワークとの相互交流も試みられていた．

　先に挙げたPENでも，日本の地域ネットワークとの交流が盛んに行われていた．ただし，その範囲はきわめて限定されたものであったことはいうまでもない．

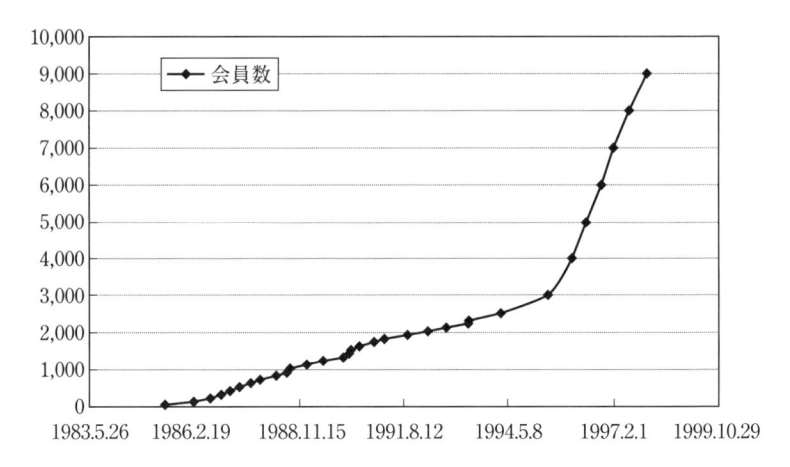

図 6-5 大分県の地域情報ネットワーク COARA の会員数推移
（データ出所：http://www.coara.or.jp/Contents/histry.html, 2007.1.20閲覧）

5. パソコン通信と災害支援

パソコン通信と草の根 BBS

とはいうものの，日本においても，草の根からのネットワーク・コミュニティ構築の動きがなかったわけではない．

1985年4月に電電公社が民営化され，電話回線が電話以外に開放されるようになると，個人でBBS（電子掲示板）のホストを開局する動きが活発化した．当時，パソコン雑誌には「あなたも10万円で草の根BBSが開設できる」といった記事が掲載されていた．着信用電話回線とモデムを用意し，パソコンにホストプログラムをインストールすれば，個人でも容易に草の根BBSが開局できたのだ（無論，簡単さは比較にならないが，その後の個人ホームページやブログに続く，個人からの情報発信の流れの先駆けだった）．こうした草の根BBSは，一時は数千局にも達した．草の根BBSのサービスは，メール，掲示板，チャット，ファイル転送などであった．開局すると，パソコン雑誌の専用欄や，電波通信社が発行していた『BBS電話帳』などによって一般に告知された．BBSの利用者たちは，こうした欄を参照しながら，興味を持てそうなBBS局に電話回線経由でアクセスしたのである．草の根BBSは，一般に無料サービスであり，また原理的

には場所の制約はなかったが，通信料金（電話料金）はかかるため，遠距離の通信にはなじまなかった．つまり，外部的な要因によって，草の根BBSは〈地域〉とのつながりが強かったのである（もちろんそうでないものもあったが）．

　一方，アスキーやNEC，富士通などの大手企業が，アスキーネット，PC-VAN, Nifty, ASAHI-NETなどの商用通信サービスを80年代後半から次々と開始した．これら商用パソコン通信もまた，メール，掲示板，チャット，ファイル転送，電子会議室などのサービスを提供したが，その規模は当然個人ベースの草の根BBSと比べて膨大なものだった．また，コンピュータやネットワークにそれほど詳しくないユーザにも親切な設計がなされていること，全国規模でネットワークのノードが設置されているため，地域による制約はなくなり，ネットワーク空間が物理的制約を超えた新たな空間性をもつことが多くの人びとに実感されるようになったのもこの時期だった（とはいえ，パソコン通信ユーザは数％にとどまっていたが）．

阪神大震災

　1995年，日本は，辛い出来事で始まった．

　1月17日未明に神戸一帯を襲った大震災は，われわれの「豊かな社会」に対して，人知を超えた自然の猛威を改めて思い知らせた．被災された方々の苦しみは，今もなお続いている．

　しかしもし，この大きな不幸の中に一抹の希望を見いだそうとするなら，それは，日本各地から，そして国境を越えて世界中から寄せられた支援の手だろう．多くの人びとが，被災地の痛みを自らのものと感じて，無償のボランティアに駆けつけた．神戸在住の作家・田辺聖子氏は，地震で人びとが助け合う姿に，「人間は本来善なるもの」であると強く感じたという（1995年4月28日付 朝日新聞朝刊）．日本においては幅広い人びとに受け入れられることはないと言われつづけてきた「ボランティア」活動が，その力強さを見せつけたのであった．

　そして，この地球規模でのボランティア結集に，パソコン通信やインターネットがきわめて大きな役割を果たしたことは，疑い得ない．ボランティア活動と同じく，「オタク」の一時的流行にすぎないといわれ，会員数が伸びなかったパソコン通信が一気に社会の表舞台に登場したのもこのときだった．

　被災地の神戸市立外国語大学は，回線が回復した18日から，神戸の被災状況

や安否情報,復興の動きをインターネット経由で刻々と全世界に発信した.発信後直ちに,アメリカの大手メディア「タイムワーナー」から返信があり,全米に中継するとともに,支援の申し込みがあった.その後,アメリカやヨーロッパなど60を超す国から2週間で26万通の励ましやメッセージの電子メールが届き,ボランティアの申し込みも300通を越えたという.

大手パソコン通信サービスも,直ちに,地震関連情報の共有をめざして,無料サービスの提供を開始した.その内容は,死亡者名簿,地震避難者所在情報,地震関連ニュース,ボランティア情報,被害・交通情報,安否関連情報,入試日程変更情報など多岐にわたった.1月の末からは,政府や自治体など公共機関の情報も,パソコン通信で流されるようになった.

インターネットやパソコン通信といった電子ネットワークの利点は,どんな遠方にもどんなに多くの人にも大量の情報を送ることができるというマスメディア的利点,きめ細かな現地情報がリアルタイムで提供できるというミニコミ的利点,知りたい人が知りたい情報だけ受け取ることができるという個人通信的利点を兼ね備えていることだろう.さらに,双方向性という特性によって,ボランティアや義捐金の受付媒体ともなりえた.インターネットでは,画像情報で,被災地の様子を世界に送ることまで行われた.

情報の不足に悩む,被災地の人びとや被災地に家族や知人のいる人びとにとって,こうした媒体の存在がどんなに助けになったかは,計り知れない.電話回線がパンク状態のなかにあっても,アクセスポイントを迂回することで,回線混雑を避けられることも,このとき明らかになったネットのメリットだった.

同時にローカル・メディアの活躍も目立った.全国放送のTVが,80％もの視聴率を記録したにもかかわらず,相変わらずのワイドショー感覚を露呈したり,東京よりの視点での発言が目立ったりと,反発を招く場面も多かったのに対し,地域FM局やCATVは,みずからも被害に遭いながら,不眠不休できめ細かな情報を流し続けた.地元の神戸新聞は,本社ビルが使用不能になりながら,FAX新聞という方法を併用して,迅速な情報提供に柔軟な対応を見せた.

ここで特に注目すべきなのは,個人あるいはローカルメディアからの情報発信が,直ちにグローバルな空間からの反応を引き起こし得たという事実である.いってみれば,ローカル空間とグローバル空間の双方向的な直結である.

そして,この双方向的な直結が,驚くべき機動性を発揮し,それぞれはバラバ

ラな，しかも世界中に分散した個人たちの支援の気持ちを連鎖し，自己組織化し，実際の行動へ結びつけ得たという事実である．

　これに対して，従来型マスメディアでは，情報は単方向的にしか流れない．その結果，情報の収集と提供の宛先は，いずれも無名の「マス」であり，被災地の人びとに対しても，被災地に支援の気持ちをもつ人びとに対しても，単なる傍観者的立場にとどまることしかできなかった．

　この不幸な災害によって，皮肉にも，メディア・コミュニケーションの日本における社会的認知度は向上した．パソコン通信の会員数が，この時期を境に爆発的な増加へと転じている（図6-5参照）．その後の，地下鉄サリン事件（1995年3月21日）や日本海重油流出事故（1997年1月2日未明）でも，情報の流通や支援のベースとしてメディア・コミュニケーションは大いに利用された．

パソコン通信からインターネットへ

　同じ1995年，もう一つの大きな変化があった．

　マイクロソフト社のWindows 95が発売されたことも一つのきっかけとなったのか，一般家庭におけるパソコン利用が，一気に普及期に入るのである（図6-6参照）．

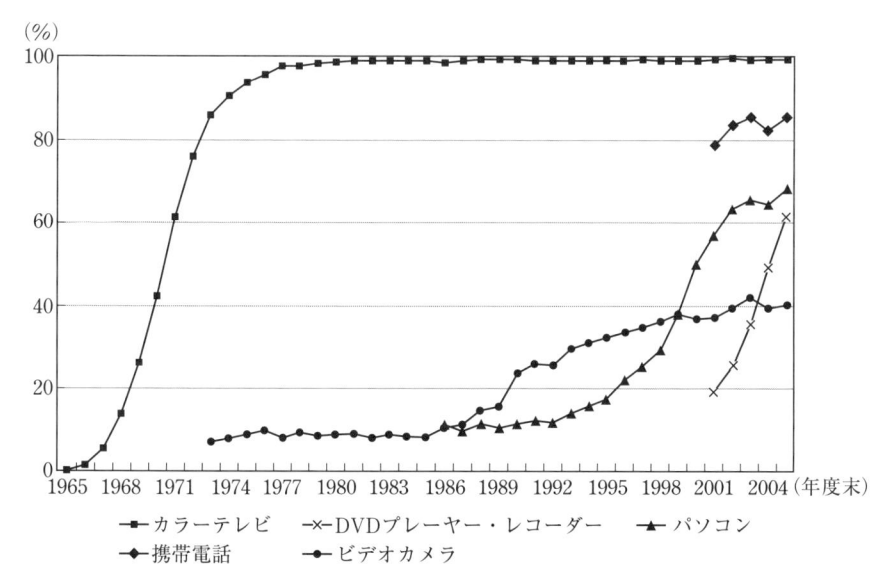

内閣府経済社会総合研究所「消費動向調査」により作成

図 6-6 情報通信機器の世帯普及率の推移（『平成18年版情報通信白書』第1章第3節）

これと同期して，1993年に開発されたインターネットのブラウザであるWWWの使いやすさもあり，インターネットの普及も加速された（図6-7参照）．

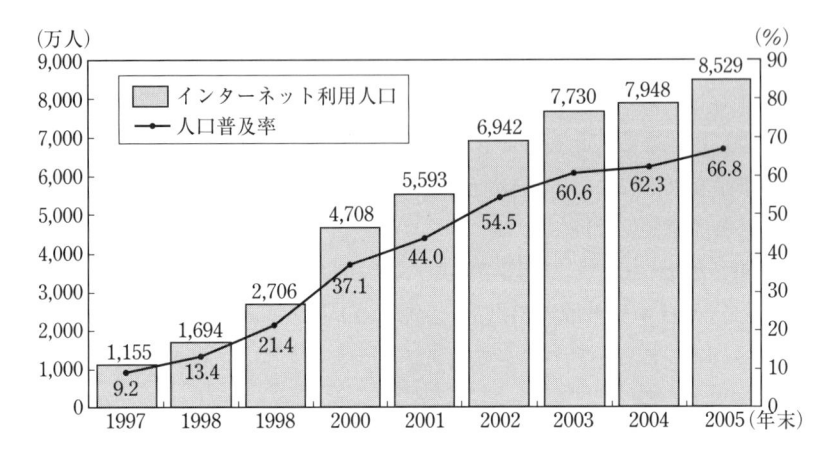

年末	インターネット利用人口（万人）	人口普及率（%）
1997	1,155	9.2
1998	1,694	13.4
1998	2,706	21.4
2000	4,708	37.1
2001	5,593	44.0
2002	6,942	54.5
2003	7,730	60.6
2004	7,948	62.3
2005	8,529	66.8

※ インターネット利用者数（推計）は，6歳以上で，過去1年間に，インターネットを利用したことがある者を対象として行った本調査の結果からの推計値．インターネット接続機器については，パソコン，携帯電話・PHS，携帯情報端末，ゲーム機等あらゆるものを含み（当該機器を所有しているか否かは問わない．），利用目的等についても，個人的な利用，仕事上の利用，学校での利用等あらゆるものを含む

※ 人口普及率（推計）は，本調査で推計したインターネット利用人口8,529万人を，2005年10月の全人口推計値1億2,771万人（国立社会保障・人口問題研究所『我が国の将来人口推計（中位推計）』）で除したもの

※ 1997～2000年末までの数値は「通信白書」から抜粋．2001～2005年末の数値は，通信利用動向調査における推計値

※ 調査対象年齢については，1999年調査までは15歳～69歳であったが，その後の高齢者及び小中学生の利用増加を踏まえ，2000年調査は15歳～79歳，2001年調査以降は6歳以上に拡大したため，これらの調査結果相互間では厳密な比較はできない

総務省「通信利用動向調査（世帯編）」により作成

図 6-7 インターネット利用者数及び人口普及率の動向（『平成18年版情報通信白書』第1章第2節[5]）

6. 9.11テロ以降——00年代の地域とオンライン・コミュニティ

e-デモクラシーということ

インターネットに代表されるデジタル・コミュニケーション・ネットワークの発展とともに，e-デモクラシーすなわち電子民主主義の可能性がさまざまに議論

されるようになった.

しかし，e-デモクラシーには二つの側面がある．一つは，ICT（Information and Communication Technology：情報通信技術）を活用してどのように社会の民主化を推進するか（ICTの道具的利用）という問題であり，もう一つは，ICTが埋め込まれた社会における民主主義の保証（ICTの社会的影響）という問題である．ICTを活用した望ましい社会を展望するには，この両者が車の両輪のように相携えて進まなければならない．

ICT社会における民主主義とは何か

そこでまず，ICT社会における民主主義とは何か，という問いについて考えるところから始めよう．とはいうものの，ICT社会における民主主義も，ICTを必ずしも埋め込んでいない社会においても，その原理が大きく変わるものではないだろう．そうであるならば，上記の問いは，「民主主義とは何か」という問題に還元されるはずである．ところが，ギリシア以来，膨大な議論が積み重ねられてきたにもかかわらず，「民主主義」の唯一無二の定義といえるものは存在しない．現代政治学者のR.A.ダールは，「民主主義」を定義することに労を費やすよりも，その機能を達成することに努力すべきである，と論じている．

彼によれば，デモクラシーは以下に掲げる項目を実行するための機会を提供する：

　　実質的な参加
　　平等な投票
　　政策とそれに替わる案を理解する可能性
　　アジェンダの最終的調整の実施
　　全市民の参画

すなわち，民主主義社会とは，その社会の公共的意思決定に参加するチャンスがすべての構成員に平等に保証されており，かつ，その社会の意思決定は原則的にすべての構成員の意思が反映された（すべての市民が意思決定に参画した）とみなされるときに初めて正当性を主張しえるような社会であると定義することができよう．

今日における民主主義の危機

しかしその一方で，われわれの現在を見回してみれば，いたるところで「民主主義の危機」が叫ばれているようにもみえる．

その背景を概観してみれば，次のようになるだろう：

近代化の進行に伴い，社会圏の大規模化／複雑化も進行してきた．その結果，官僚主義が深化し，政治の間接化も進んだ．言い換えれば，政治もしくは公共的意思決定の場に一般市民の声が生かされる機会も見えにくくなり，市民による開かれた言論の場としての「公共圏」が衰退した．それは，人びとの政治的無関心や政治的シニシズムを生む一方で，大衆による政治的付和雷同が民主主義の危機（大衆民主主義）を促進しているとも批判されている．

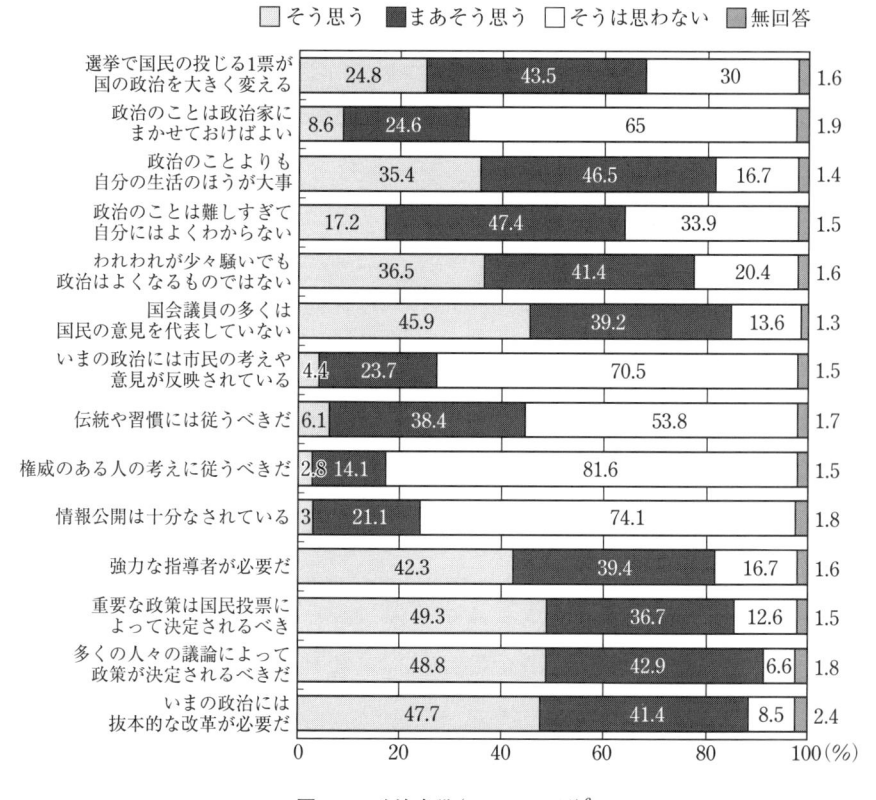

項目	そう思う	まあそう思う	そうは思わない	無回答
選挙で国民の投じる1票が国の政治を大きく変える	24.8	43.5	30	1.6
政治のことは政治家にまかせておけばよい	8.6	24.6	65	1.9
政治のことよりも自分の生活のほうが大事	35.4	46.5	16.7	1.4
政治のことは難しすぎて自分にはよくわからない	17.2	47.4	33.9	1.5
われわれが少々騒いでも政治はよくなるものではない	36.5	41.4	20.4	1.6
国会議員の多くは国民の意見を代表していない	45.9	39.2	13.6	1.3
いまの政治には市民の考えや意見が反映されている	4.4	23.7	70.5	1.5
伝統や習慣には従うべきだ	6.1	38.4	53.8	1.7
権威のある人の考えに従うべきだ	2.8	14.1	81.6	1.5
情報公開は十分なされている	3	21.1	74.1	1.8
強力な指導者が必要だ	42.3	39.4	16.7	1.6
重要な政策は国民投票によって決定されるべき	49.3	36.7	12.6	1.5
多くの人々の議論によって政策が決定されるべきだ	48.8	42.9	6.6	1.8
いまの政治には抜本的な改革が必要だ	47.7	41.4	8.5	2.4

図 6-8　政治意識（n=1169，%）[6]

実際，遠藤が参加した2002年WIP（World Internet Priject）日本調査[6]によれば（図6-8参照），人びとは民主社会を望んではいるものの，政治参加意識は必ずしも高くない．

e-デモクラシー実現の障害

しかしながら，現状では，このようなe-デモクラシー構想を実現するにはさまざまな障害がある．

第一に，e-デモクラシーと政治／法制度の不整合である．これは従来の政治や法制度がICTの存在しない社会を前提として構成されており，ICTが埋め込まれた社会には対応できていない．たとえば，いくらネットワーク上で市民が政策に関わる議論を行ったとしても，現状では，それが現実に生かされる道はきわめて限られている．

第二に，e-デモクラシー・システムの未成熟である．

セキュリティの面のみならず，まだまだデジタル技術は発展途上にあり，社会の根幹を支えるシステムとしては，解決しなければならない課題が山積している．すでに一部で導入が始まっている電子投票システムも，全面的な実用化への道は遠い．

第三にe-デモクラシーに関する市民のリテラシーの不足が挙げられる．いかに制度や技術が進歩しても，すべての市民がこれを利用できるのでなければ，意味がない．この問題は，一部はユーザインタフェースの未成熟という技術的な問題であるが，また一部は，市民への情報リテラシー学習機会の提供不足という問題に還元されるだろう．

情報リテラシーの分布が，社会的属性によって大きく左右されているというデジタル・ディバイドの問題はつとに議論されているが，こうした情報格差が市民参加格差に接続するようなことがあれば，ICTの活用は，社会にとってかえって悪影響を及ぼすことになる．このことから，現在，リテラシー学習の重要性はいくら論じても論じすぎにはならないだろう．

現代における「民主主義の危機」の基層

先にわれわれは，現代社会の多元化・多層化・複雑化が政治的シニシズムや政治的無関心を生んでいることを論じた．しかし，そのようなシニシズムや無関心

は，必ずしも政治的領域に限ったことではない．

　社会の多元化・多層化・複雑化は，社会全体のなかの個人の位置づけを困難にする．個人にとって，社会があまりにも巨大で複雑であるとき，「自分とは何か」という自己アイデンティティに関する問いが大きく浮上してくる．かつてデュルケムは，近代社会における個人のアノミー化という問題を指摘したが，それは個人の側から見れば，自分のアイデンティティが浮遊するものと感じられ，他者との安定的な関係を築くことが困難であり，全体社会のなかでの自らの無力感という感覚につながるものと考えられる．

　このような社会と個人の分離を解消するためにも民主社会の構築は重要であり，そのために「一般化された他者／社会」に対する信頼を醸成する基盤が必要なのである．

民主主義と個人のエンパワーメント

　このような現代の状況をふまえたうえで，改めて「民主主義とは何か」という問題を考えてみよう．

　先に述べたようにダールは「民主主義」を「公共的意志決定への全市民の参画の可能性を保証すること」によって現出するものとした．しかし，現代では，たとえ「可能性が保証」されたとしても，実際に市民がその可能性を活用しない傾向が問題視されているわけである．とするならば，「民主主義」を実質的に実現しようとするならば，むしろ，メルッチによる以下のような民主主義の定義を重視すべきであるかもしれない．

> 　複雑な社会における民主主義は，社会的行為者がそれ自身の存在を認めさせ，彼らが何者であり，何者であろうとするのかを認識させる条件，すなわち，彼らに承認と自律性の創造を可能にする条件の創造だけを意味している．（Melluci 1989=1997）

　すなわち，民主主義とは，何よりも個人のエンパワーメントを支援するシステムであり，それは裏を返せば，個人のエンパワーメントなしに，現代人が政治的無関心や政治的シニシズムから脱却して，公共的意思決定に積極的に参加し，他者視点を自己のうちに取り込みつつ，建設的な議論を行うことはあり得ない，ということでもある．

こうしたとき，民主主義のためのICT活用とは，何よりもまず，市民討議のための「場」の提供，そして討議リテラシーの習得が第一であるとの結論に至るのである．

地域電子会議室

先にも述べたように，1995年の阪神大震災が契機となって，災害時における地域での協力体制——とくに情報ネットワークの必要性が，一般にも認識されるようになった．

なかでも率先してインターネットを利用した市民参加の可能性を追求した自治体の一つに，藤沢市がある．

藤沢市のサイト（http://www.city.fujisawa.kanagawa.jp/~denshi/page100095.shtml）によれば，藤沢市では1996年3月に「藤沢市地域情報化計画」を策定，市民公募による運営委員会を中心に，慶応義塾大学SFCや藤沢市産業振興財団と共同して1997年2月から市民電子会議室を実験的に進めたが，2001年4月に本格稼働した．

藤沢市と前後して，全国のさまざまな自治体で，市民電子会議室が開設された．

ただし，市民電子会議室には課題も多く，開設はしたものの閉鎖したものも少なくない．

総務省資料「ICTを活用した地域社会への住民参画について」（2005年12月27日）は，「全国の地方自治体の電子市民会議室の設置状況に関する調査（2002年12月．慶應義塾大学SFC研究所と株式会社NTTデータ）によると，733の自治体で電子市民会議室を設置しているが，活発に建設的な議論が行われているものはわずか4団体程度にすぎない（藤沢市，大和市，三重県，鳥取県）」と指摘している．

主な問題点は以下のようである：
1. 参加者が少なく，議論が盛り上がらない．
2. 会議室を荒らすことを目的とした書き込みがある．
3. 会議室での議論が政策に反映されない．
4. 行政における位置づけが不明確．
5. 議会との関係が不明確．

今後，制度的な面での検討も必要となるだろう．

地域SNSの試み

2005年には地域SNS（ソーシャル・ネットワーキング・サービス）の試みが本格化した．この時期，日本でも電子掲示板よりも実名性に近いmixiなどのSNSが急激に普及し始めた．地域SNSは，このSNSを，とくに特定の地域と関連づけて，従来の市民会議室の機能を増強しようとするものであった．

地域SNSには，マイページ機能（プロフィール，日記，紹介文，メッセージ送受信，お知らせ，新着情報），コミュニティ（会議室）機能，地図情報連携，他サイトとのRSS連携などの機能が装備された．

熊本県八代市の「ごろっとやっちろ」，新潟県長岡市の「おここなごーか」，東京都千代田区の「ちょっぴー」，兵庫県の「ひょこむ」などが，2007年現在活発に活動している．

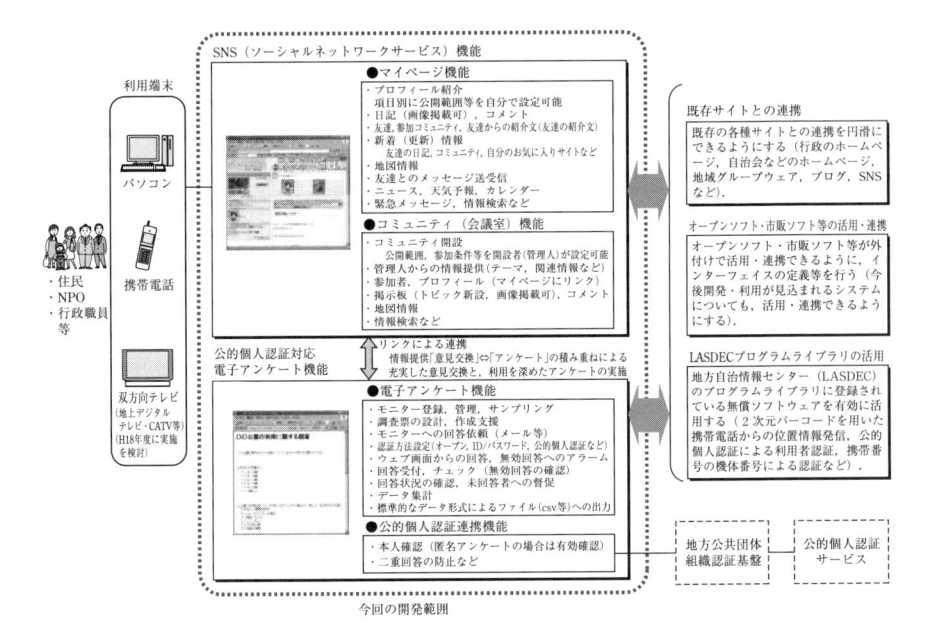

図6-9 地域SNSシステム全体構成イメージ
（出典：総務省資料「ICTを活用した地域社会への住民参画について」，2005年12月27日）

地域メディアの試み――学習院大学目白プロジェクト

　しかし，ICTを用いた地域活性化の試みは，もっと身近なところから始めることも可能である．ここでは，筆者が関わった「目白プロジェクト」について簡単に紹介したい．

　学習院大学は豊島区目白の地に所在するが，大学と地域の連携関係が深いとはいえない．また学生たちも，目白の街に深い関心や愛着の意識ももっていない．かつてのように，学生たちが街の小さな店に自分たちの学生生活を重ね合わせるというようなエピソードもめっきり聞かなくなった．その背景には，そもそも，地域の住民たちのつながりも薄くなりつつあるという時代の流れがある．街には新しいマンションが建ち並び，商店街にはコンビニや大手チェーンの飲食店が増えてきた．そうした新住民や新店舗が，「目白」という具体的な時間と場所の層に関心を持つことは多くはない．

　こうした現状に対して，学生の視点から，何らかの新しい地域意識の創製にアプローチできないかと，豊島区ならびに目白商店街協同組合とともに，手探りで進めたプロジェクトが，「目白プロジェクト」である．

（1）目白プロジェクトの目的は，以下のとおりである：
　　目白地域の活性化
　　目白地域のアイデンティティの再創造（目白ブランドの創出）
　　目白を多様な「出会い」の場とする
（2）プロジェクト全体の概念図は図6-10のようである．

　ここには，「出会い」の三つの形が提示されている．一つは，インターネット

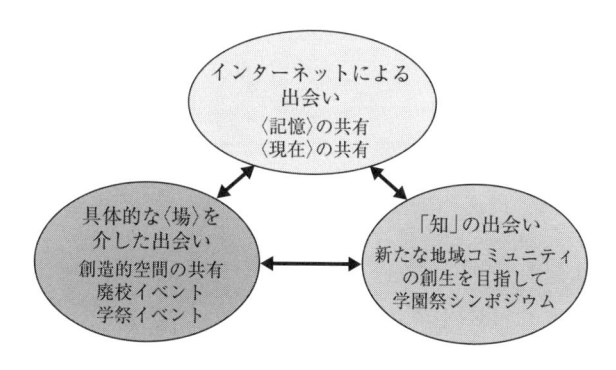

図 6-10　目白プロジェクトの概念図

を介した「出会い」であり，また一つは具体的な場を介した「出会い」であり，さらにもう一つは，それらを解釈する「知」を介した「出会い」である．

このなかで，インターネットを介した「出会い」とは，各組織のインターネット・サイトの連携として実現される．連携の構造を図6-11に示す．

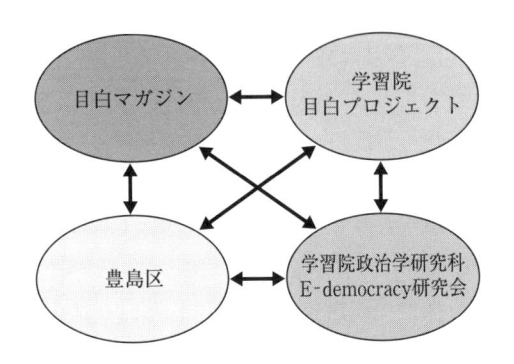

図6-11 インターネットを介した出会い——サイトの連携

そして，時間的—空間的な隔たりを超えた「出会い」を実現するためのコンテンツとして，図6-12に示すような内容が想定された．

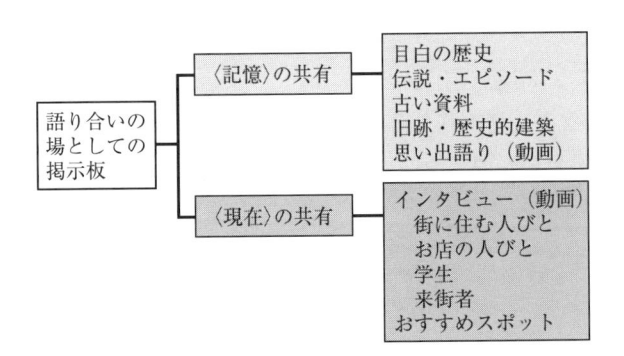

図6-12 インターネットを介した出会い——サイトのコンテンツ

(3) 目白プロジェクトの活動

こうして始まった目白プロジェクトは，その後，学生を中心に活発な活動を行ってきた．

6. 9.11テロ以降——00年代の地域とオンライン・コミュニティ　141

　a．ワークショップの開催

　まず，遠藤と学生たちと豊島区ならびに目白商店街の人びとを中心に，実践的な活動としてのワークショップを，頻繁に開催した．地域NPOの方々や，その他の地域活動に携わっているグループとも，多数会の意見交換を行った．

　b．「目白ブログ」の開設

　目白についての語り合いの場として，「目白ブログ」を開設した．

図 6-13　目白ブログ

　c．動画による「目白の人びとは語る」

　目白にすむ人びと，目白で働く人びと，目白に通う学生たちなど，目白に関係のある人びとの生の声や表情を記録に残すため，多くの方々のご協力により，目白インタビューを行い，ビデオとして記録した．

　このビデオは，2005年12月に目白駅前で行われた地域イベントや，後述する目白ネットキャスティングなどで地域の人びとに公開された．

図 6-14　インタビュー「目白の人びとは語る」

（4）目白ネットキャスティング——インターネットによる地域放送

さらに，2005年度から，前々から計画されていた，目白地域のためのインターネット放送が実現の運びとなった．

地域の情報を，地域のための放送として実現する手段としては，ケーブルテレビや地域FMなど，いくつかの方法がありえる．しかし，これらは，全国ネットの放送網と比較すれば簡便な放送システムといえるが，小さな地域や学生にとっては，敷居の高いものである．設備も必要だし，機材は効果であり，高い技術力も要求される．

ところが，インターネットに，家庭用ビデオで撮影した動画を編集してアップロードするだけでよいインターネット放送は，ICTにほとんど知識のない学生でも，学生同士の教え合いによって，容易にノウハウを習得することができる．

この利点を生かして，インターネット上で，目白地域の情報を放送したのが，目白ネットキャスティング（Mejiro Net Casting：MNC）である．

MNCは，月に2回という高頻度で更新され，全部で20回のコンテンツがアップロードされた．これは，画期的なプロジェクトだったといえよう．豊島新聞など地元のジャーナリズムも大いに注目するところであった．

目白プロジェクトは，さまざまな新しい試みを積極的に展開してきた．

いまだ実験段階であり，十分な成果が上がったとは言い難いが，今後のさらな

図 6-15　目白ネットキャスティング（2006年3月30日号より）

る展開を期しているところである．

7.　おわりに——地域活性化と地域間格差拡大のパラドックス

　このように，ICTを利用した地域活性化の試みは，すでに長い歴史を持ち，また現在も次々と新たな方向性が模索されている．
　地域活性化にICTを利用することのメリットの一つは，物理的制約の解除であるといわれてきた．ICTを活用することによって，大都市部から遠く離れた地方も，大都市と同じ情報をリアルタイムに受信することができ，また，大都市にいると同様に自ら情報を発信することができると考えられたのである．
　しかしながら，現状では，まだその期待が十分にかなえられたとは言えない．
　図6-16は大都市への人口流入状況の推移を示したものであるが，ICTの普及に拍車がかかった90年代後半，大都市部への人口集中もまた進んでいるのであ

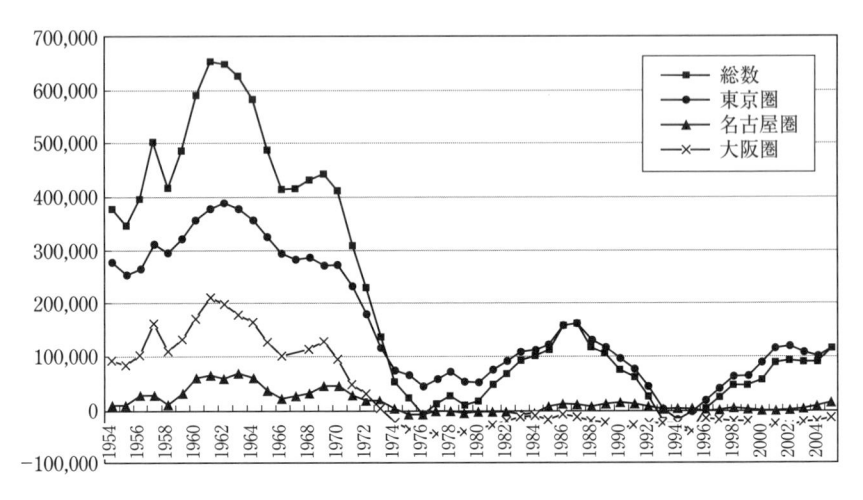

図 6-16　大都市圏への人口流入(データ：住民基本台帳人口移動報告年報 平成17年統計表 付表1)

る．そして，第5章で見たような現実も加速している．

このパラドックスをどのように解決していくのか，道はなお遠い．

第II部

ネット〈コミュニティ〉の現実

第7章

精神疾患を患う人びとのネットコミュニティ
―― 彼女ら・彼らはなぜネットでなければならないのか？

前田至剛

1. はじめに

「ネットがなければ出会えなかったからね」，地下鉄の騒音にかき消されそうな声だったが，彼は確かにそう言った．またある者はこうも言った「（なぜネットを使って交流するのかと問われれば）自由にやれるっていうのがある」．寒空のもと彼の息は白かったが，力強ささえ感じられた．さらにまた別の者にとって自殺を思い止まらせたものは，唯一ネットで知り合えた人からの言葉だけだったという．

これらの言葉は，何らかの精神疾患を患いながらも，ネットを通じて交流し，互いに支えあう人びとから発せられたものである．彼女ら・彼らは，当事者でなければ理解し難い身上を語り合い，ときにはくだらない話に笑い合いながら，そのなかで自らのより良い"生"のための糧を得ようとしている．こういった交流は，"セルフヘルプ"という名で呼ばれ近年注目を集めているもので[1]，社会的にも認知されはじめている．したがって，それほど特異なものではないと思われるかもしれない．しかし，注目すべきは「ネットがなければ出会えなかった」との語りである．つまり，その活動とはネットと不可分の関係にあるのである．実際，

そう語る人びとはネットを通じて交流することに大きな価値を見出しており，活動自体もネットの普及によってはじめて登場した新たなものである．後に詳しくみていくことになるが，それはネットの匿名性と多対多のコミュニケーションを最大限利用し，きわめて流動的な対人関係によって支えられている．また何らかの組織やグループがあるわけでも，何らかのルールにもとづいているのでもない．けれども彼女ら・彼らの交流は継起し決して消滅することがない．しかも彼女ら・彼ら曰く，この活動には独特の気軽さや自由が存在しているからこそ価値があるのだという．その活動とはどういうものか．そして，なぜネットを通じて交流するのだろうか．本章では，ある精神疾患を患う人びとのネットコミュニティと，そこから見えてくる現代社会における精神疾患を患う人びとの問題について考えたい．

2. Net-MH とはどのような人びとか

病名，年齢，性別，症状の軽重

彼女ら・彼らがネットで繋がることの意味を考える前に，ここではまず議論の対象となっている人びとについて，簡単に紹介しておこう．

本章で取り上げる対象は，すべて何らかの精神疾患で受療中の人びとである．ここでは彼女ら・彼らのことを便宜上，Net-MH（= Networkers who have Mental Health problems）と呼ぶことにしよう．筆者は，その活動を知るために，"精神疾患""メンタルヘルス""オフ会"といったキーワードでネットを検索し，何らかの精神疾患を患う人びとが当事者同士交流を図っているウェブサイトを可能な限り探し出すことにした．そこで見つけたサイトのなかから，アクセス制限を設けていない公開の掲示板を閲覧し，そこで告知されているオフ会に参加した．調査の際には自分の身分と調査の目的を伝えたうえで，参与観察およびインタビュー調査をおこなっている．これまでのところ，合計24人から話を聞くことができた[2]．

病名でいうと彼女ら・彼らはうつ病が最も多く，次いで対人恐怖症，不安神経症などの神経症，少ないながら統合失調症や境界性人格障害の者も含まれる[3]．年齢は，10代後半〜最年長は40代半ばまで．中心となるのは，20代半ば〜30

代半ばであった．性別に関しては，筆者が実際に会いインタビューをおこなった者に限っていえば，2/3が男性である[4]．こういった特徴は，全精神疾患受療者のなかでは，若年層でありかつ症状も比較的軽度だといえるだろう．年齢が20代〜30代というのは，（疾病別で若干異なるものの）全受療者が20代〜70代まで幅広く存在しているのに比べれば若年層である[5]．また，症状に関しては（何をもって軽度とするかは議論の余地があるものの），ここでNet-MHと呼んでいる人びとは，重篤な総合失調症のように日常生活に著しい障害をきたし，入院など常時ケアが必要な状態にはない[6]．ただし，うつがかなりひどく全く動けない状態を経験した者は少なからずおり，直接話を聞くことができた人ではないが，以前オフ会に来ていた者で自ら命を絶ってしまった者もいた（ただしいわゆるネット自殺ではない）．とはいえ，たとえ波があってもかろうじてオフ会に来られる状態にはなる，そのような人びとである．

活動のタイプ

筆者がこれまで調べた限りでは，こういった精神疾患を患う人びとが，ネットを通じて当事者同士交流する活動には，大きく分けて二つのタイプがある．一つは，ネットを通じて知り合った者同士が，小規模ながら自助グループ（以下，便宜上SHGと呼ぶ）を作るタイプである．グループのウェブサイト，専用の連絡掲示板やメーリングリストなどがあり，そこでコミュニケーションをおこなう．その際はたいてい決まったハンドルネーム（HN）[7]を使う．またウェブサイトや掲示板は，グループのリーダーなど特定の管理者がいる．

これに対し，グループも形成せず，リーダーもおらず，管理されていない掲示板を中心としてコミュニケーションを図るタイプも存在する．きわめて高い匿名性のもとコミュニケーションを図り，メールアドレスやHNも頻繁に変える．定期的な日程・特定の場所が決まっているわけではないが，それでもオフ会が開催される．そこに参加するメンバーも入れ替わりが激しく，きわめて流動的な対人関係を特徴としているタイプである．

近年ネットの普及にともない，既存のSHGもネットを通じて広報活動・会合の告知をおこなうようになってきている．その場合は，前者のタイプと同じような活動形態となる．しかし，後者のような形態は，ネット発祥の活動にしか見られない．ネットを利用する自助活動において，どちらのタイプが数として多いの

か，容易に把握することはできないが，本章ではこの後者のタイプに注目したい．というのも既存のSHGに後者のような流動的な活動形態は見られず，ネットを利用しなければ不可能な活動だからである．このタイプを考察することでなければ，「ネットであること」の意味は明らかにできないと考えられるからである．以後，Net-MHとは，この後者の活動をおこなう人びとを指すものとして，その特徴を見ていきたい．

3. 逸脱者というスティグマとネットへの志向

患者になるということ

　Net-MHがネットを利用することは，いかなる意味を持つのか．このことを考えるために，精神疾患を患う人びとが置かれている社会的位置づけと，それにネットがどう影響しているのかについて考えておこう．このときまず手がかりとすべきは，冒頭に紹介した当事者の語りに含まれる「出会えなかった」と「自由にできる」という言葉である．出会いとは，他者と繋がることであり，自由とは拘束からの離脱と捉えることができる．つまり，結合と切断の両側面が語られている．それはほかでもない，社会関係の結合と切断である．

　まず結合についていえば，彼女ら・彼らがネットを通じて出会えたという事実は，単純であってもなお，取るに足らないこととはいえない．なぜなら，通常病を患う当事者同士が交流することは，必ずしも容易ではないからである．精神疾患に限らず，病を患う人びとはある特定の社会関係のなかに埋め込まれる＝拘束されることが望ましいとされる．パーソンズが論じたように，病を患った人が医療サービスを受けるということは，患者役割を担うことである．「病む」とは，通常の社会的役割（責務）を果たすことが困難になることであり，ある一定の逸脱した存在になるということを意味する．社会はその存続という目的からして，社会構成員の逸脱を看過するわけにはいかないが，これを完全に排除してしまっては構成員を失うことになってしまう．そこでいったん，通常の社会的役割を棚上げにし，治療に専念すべき患者という役割を担わせるのである．この患者役割を規定するのは，医師─患者関係である．患者は回復を目的とした生活をおくることを義務付けられ，治療の妨げとなるような社会関係を結び，患者役割から

逸脱することは避けなければならないとされる（Persons 1951）．結合と切断という点から考えると，それ自体によって「健常者」たらしめていた社会関係からの切断／逸脱は，すぐさま医師―患者関係の結合，そこへ拘束されなければならないのである．

　もちろん，この患者役割とは理念型であるから，本章で問題にしている Net-MH という対象とのズレについて留意する必要があろう．たとえば，病全般と精神疾患は医師―患者関係をめぐって若干のズレがある．精神疾患とは，他の病のように誰からも理解可能なもの，観察可能なものではなく，しかも闘病生活は長期にわたる場合も多いから，回復の可能性を前提とした一時的な逸脱とはみなされにくい．したがって精神疾患を原因として医師―患者関係に規定される役割とは，社会的責務の免除というより，社会的スティグマの対象となりやすいという（進藤 1990）．

ネットへと向かう意味

　実際，Net-MH のなかには，学校や職場で病について理解されず，単なる怠けとみなされた経験をした者が多かった．このような状況においても，ネットであれば人目を気にせず，同じ境遇の者同士コミュニケートしやすい（内藤 2002）．筆者がおこなった調査でも，Net-MH の多くはこのことをネットの利点であると語っていた．彼女ら・彼らは，精神疾患に対していまだ誤解の多い状況のなかで，回復に向けて努力する／しないとは無関係に，とにかく今は社会的責務が果たせない状態にあるのだということを確認し合い，悩みを分かち合う．たとえばうつがひどくなると，「ゆっくりと休んで」「気長にまっているから」と声を掛け合い，独りで抱えきれない苦悩を他者と共有することで，孤独感を取り除くのである．

　ただし，ネットを活用することの利点は，人目を気にせず当事者同士交流できることだけではない．加えていかなる仲介者も関与せずに，当事者同士交流できることも利点として認識されている．これらは一見同じことのように思えるが，Net-MH にとっては別種の利点として理解されている．というのも，この仲介者とは「人目」として想定されている社会一般の人びとではなく，医療サービスに関わる専門職が想定されているからである．筆者がおこなった調査によれば，Net-MH は当事者以外，とりわけ医療専門職に従事している者が活動に関与することも嫌う傾向にあった[8]．その理由は，医療関係者が関わることによって，治

療という目的が前景化するのではないか，あるいは指導的役割を担う人がいると，拘束されている感じがするというものである．こういった志向性をもつ人にとっては，仲介者に頼らず当事者同士交流できることもネットの魅力であるようだ．

たしかに近年ではSHGに対する認知度も徐々に高くなり，かつてに比べれば自助活動に参加する機会もある程度は整備されてきている．SHGのなかには，純粋に当事者同士交流することを目的とするものも多く，そのグループに直接コンタクトをとれば，専門職による仲介に頼らなくてすむ．しかも，SHGではスティグマを付与されず，むしろ同じ悩みを抱えながら生きる者というアイデンティティを獲得することができる．したがって，医師—患者関係という理念型は現状に即していないと思えるかもしれない．つまり，ネットに頼らずとも患者役割への拘束以外の道も開かれている，と．しかしながら，必ずしもそうとはいえないのである．その理由は自助活動を含めた，精神疾患を患う人びとを取り巻く日本社会の状況と関係がある．

精神医療をめぐる日本社会の状況とネット

日本におけるSHGの展開は，欧米にやや遅れて発達したこともあって（久保・石川編 1998），地域のSHGの存在を把握し活動内容を調べ必要に応じて紹介するクリアリングハウスもいまだ十分であるとはいえない．また，遅れをとっているのはSHGだけでなく，急性期治療および多様なケアを提供する地域精神医療サービスもそうである．日本と異なり，欧米では古くから公立の病院・施設が精神病患者を収容していた．そして，患者の増大にともなう施設の物理的許容量の限界および運営資金過多による財政の圧迫は，政策問題となった．そのため日本より早くから，政策として脱施設化が進められた．施設から大量に吐き出された患者が路上生活者になるなど社会問題化するなかで，地域精神医療が整備されていった．日本の場合は，近年になってようやく脱施設化がはじまったとされるが，地域精神医療の整備はまだ途上段階であるといわざるを得ない（新福 2003）．それはたとえば，次のような事実からもうかがい知れる．たとえばアメリカにおける感情障害（うつ病含む）の受療率は，7割近くであるのに対し，日本のそれはいまだ半分程度にすぎない．これはアメリカにおける1980年代の水準であるという（川上ほか 2003）[9]．こういった受療率の低さは，当事者同士の交流機会にも影響を与えることとなるだろう．現状ではSHGへの参加機会は，

医療サービスをおこなう機関の仲介に多くを依存しているからである[10]．地域精神医療サービスの遅れは，SHG における当事者同士繋がりあう機会の少なさに直結する可能性が高い．こういった状況であればなおのこと，ネットで繋がりあえることの意味は大きくなる．

　ただ，Net-MH にとってのネットの意味とは，繋がり難い者同士が医療サービスの仲介によらず繋がれるということだけではない．もちろん，当事者同士の関係のなかで，患者役割とは別種の役割の取得，あるいはオルタナティブな社会関係の構築が可能な点は重要である．しかし本章において，役割取得／社会関係を「結ぶ」側面だけでなく，自由／切断・離脱の側面も考えてきたのは，Net-MH の活動では，医師―患者関係からの切断とは別種の切断，あるいは「重畳の離脱」とでもいうべき特徴を備えているからである．しかも，これは当事者同士が繋がれることと同じくらい大きなネットを介することの魅力と認識されている．次節では，この点について具体的な Net-MH の活動内容から考えていきたい．

4.　ON と OFF の交錯

ON と匿名性

　Net-MH の活動は，大きく二つの側面に分けられる．オンライン＝ON とオフライン＝OFF である．ON では掲示板やチャットを利用して，さまざまなコミュニケーションがおこなわれる．世間話や相談，あるいは辛い心情や悩みが書き連ねられ，応答のある／なしはそのときどきで違う．ただ共通しているのは，これらの多くが匿名でおこなわれることである．匿名のままコミュニケーションが可能なことは，スティグマを恐れる人にとって，気軽に参加できるという意味で重要である．しかし同時に，ある困難を招く源泉にもなってしまう．ON の匿名性とは，都市空間において顕著にみられるような，本名や社会的属性が不明であるということだけではない．これに加え，成りすましや，一人が複数人を装うことも可能となることから，ON ではコミュニケートする他者の同一性，存在すらも不確かになる．そしてこの匿名性は，一方で気軽さを保証する反面，他方で誹謗中傷が起きやすい状況も生む．たとえば，オフ会でおきた些細なトラブルについて，誇張して個人攻撃がなされたり，ひどいときには事実無根の内容で中傷さ

れることもある．しかも中傷の書き込みが，別の誰かのHNを騙っておこなわれる場合もあり，疑心暗鬼が渦巻く混沌とした状況になる．しかしそうであってもなお，Net-MHの活動にとっては匿名性が必要不可欠であるようだ．換言すれば彼女ら・彼らにとってONの匿名性とは，ネットを利用することによってたまたま付随したセッティングというよりも，むしろ積極的に創出・維持されなければならないものである．

　それは，次のような例からもわかる．たとえ同一人物であっても掲示板に書き込む際のHNは頻繁に変わることがある．またオフ会を告知する者（幹事とよばれる）が，参加希望者に連絡してもらうために掲載するメールアドレスも，多くの場合一時的にしか使われない．その理由はと問うと，何度か幹事をしているAさんは，以前オフ会での出来事や個人情報を掲示板に無断で書かれた経験があり，しばしばHNやメールアドレスを変えるようにしているという．また，以前オフ会で些細なことが原因でトラブルを経験した者が，別のオフ会で別名を名乗りまったく別人のように振る舞うということもあった．

　ONの匿名性は，誰の仲介にもよらず気軽にコミュニケートするために必要であるだけでなく，対人関係上のトラブルを回避／ある程度やり直し可能にする手段ともなっているようだ．それは確かに，罵詈雑言や中傷，偽の情報まで出現させるが，当事者には概して「しかたのないこと」として理解されている．このように積極的に匿名性が創出・維持されており，それによって気軽さが実現されていると考えられる．

親密性のOFF

　この混沌としたONのコミュニケーションのなかで，オフ会の告知もなされる．もちろん，オフ会の告知さえ偽情報の場合もあり，疑心暗鬼はさらに強くなる．たとえば，オフ会の告知に応じて待ち合わせの場所にいったものの，結局誰も来なかったということがあったという．ONはいわば疑心暗鬼の地獄であるが，それゆえにオフ会で会うことは，きわめて重要な出来事となる．たとえば，ONの情報の真偽を確かめるために，頼りないながらもかろうじて手がかりとし得るのは，以前OFFで会い仲良くなった人をつてにして探ることであるという．あるいは，「仲良くなる」ためにはOFFが必要であると語る人もいる．Bさんはオフ会の必要性についてネットの限界があるからと語る．「それはやっぱ，ネットの

限界でしょうね．会わないとわからん部分多いし……掲示板で話して気があったりすると，会ってみたい思いますよ」．不確かな情報を確認するためであると同時に，より親密になるためにOFFが必要とされるのである．

実際，オフ会ではしばしば親密な関係が生まれる．それはONの匿名性から生じる不確かさと疑心暗鬼の地獄とは対照的に，ある確かさをともなったものである．OFFとは，他者の存在さえ不確かになる状況が常態化しているONとはまるで違う．OFFには，（たとえはかないものであっても）確かに"いま・ここ"で共に存在しているという感覚がともなう．たとえば次のような象徴的な出来事があった．

あるオフ会で，以前オフ会に来ていた者の消息を皆に尋ねた者がいた．ほとんどの参加者は彼の消息を知らず，顔を見合わせるだけであった．そのなかでCさんが重々しく口を開き，彼が自殺したことを告げた．それまでは酒も入り，日頃の鬱憤を晴らすかのようにかなり騒いでいた一同だったが，その言葉が発せられた瞬間押し黙り，場は凍りついたかのようだった．しばしの沈黙後Jさんが次のようなことを語った．自分たちの周りとは，自分も含めて常にその可能性があること，それでも死を受け入れつつ前に進まなければならない，と．一同はショックを受けながらも，徐々に互いを励ましあう言葉が紡ぎだしていく．このような一体感はONでは得がたい．

あるいは次のような例もある．Dさんは，生きているのがつらくて死にたいが，なんとか生きたいという思いから，悲鳴にも似た書き込みを掲示板におこなった．それに対して以前オフ会で会って親友と呼び合う仲になった者から，生きるのは辛いだろうがあなたにはどうしても生きていてほしいという趣旨の書き込みがなされた．Dさんは，葛藤し苦しみ抜いた結果，かろうじて生きることを選んだという．その理由は，オフ会で会い親友になった者にそう言われたからであり，他の誰に言われても生きていられなかったかもしれないと後で振り返り語っていた．

交錯するON・OFF

ただし，このように親密な関係を築いたからといって，それですべてが満たされるというわけではない．再び匿名性の高いONに帰ることも重要とされている．Net-MHの多くはたとえ仲の良い友達ができても，未知の人と会うために，また別のオフ会にいきたいという．それは当然，ONに戻ってのみ可能となる．もち

ろんこれは，対人関係をやり直す可能性を担保するという意味がある．しかしそれ以上に，こういった流動的なONから出発するからこそ，生を支えるほどの親密性も構築可能となっている可能性がある．ONの疑心暗鬼が渦巻く不確かな状況から意気投合できる相手と出会うことは，きわめて高い偶然の産物であるとの印象を抱かせる．その結果としての繋がりは，運命の出会いとさえ思わせるのではないだろうか．その貴重さは，掛け替えのないもの，生を支える力強いものと認識されるのであろう．

　このようにONとOFFが交錯し，きわめて流動的な関係を保持しながら，他方で親密な関係の構築をも可能にする活動は，通常のSHGでは実現し難いであろう．実際，Net-MHのなかには，既存のSHGとの違いを明確に語る人もいる．

　Eさんは，それまでネットとかかわりのないSHGに参加していたが，次第にSHGから離れネットのオフ会に出向くようになった．彼によれば，その理由はネット発のオフ会のほうが圧倒的に気軽で自由があるからだという．彼も他の人びとと同じく匿名性の高さと流動的な関係に価値を見出していることから，このように"気軽さ""自由"という簡単な言葉で語られる中身は，これまで述べた独特の活動形態と不可分のものと考えられる．

　ここまでみてきたように，Net-MHの活動には，いくつもの離脱が存在していた．まず，病を患うことによって，それまでの社会関係からの離脱を余儀なくされる．ふつうなら，その後すぐさま医師―患者関係のなかへ拘束されるべきところが，Net-MHの場合まずそこから離脱する．ここまでならば，ネットとかかわりのないSHGにおいても可能であるが，Net-MHの場合はさらなる離脱へと向かう．すなわち，SHGといったオルタナティブな組織からも離脱し，当事者同士の対人関係からも常に離脱する可能性が担保されている．これらの離脱を，幾重にも重なるという意味で「重畳の離脱」と呼ぶことにしよう．

　Net-MHはこの重畳の離脱を経るなかで，スティグマを回避し，患者役割からも解放され，固定的な対人関係からくる拘束からも自由な活動を実現していた．しかも極限にまで高められた気軽さのなかから，親密な関係の構築も可能としていた．気軽な関係と親密な関係という一見相反する関係の両立も，「重畳の離脱」のなかで実現していたのである．

5. むすびにかえて――精神医療制度のなかのNet-MHと「重畳の離脱」

　このように医療制度からも，当事者同士の組織からも距離をおくNet-MHの活動は，ネットによってはじめて可能となったものである．とはいえ，いくつかのタイプがあると述べたように，ネットを活用することによって実現し得る自助活動の可能態のすべてがNet-MHなのではない．ネットの登場以前から，SHGは存在したわけであるから，ネットを利用して既存のSHGを単に延長したものだけが登場しても不思議はなかったはずである．にも関わらず，本章で述べたNet-MHの活動はすでに出現し，今なお存続しているのはなぜだろうか．それはわれわれが暮らすこの社会と無関係ではないだろう．換言すれば，日本社会における精神疾患を患う人びとがおかれた状況およびネットの位置づけと関係しているはずである．この問いにあらゆる角度から答えるには，精神医療制度全体もネットも，あまりに広大である．しかし，いくつかの点についてはまとめにかえて付言しておきたい．

日本の精神医療とネット上のリソース

　精神医療制度との関係でいうと，日本のネットはこのようなNet-MHの活動が出現しやすい状況にあったのではないだろうか．日本の精神医療制度，とりわけ地域精神医療が欧米に比べて，いまだ遅れていることはすでに指摘したとおりである．実は，ネットの状況もこの遅れを反映していると思われる．

　たとえば精神衛生に関するネット上のリソースを，欧米と日本を比較した際，（少なくとも現時点では）その質には明らかな違いが見られる．試しにサーチエンジンで，日本のページに対しては「鬱病／うつ病／うつ」，英語のページに対しては"depression"というキーワードで検索し，ヒットしたページを比較してみたところ，日本のページでヒットするのは，意外にも個人作成の闘病日記が多かった．もちろん医者や病院，あるいは製薬会社が作成したうつ病に関する解説ページはある．しかし，当時者同士の交流のきっかけになる情報が掲載されていたのはほんのわずかであった．具体的には，SHGのサイトへのリンクが掲載されていたのであるが，リンクの数もリンク先の情報も決して豊かとは言いがたかった．これに対し，英語で検索したところ，ヒットするのは圧倒的に政府機関，医療機関，フィランソロピーやNPOのウェブサイトが多い．しかもそのほとん

どに地域別SHGやサポートグループを検索可能なダイレクトリーへのリンクが掲載されていた．必要とあらば，当事者同士交流する手がかりを自分の住む地域別に検索可能となっているのである．ここ5年くらいの変化でいえば，日本におけるネット上のリソースも着実に拡充されつつあるものの，いまだ遅れをとっていると言わざるを得ない．こういった状況であれば，医療サービスやSHGという組織に頼らない活動が展開されても不思議はない．

このように考えると，欧米のように地域医療サービスが拡充されることが理想で，それに付随してネット上のリソースも組織化・整備されるべきだ，と思いたくなるかもしれない．もちろんそれは一方で必要であろう[11]．しかし，他方で必ずしもそれだけが正しい方向性であるとは言い切れないのではないだろうか．というのも，ここまで見てきたNet-MHの特徴は，そういった組織化・制度化でさえも，当事者にとってある種の拘束となる危険性を示していた．すなわち，Net-MHとは医療サービスはおろかSHGという組織や当事者同士の関係も流動化させることによってのみ実現される自由に価値を見出している人だった．

「重畳の離脱」が投げかける問い

そもそも精神を病んだ人びとは，不可避的にこういった自由を希求せざるを得ない人びとなのではないだろうか．近代社会に生きるわれわれは，精神疾患を患う人びとが受けるべきは精神医療サービスであり，その保障を受け生活の質を上げることが理想と考えがちである．それ自体まったくの間違いというわけではないが，ここではもう少し視野を広げて，本章でみてきた「重畳の離脱」の意味を考えておこう．

近代社会以前にも，精神を病んだ人びとは，いついかなる時代・社会にも存在していたが，現在と同じような医療や福祉制度の対象となってきたわけではない．かつても通常の世俗的な社会関係のなかで，責務を果たすことは困難だったであろうが，かといって広く社会を覆う，普遍的な社会保障によるケアを受けていたわけではないのは明らかである．それどころか，精神を病んだ人びとのうち少ないながらもある一定程度の人びとは，世俗の社会関係のなかにぽっかり開いた，不思議な自由の存在する空間に向かったとの指摘もなされている．

小俣和一郎は，近代以降成立した精神病院の起源を，古典古代から中世にかけて存在した，種々のアジールに求めている．アジールとは隠れ処や避難所という

意味である．小俣は，現代では精神を病んだ者とみなされる人びとが，山林や河原，寺社，墓地や自治都市に逃げ込んだと論じる．なかにはそのまま命をおとした者もいたであろうが，場合によっては世俗の関係から抜け出し，自由な生活が可能な空間が存在したという（小俣 1998）．小俣はこの空間に存在していた自由の論理を，網野善彦が唱えた「無縁の原理」に求めている．網野が論じた無縁の原理とは，世俗の社会関係から離脱することにほかならない[12]．もちろん，網野の歴史分析も，ましてや小俣が論じる精神病院の起源も，大いに議論の余地が残されている．ただ次の点は，本章の文脈からいって傾聴に値するであろう．すなわち，いかなる時代・いかなる社会にも世俗の社会関係・制度に回収しきれない不思議な自由の空間が存在したこと．そこに働く無縁の原理は，精神疾患を患った者に自由をもたらした可能性があること．さらに，こういった多種多様なアジールを近代社会が唯一，普遍的で包括的なシステムに回収していった（Henssler 1954）という指摘である．欧米で社会問題化した全制的システムとしての精神病院しかり，脱医療化が進んだ地域精神医療サービスもしかり．さらにはSHGが発展し，組織化されていく趨勢も無関係ではない．SHGはあくまで当事者同士の交流が基礎にあるとはいえ，近年では医療制度と強力に結びついていることを指摘する論者もいる．そのため，「当事者同士」というSHGの定義を修正する必要性さえ主張されているのである（Adamsen 2001）．

　だからといって前近代がよかった，あるいは医療システムの拡充がまったく必要ないなどと言うつもりは毛頭ない．そうではないがNet-MHの活動に見られた「重畳の離脱」の価値を無視するわけにはいかないのではないか，というのが投げかけたい問いである．近代的医療システムはアジール的要素を常に制度化しようとするが，それがいくら高度になり，当事者のニーズをすくおうとしても，汲み尽くせない欲求の存在があるのではないか．Net-MHの活動に宿る「重畳の離脱」という特徴がそれを示唆していると考えられる．

　もちろん，こう主張するとき，すぐさま次の問題に直面することになる．いくらNet-MHの活動が重畳の離脱を経て，気軽さと親密な関係の両立がなされているとはいえ，きわめて高い匿名性と流動的な関係の中では，何があってもすべて自己責任によるものとならざるを得ない．匿名性を駆使して自ら回避しなければ，同じく匿名性を隠れ蓑とする者の暴走は歯止めがきかず，責任追求も不可能となるだろう．またあるいは，自ら死を選ぼうとしたとき，当人が助けを求めな

ければ，それを阻むものは何もない．流動的な関係は，孤立・消滅を望む者を押し止めることができない．さらに問題なのは，Net-MHのような人びとは，いかなる医療サービスや組織も嫌う傾向にあるから，もし社会が制度的に負担すべきコストの削減を目指すならば，これほど都合の良い活動はないということである．「本人たちの望むところである」とは，容易に責任放棄の方便になりかねない．

　われわれは，そして社会はこれらの問題に十分に自覚的である必要がある．それでもなお，あらゆるマイノリティに対応するため，制度を細分化・機能分化させ，システムに回収する道だけを求めるべきでは，やはりないだろう．Net-MHが，気軽で自由に活動できている源泉は，医師―患者関係からも，自助組織という社会関係からも距離を置く「重畳の離脱」なのである．

　責任放棄の方便とするわけにはいかないが，この自由の価値を無視することはできない．

第8章

閉鎖的コミュニティという迷走
―― ゲーテッド・コミュニティとSNS

木本玲一

1. はじめに

　コミュニティという言葉は，しばしば人びとの織りなす美しい連帯のイメージとともに語られる．しかし近年，連帯というよりは分断がその特徴として捉えられるようなコミュニティが，オフライン／オンライン空間において観察される．

　代表的な例は，ゲーテッド・コミュニティや，ソーシャル・ネットワーキング・サービス（以下，SNS）である．前者は外部者の進入を制限するさまざまな機能によって特徴づけられ，また後者はメンバー以外のアクセスを制限している．

　そうしたコミュニティは，それぞれが別の社会的文脈に属するものとして理解されることも多いだろう．しかし視点をややマクロな方向に移すと，そこには通底するひとつの特徴をみることができる．

　それが〈閉鎖性〉である．この場合の〈閉鎖性〉とは，不特定多数のアクセスを許すのではなく，特定の〈他者〉をコミュニティ外の存在として積極的に排除するような性格を意味する．

　ここで重要なのは，それが従来的な閉鎖性とはやや性格を異にしているということである．社会学の文脈において，コミュニティ，組織などの閉鎖性は一定の

関心を集めてきた．たとえば，マックス・ウェーバー（Max Weber）以来の閉鎖理論は，「独占と排除の行為を支配する，フォーマルなもしくはインフォーマルな，公然のもしくは隠然たる規則」としての閉鎖性を問題にしてきた（Murphy 1998＝1994: 3）．そこでは，階層，ジェンダー，年齢などの異なる社会集団間の権力の非対称性に起因する閉鎖性や，その相対化を目指す対抗的な営為が主な議論の対象となってきた．

しかし後述するように，ゲーテッド・コミュニティやSNSの〈閉鎖性〉は，権力の分配の問題というよりは，コミュニティをマネジメントする事業者などによって積極的に打ち出された特徴，すなわち財の付加価値であるといえる．そのような意味で，それはウェーバー以来の問題系における閉鎖性とは性格を異にするものである．

本章では，ゲーテッド・コミュニティやSNSにおける〈閉鎖性〉を二つの角度から考えたい．

ひとつは，財としてのコミュニティという視座である．次節以降でみていくように，それは近代以降のコミュニティが，市場において取引されるという側面を持っている点に注目するものである．そのうえで，ゲーテッド・コミュニティやSNSにおける〈閉鎖性〉が，財のセールス・ポイントとして，すなわち他の財との差別化を裏付ける付加価値として立ち現れることを指摘する．

もうひとつが，「リスク」という視座である．「リスク」ないしは「リスク社会」とは，後述するようにウルリッヒ・ベック（Ulrich Beck）によって提示された概念であり，さまざまな社会的「リスク」が白日のもとに晒される社会の有り様を説明するものである．本章では，こうした「リスク」が市場において上述の〈閉鎖性〉と密接に関わっていることを指摘する．

以下ではまず，これら二つの視座について議論を進め，そのうえでゲーテッド・コミュニティ，SNSについて検討していく．

2. 財としてのコミュニティ

近代化の過程における最も特徴的な出来事のひとつは，人びとがそれ以前の時空間から開放されたということである．新たな産業の登場は，土地間の労働力の流動化をうながし，交通網の整備はそうした動きを加速させた．そして若林幹夫

が指摘するように,「かつて社会的な諸関係と秩序の基盤をなしていた土地空間が財として売買され,所有される"モノ"となった」(若林 2000: 142).

こうしたプロセスにおいては,人口流動が常態化するため,伝統的な地縁コミュニティは徐々に弱体化していった.しかしかつての地縁コミュニティがになっていた人びとのつながりを下支えするという機能は,以降も求められた.人びとのつながりは,無媒介に取り結ばれるわけではないためだ.

そこで立ち現れてきたのが,本章が注目する財としてのコミュニティである.そこには住宅地などをはじめとするオフラインのものから,BBSやSNSのようなオンラインのものまでが含まれる.それらのいずれもが,かつての地縁コミュニティとは異なったかたちで,人びとのつながりを下支えしている.

コミュニティは,それ自体として実体を持つものではない.そのためディベロッパー,サービス事業者などは,住宅地やオンライン・サービスなどの関連する財の魅力を高めるために,ある種のコミュニティ・イメージを生産し,さらにはそうしたイメージと結びつくインフラを提供してきた.

たとえば,「〇〇は,都心にほど近く,豊かな自然に囲まれた快適なコミュニティです」とか,「××は人びとの自由な意見交換を可能にする新しいオンライン・コミュニティです」などといった,キャッチ・コピーを思い浮かべてみればいいだろう.コミュニティというフレーズは,提供される財が立地条件やウェブ・サービスとしての特徴などにとどまらない,何らかの「魅力」を持つことを示唆する.また集合住宅における集会所のような共有施設は,そうしたイメージにもとづいてデザインされたインフラであるといえる.

人びとは,そうしたイメージ,インフラを選択的に消費することで,コミュニティに関わってきた.そこにあるのは,コミュニティが財として流通する市場であり,市場への参与者たちによる交渉である.

以上の点をふまえれば,財としてのコミュニティは,住宅地,ウェブ・サービスなどの財に付与されるかたちで生産されるイメージや,それにもとづいたインフラの総体であると定義できる.生産者は消費者のニーズをふまえ,「望ましい」コミュニティをデザイン,マネジメントする.消費者はそれらを選択的に消費し,その結果として財を媒介としたつながりがうまれる.

かようなコミュニティの有り様は,伝統的な地縁コミュニティとは大きく異なっている.地縁コミュニティの場合は,そこへの参与が必ずしも選択的ではなく,

また上のような意味での市場との関わりを持たないからだ．

3. 「リスク社会」と〈閉鎖性〉

　前節で提示した財としてのコミュニティという視座は，近代以降のコミュニティの有り様をある程度包括的に捉えるものであるが，本章では特にコミュニティの〈閉鎖性〉がセールス・ポイントとして強調されるという状況に注目する．

　そこでまず考えたいのは，なぜ〈閉鎖性〉がセールス・ポイントになり得るのかということである．財としてのコミュニティが，つながりを下支えする機能の希求にもとづいているという点をふまえれば，そのセールス・ポイントは開放性にこそあるようにも思える．事実，「いつでも，誰とでもつながれる」といった開放性の強調は，ある時期のオンライン・サービスを特徴づけるものであった（第1章参照）．しかしそうした動きとは別に，ゲーテッド・コミュニティやSNSは，それぞれの市場において一定のシェアを獲得している．それはいったいなぜなのだろうか．

　本章は，その背景に「リスク社会」という社会の有り様をみる．ウルリッヒ・ベックによると，現代社会においては，以前なら密室的に処理されていた諸リスク，たとえば投資，テクノロジー，エコロジー等にまつわるものが「公共の問題として認識される」という傾向が見られるという（Beck 1997=2005: 192-197）．ベックはかような「自己批判的な社会」の総称として「リスク社会」という言葉を用いる（同）．その内実は，「リスク」という共通テーマを介した「再帰的近代化」[1]の進展として捉えられている（同）．

　ベックの議論は，きわめて広い射程を持つものであるが，本章の議論に引きつけて考えると，なぜ〈閉鎖性〉が付加価値になり得るのかという点をうまく説明できる．

　まずさまざまな「リスク」は公共化する．しかし私たちが日常生活を通してそうした「リスク」に対処し続けることは，少なからぬ労力を必要とする．対処する際に一定の専門知識や技術などを必要とする場合には，労力はさらに大きくなる．一言でいえばそれは，「リスク」は多く存在するものの，私たちが逐一それに対処していくのは難しいという状況である．

　ここに「リスク」への対処が市場化される契機がある．つまり関連企業群は

「リスク」への対処を含みこんだ財を提供し，私たちはそれを消費することで，煩雑な対応から逃れる（もしくは逃れた気になる）のだ．

付加価値としての〈閉鎖性〉は，かような市場化の流れのなかで捉えられる性格である．以下で検討するように，〈閉鎖性〉はコミュニティの安定を担保するものとして提示されている．逆に言えばそこには，開放性がコミュニティの不安定さを導くという発想がある．

財という視点からすれば，閉鎖的コミュニティは，市場における新奇なトレンドとして理解できるだろう．しかしそれは，市場の動向に還元されるべき話でもない．かつてゲオルク・ジンメル（Georg Simmel）が指摘したように，経済的事象は「もっとも周縁的なものをも含めて同時代の文化運動の総体を規定するリズムにしたがっている」(Simmel 1896=1999: 290)．

つまり市場が一定の自律性を持っているにせよ，その自律性は無媒介に獲得されるわけではない．それゆえに，〈閉鎖性〉を単なる市場の産物として片づけるわけにはいかないのだ．

本章は，〈閉鎖性〉がセールス・ポイントになっている状況の「背景にあるもの」に目を向けたい．以下ではまず，オフライン／オンラインの事例をそれぞれ検討しながら，そこで想定されている「リスク」とは何であり，いかなる特殊性を持つものなのかという点を考えていきたい．そのうえで，それらの「背景にあるもの」について考察を進めたい．

4.　オフラインの閉鎖的コミュニティ

一般的に，ゲーテッド・コミュニティとは，外壁やフェンスで覆われた居住区を指す．監視カメラやさまざまな認証システム，ガードマンの採用などが組み込まれている場合も多い．現在，ゲーテッド・コミュニティやそれに類する居住区は，世界各地に存在する．

たとえば合衆国では，特に1980年代以降にゲーテッド・コミュニティが顕在化し，その有り様をめぐってさまざまな議論がなされてきた．ロサンジェルスでは，中間層以上と「それ以外」という社会階層区分がセキュリティ・レベルに投影されるかたちで，二極化された都市再開発が進められたことが指摘された（Davis 1990=2001）．また近年では，高級住宅地などに限らず，中間層や貧困

層の居住区においても，ゲーテッド・コミュニティの広がりが指摘されている（Blakely and Snyder 1997＝2004）．

日本では，合衆国のような「露骨」なゲーテッド・コミュニティは少ないものの，近年では，監視カメラや認証システムなどのテクノロジーを積極的に活用した施設，住居などの存在が顕在化している（五十嵐 2004）．

また同様の高セキュリティ化は，公共インフラにおいてもみることができる．たとえば警視庁は，2002年以降「犯罪が発生するがい然性の極めて高い繁華街等における犯罪の予防と被害の未然防止を図る」という名目で，「街頭防犯カメラシステム」の導入を進めている（警視庁 2006）．

こうした流れと呼応するように，セキュリティ事業大手のセコム株式会社は，経常利益を2002年度の388億円から2006年には709億円にまでのばしている（セコム株式会社 2006）．

無論，以上のような事例は，同一の文脈に属しているわけではない．しかしそこには，通底するひとつの発想を見出すこともできる．

すなわちそれは，〈他者〉を特定し，排除することで，コミュニティ「内部」の安定が維持されるという発想である．少なくともゲーテッド・コミュニティやそれに類する居住区に住む人びとは，そのために余分なコストを支払うことを積極的に選択している．

一般的にこうした動きは，治安の悪化という「リスク」に対応したものだと理解されている．なるほど，マスメディアにおいては，いかにも凶悪な犯罪が増加しているかのような報道が日夜なされている．また市民レベルでもそうした認識は根強い．2004年に内閣府がおこなった世論調査では，ここ10年で治安が悪化したという認識が86.6％をしめている（内閣府 2004）．

しかし実際には，合衆国の場合も日本の場合も，治安が悪化していることを示す客観的な証拠は存在しない（Blakely and Snyder 1997=2004; 河合 2004; 芹沢 2006）．さまざまな犯罪統計などは，むしろその逆の事実を示していることも多い．たとえば河合幹雄は，戦後の犯罪白書，警察白書などの検討をふまえたうえで，近年の日本が「戦後でも最も安全な時代であり，さらに安全性を上げ続けている状況にある」と結論づけている（河合 2004: 116）．

つまり実際には治安が悪化していないにも関わらず，治安が悪化したという認識が一般化している．治安をめぐっては，現実と現実感覚の乖離が起こっている

のだ．

　そう考えれば，上述のゲーテッド・コミュニティやそれに類する傾向は，治安の悪化という現実の「リスク」に対する合理的な反応であるとはいえない．なぜなら，そうした現実自体が存在しないからだ．むしろそれは，治安が悪化しているという現実感覚に対する情緒的な反応であるといえる．

　しかし先を急ぐまい．次節では，SNS に注目しながら，オンラインにおける類似した傾向をみていく．

5.　オンラインの閉鎖的コミュニティ

　一般的に SNS とは，ユーザがウェブ上で人脈や趣味などを公開できるサービスを意味する．

　SNS の先駆けとされる合衆国の「フレンドスター」は，2002年にサービスを開始し，それから1年余りの間に700万人以上のユーザを獲得した．以降，SNS には多くの事業者が参入し，現在では合衆国の内外で一定の広がりをみせている（山崎・山田 2004; 田中・原田 2005 等参照）．

　日本にも多くのドメスティック SNS が存在する．総務省によると，2005年3月末時点の国内 SNS ユーザは延べ111万人であり，その数は現在に至るまで増加傾向にある（総務省 2005）．同年5月時点では75社の事業者が SNS を提供している（同）．

　具体的には，「ミクシィ」，「グリー」のようにユーザの嗜好を特に限定しないものや，逆に「フィルン」のように特定の趣味嗜好に限定したもの，さらには「ナイルポート」のようにユーザの年収で線引きを行うものなど，多用なサービスの有り様が確認できる．

　2006年9月時点で570万人以上のサービス利用者を抱える最大手の「ミクシィ」は，同月14日に東証マザーズに上場し，初日には初値が付かないほどの買い注文が殺到した．

　ほとんどの SNS は，招待制，登録制をとっており，サーチエンジンによる検索の範囲外にある．そのためメンバーでない者がアクセスすることは原則的にできない．つまり SNS は，不特定多数の人びとが集うオンライン・コミュニティ，たとえば BBS などとは異なり，積極的に〈閉鎖性〉をセールス・ポイントとしている．

そのことはしばしば，SNSが「荒れにくい」理由とされる．SNSに関する言説の多くも，その「荒れにくさ」を強調する傾向にある（総務省 2005；田中・原田 2005；山崎・山田 2004）．すなわちそこでは，従来のネット空間における「荒らし」やそれに類する行為が「リスク」として想定されている[2]．

なるほど，黎明期のCMC空間において，特定のスキルや振る舞いへの要請が，「結果的に」閉鎖性を導いていたことはあった．SNS以前のオンライン・コミュニティにおいても，閉鎖的な傾向があることは確認されていた．パスワード付きBBS，ロボット検索回避のプログラムなどがその具体例である．より一般的には，小規模な集団が互いに没交渉なまま偏在している状況——大澤真幸の言葉をひけば「分散的で排他的な共同性」（大澤 1999: 54）——が従来の閉鎖性であるといえる．

しかしそうした系譜においては，閉鎖性を担保する機能がセールス・ポイントとして前面に出てくることはなかった．その背景には，USENET以降，ウェブ・コミュニティでは，理念的には開放性が称揚されるという流れがあったためである（第1章参照）．

それに対してSNSは，〈閉鎖性〉を「荒れにくい」ということと結びつけ，セールス・ポイントのひとつとして前面に出している．そこには，〈他者〉の存在からコミュニティを守るうえで，〈閉鎖性〉を担保するシステムが有効であるという，ゲーテッド・コミュニティにも通底する発想をみることができる．

ただし，実際にSNSが「荒れにくい」のか，また既存のBBSなどが「荒れやすい」のかという点に関しては，疑問の余地が残る．たとえば「ミクシィ」では，「荒らし」行為が度々確認されている．また第三者が作成した「ミクシィ・ランキング」は[3]，「人々の妬みや嫉妬を駆り立て」，管理者あてに「嫌がらせや脅迫めいたメールが来るように」なったという理由で早々に閉鎖されている（kana 2006）．逆に，「荒れやすい」とされるBBSにおいて，オンライン文化をふまえた好意的〈世論〉の連鎖が確認される場合もある（木本 2004）．

つまりSNSの〈閉鎖性〉が「荒れにくさ」を担保しているという言説は，必ずしも根拠のあるものとはいえないのだ．むしろSNSにおける〈閉鎖性〉は，ゲーテッド・コミュニティの場合と同様に，「荒らし」などに象徴される「リスク」に対する情緒的な反応として理解できるのではないか．すなわちそれは，〈閉鎖性〉によって，コミュニティ「内部」の安定が維持されるという発想である．

6.　〈閉鎖性〉と〈他者〉

　前節までで確認したオフライン，オンラインの〈閉鎖性〉は，いずれも治安の悪化や「荒らし」という「リスク」に対する（情緒的な）反応として捉えられるものであった．

　それに加えて以下では，〈閉鎖性〉が〈他者〉の特定を前提としているという点に言及しておきたい．

　この場合の〈他者〉とは，コミュニティの「内部」から積極的に排除される存在を意味する．しかし彼／彼女は，そのコミュニティに関わる可能性が将来的にもきわめて低いような，外的な存在であるわけではない．もし外的であることがコミュニティ内で自明視されていれば，排除する必然性も生まれないからだ．ゆえに〈他者〉とは，コミュニティの「内部」と「外部」の（再）定義の過程において生み出される，本質的には「内部」の存在であるといえる．

　閉鎖的コミュニティにおいて，誰が〈他者〉とされるかは，事業者の判断に基づいて決められる傾向にある．たとえば，ゲーテッド・コミュニティやそれに類する高セキュリティ住宅などにおいて，〈他者〉を特定するために監視カメラや認証システムを運用するのは，事業者やその委託を受けた管理会社である．また多くのSNS事業者は，サービスの利用規約上「不適切」とされるような活動を日常的に監視し，場合によっては当該ユーザのアカウントを停止するなどしている．

　これらは一見すると事業者が持つ強権を示すようだが，事業者の営為もまた，「顧客満足」という命題に規定されている．事業者の独断が先行し，コミュニティに対する消費者の満足度が低下すれば，業務の見直しは避けられないだろう．また事業者が株式上場企業であれば，株主などからの要望を無視することもできない．

　こうした点をふまえれば，ゲーテッド・コミュニティ的，SNS的な〈他者〉とは，〈閉鎖性〉が売り物になる市場の産物であるといえる．事業者はサービスを提供し，利益を追求する．消費者はサービスを享受する．そのような市場的な動きのなかで，随時〈他者〉が特定されていくのである．

　ただし，実際には既存の社会的マイノリティ，アウトサイダーなどが，〈他者〉のひな形として存在する場合も多いと考えられる．ゲーテッド・コミュニティの

場合は治安や公共秩序を乱す者が，SNSの場合はウェブで「荒らし」行為をおこなう者が，〈他者〉のひな形である．

一般的に社会的マイノリティ，アウトサイダーは，特定の社会圏におけるラベリング行為や異議申し立て活動をめぐる，ある種のパワー・バランスのなかで生まれるものとされてきた(Becker 1963=1978; Spector and Kitsuse 1977=1992)．治安や公共秩序を乱す者，「荒らし」行為をおこなう者が「問題」化される際にも，同様のプロセスは存在すると考えられる．

つまり〈他者〉は，市場の産物という性格を持ちながらも，市場の動きに還元できる存在ではない．むしろ〈他者〉は，既存の社会的マイノリティ，アウトサイダーを市場的に反映，ないしは再定義する過程で生み出される存在として捉えたほうが現実的であろう．この点については，次節でも触れることになる．

7. 閉鎖的コミュニティが意味するもの

ここまでで，やや足早にゲーテッド・コミュニティ，SNSについて検討してきた．

閉鎖的コミュニティの有り様をめぐっては，肯定的に捉える立場と，否定的に捉える立場が存在する．

閉鎖的コミュニティを肯定する立場の代表は，言うまでもなく事業者や消費者である．そこには「治安の悪化」や「荒らし」という「リスク」から身を守るためには〈閉鎖性〉が有効であり，その結果として安定したコミュニティが育まれるということが一定の共通理解として存在する．

こうした立場に対しては，上述のように，それが現実に即していないという点で，一定の疑問を差し挟む余地がある．

他方，否定的な立場もある．たとえばジークムント・バウマン（Zygmunt Bauman）は，消費などを媒介とした現代的なコミュニティを「クローク型共同体」，ないしは「カーニヴァル型共同体」と呼ぶ（Bauman 2000=2001: 257-260）．バウマンによると，それらは，一時のガス抜き程度の社会的意味しか持たず，「社会性をもとめる衝動の未開発のエネルギーを集約」しない点に問題があるという（同: 260）．

バウマンの批判は，端的にいえば現代における人びとのつながりの脆弱さを指

摘するものである．しかし同時にそれは，「社会性をもとめる衝動の未開発のエネルギーを集約」するものとして，コミュニティを本質化してはいないだろうか．閉鎖的コミュニティが「まがいもの」であると言うのは簡単だが，そうなると「本当のコミュニティとは何か？」という不毛な問いに向き合わなくてはいけなくなる．

　本章は，閉鎖的コミュニティを一義的に肯定，否定するものではない．その理由は，一義的な議論のいずれもが，以下で論じるような問題の本質を捉え損なうからである．

　本章が注目したいのは，閉鎖的コミュニティとの関連において生じうる二つの問題の可能性である．ひとつは「リスク」と〈他者〉の照応がもたらす問題，もうひとつは「リスク」の〈他者〉化が，「リスク」それ自体を過度に単純化するという問題である．

　前者は，特定の人びとが無根拠に「リスク」と結びつけられ，排除されるという可能性を示す．その場合，彼ら彼女らを〈他者〉とみなして排除するという行為は，「リスク」の軽減を望む消費者の声を反映したものとして正当化される．つまり〈他者〉の排除は，市場的には合理的なことであるとされる．

　しかしそのことは，社会的に合理的とは限らない．市場的な〈他者〉の特定は，ともすれば社会における既存の経済的・文化的な分断線を補強することにつながるためだ．たとえばゲーテッド・コミュニティについては，それが多様な階層，文化間の相互交流や，社会的ネットワークの構築を困難にするという批判がすでにある（Blakely and Snyder 1997＝2004）．

　本章の言葉で言い換えれば，これは市場的な合理性の追求が，社会的な合理性と直結するわけではないということを意味する．つまり，いかに閉鎖的コミュニティを望む消費者の声があろうとも，その声に盲従することを正当化する根拠はないのである．

　次に後者の問題であるが，これは特定の「リスク」を根拠なく〈他者〉に帰してしまうことで，「リスク」それ自体への対処の仕方を誤る可能性を示す．

　上述の例で考えてみよう．ゲーテッド・コミュニティや高セキュリティ化傾向の場合は，対応するはずの「治安の悪化」という現実がそもそも存在しなかった．またSNSの場合も，言われるところの「荒れにくさ」は根拠の薄いものだった．両者に共通する真の背景は，現実の「リスク」ではなく，「リスク」に対する不

安という現実感覚であった．

　そうした現実感覚は，端的に言えば「リスク社会」化にともなって発生した私たちのパニック気味な反応の一例である[4]．つまりそれは，現実の「リスク」とは分けて考えるべきものだ．それにも関わらず，現実の「リスク」を〈他者〉に帰してしまうことは，病巣を無視して麻酔だけ処置するような対処であるといえる．

　本章は「リスク」への対処が不要であると言うわけではない．また不安という現実感覚を根拠のないものとして退けるわけでもない．私たちは，「リスク」と「リスク」をめぐる不安に対して，共に向き合わなくてはならないのだ．

　にもかかわらず，現実と現実感覚はしばしば混同され，結果として迷走気味の「リスク」対処がなされている．これまで検討してきた閉鎖的コミュニティは，かような迷走の典型例として理解できる．

　なるほど，閉鎖的コミュニティは，一時の「快適」なつながりをあたえるのかもしれない．しかし根本的な問題解決への道筋をつけるためには，現実と現実感覚を混同せず，それぞれに対して真摯に向き合っていかなければならない．そうしなければ不安という現実感覚は解消されず，また現実の「リスク」に対する対処は先送りされ続けるのである．

第9章

オンラインコミュニティの困難
——オタクとオンラインコミュニティ

齋藤皓太

1. はじめに

　『電車男』(中野 2004) に始まったオタクブームは2007年現在も続いている．オタクブームとは，コンテンツの題材としてオタクを取り扱うブームと，ニッチ市場の優秀な消費者としてオタクを取り扱うブームである．前者の例としては，マスメディアで，オタク特集やオタクが主人公の物語が製作されることなどが挙げられる．後者の例としては，2005年に発表された野村総研の『オタク市場の研究』(野村総合研究所 2005) のようなオタクの消費動向に注目したマーケティングや，市場規模の調査，海外でオタクコンテンツが高い評価を受けていることによる再評価などが挙げられる．

　このような状況の背景には，インターネットによってオタクの活動や存在がオンライン上で顕在化していることが挙げられる．オタクはオフラインではマイノリティである．特にインターネットのような電子ネットワークが整備される以前には，オタクは地縁や人縁による限られたネットワークのなかで活動をしていた．そのため，コミックマーケット[1]のような大きなイベントをのぞき，オタクの行動は表面化していなかった．その後，電子ネットワークの登場によって時間的・

1. はじめに

空間的制約から開放され，全国に点在するオタクたちがオンライン上に集まることで，その行動が顕在化するようになった．

今になって注目されているもう一つの理由としては，オンラインとの高い親和性から，オタクがこれからのインターネットの利用形態として提唱されているものの一例となっていることがある．たとえば，2005年にティム・オライリー (Tim O'Reilly) が発表したウェブ2.0[2]で提唱されているインターネットの利用方法やオンライン上でのコミュニティベースの学習は，オタクのそれに符合するものが多い．ウェブ2.0の事例として挙げられた，ユーザによる情報の分類については個々人の見方でリンク集やまとめサイトを作っていた．またロングテール[3]で取り上げられているニッチコンテンツの主な消費層でもある．他にも，ユーザ参加によるコンテンツの製作は二次創作[4]などのオタクのコンテンツの作り方でもある．また，空間的制約から情報を得にくい地方のオタクは，普段はオンライン上のコミュニティを見て情報や振る舞いを覚えている．

今後は，より高速化した回線の普及やウェブサービスの充実を背景に，オタクに限らず，今まであまりインターネットを利用してこなかった人でもこのような利用形態を取るようになることが予想される．そこで，本章ではオンライン上のオタクコミュニティを取り上げ，そこからこれからのインターネットの利用形態が引き起こす問題について議論するものとする．

本章では2007年現在で最も活動が盛んなオタクコミュニティの一つである「ふたば☆ちゃんねる」（以下，ふたば）の画像掲示板のうちの一つである「二次元画像裏掲示板」（以下，二次裏）を取り上げる．ふたばはスレッドフロート型の文字掲示板と画像掲示板からなる総合掲示板である．スレッドとは，ある話題とそれに対するコメント群からなる塊である．文字掲示板では話題にしたいことをタイトルに，画像掲示板では話題に関連する画像をタイトル代わりにしてスレッドを作成する[5]．そして，話題に参加したい人間がスレッドに文字や画像でコメントを付けていく．掲示板内にはそのようにして作られた複数のスレッドが存在しており，書き込みがあったスレッドは現在の位置から掲示板の一番上に移動するためにスレッドフロート型と呼ばれる．

以下ではまず，二次裏について説明し，その後に二次裏に見られるオタクの特徴について議論する．そして最後にそれらから導かれた諸問題に対しての議論を行う．

2. 二次裏について

本節では，本章で取り上げる二次裏がどのような場所であるかを説明する．まず，二次裏成立までの経緯について述べる．そして，その存在を特異なものにしている二次裏の参加者である「としあき」が生まれた経緯について述べる．次に，二次裏でとしあきがどのようなコミュニケーションを交わしているかについて述べるものとする．

二次裏成立までの経緯と，としあきの誕生

2001年に2ちゃんねるの閉鎖騒動が起き，このとき2ちゃんねるの避難所としてふたばが成立する．しかし，2ちゃんねるはその後サーバの移転や有志の協力もあって閉鎖しなかったために，以降，ふたばは独自の路線を歩むことになった．そのため，ふたばは現在では2ちゃんねるの避難所という位置づけにはない．

その後，2002年にテレビのキャプチャ画像や同人誌のアップロードによるサーバの過剰負荷の分散のために新しくサーバが設置され，二次裏が成立する．そして，2003年には同人誌のアップロードを求めてスレッドが作成されたが，アップロードされなかったために荒らし[6]行為をした「としあき」というハンドルネーム[7]を名乗る人間が現れた．以降，愉快犯的にとしあきを騙って荒らし行為に便乗するものが相次ぎ，ついには掲示板中がとしあきだらけになるという事態になった．このときふたばの管理人が掲示板のディフォルトネーム[8]をとしあきに変更し，二次裏のとしあきが誕生した．

としあきという名前を得た匿名の大衆は，としあきという人物の設定付けを行い，としあきとしてのアイデンティティを確立していった．その反動か，かつてとしあきと名乗る人間が二次裏で荒らし行為をしたように，外部サイトで外部サイトのルールを無視して二次裏と同じように振る舞うなどの迷惑行為が相次いだ．そのようなこともあってか，同時期の掲示板の仕様変更の際に，二次裏のディフォルトタイトル[9]が無念，ディフォルトネームが空欄になった．

それからしばらく，二次裏の利用者は互いをとしあきではなく「」[10]と呼び合うようになる．この時期に二次裏で作られた創作物が雑誌『ネットランナー』に無断転載された．このことで二次裏ではネットランナーという共通の敵に対する反発から，結束が高まることになった．

現在では二次裏がサーバの付加分散のために作られたように，二次裏はimg, dat, may, nov, junの五つのサーバに分割されている．各サーバに存在する二次裏はアクセス方法，一つのスレッドに使用できる画像の数，スレッドがサーバに保持される時間などが異なる．それぞれのサーバに表示されているディフォルトネームはとしあきと空欄の両方があるが，どちらも二次裏のとしあきとして認知されている．

二次裏で交わされるコミュニケーション

二次裏ではテーブルトークRPG（TRPG）に似たコミュニケーションが行われている．TRPGとは架空の世界を舞台として，参加者はその世界の住人として振る舞い，与えられた課題を解決するゲームである．一般には，

1. プレイヤーが一堂に集まり
2. ゲームマスター(審判役)が提示するルール・状況・シナリオ・課題に従い
3. ゲーム世界内での自分の代理人であるキャラクターにどんなことをさせるかを申告しながら
4. 他のプレイヤーと共に課題達成へ向けてゲームを進める

という流れで進行する．これを二次裏にあてはめると二次裏はTRPGの会場である．としあきはTRPGのプレイヤー，スレッドは各ゲームであり，スレッド作成者はゲームマスターにあたる．スレッドの画像や書き込みはゲームのルール・状況・シナリオ・課題を提示するものになる．また，スレッドのログをアップローダ[11]にアップロードすることによって，そのスレッドに参加していなかったとしあきにも追体験を可能にすることはリプレイ[12]にあたる．よって，

1. としあきが二次裏に集まり
2. スレッド作成者が提示するルール・状況・シナリオ・課題に従い，
3. 二次裏内，あるいはスレッド内での自分の代理人であるとしあきやキャラクターにどんなことをさせるかをスレッドに書き込みながら，
4. 他のとしあきやキャラクターと共に課題達成へ向けてスレッドに書き込んでいく

といった状態になる．以降では二次裏で使われている代表的な設定やルールについて例示する．

まず，二次裏の参加者であるとしあきは成人男性で無職童貞のオタクという設

定になっている．メガネをかけて口をへの字に結んだくらい顔をした自画像も存在する．参加者全員がとしあきということになっているので，基本的にハンドルネームは使われない．特定のとしあきの区別を付ける必要がある場合にはスレッド内での役割や本人の特徴を接頭語として「○○あき」という呼ばれ方をする．たとえばスレッドを作成したとしあきであれば「スレあき」，女性のとしあきであれば「女子あき」と呼ばれる．また，特殊な方法でしかたどりつけないとしあき専用のアップローダやファンサイトも存在する．としあきであればその方法を知っているのでむやみにその方法を教えないことになっている[13]．ほかには，としあきたちは既存の作品やキャラクターのパロディや擬人化[14]をし，それらを作る過程で作られた言葉や台詞などをふたばの用語やキャラクターとして取り入れていく．そしてそれからさらに創作を行っていく．

　会場の管理人である，ふたばの管理人は利用者の要望やシステムのバグなどには即座に対応できる人であり，としあきの間では管理人は美少女ということになっている．管理人の写真としてネットアイドル[15]の東京カステラの写真が使われるが，そのことを指摘してはいけないことになっている．

　二次裏を舞台としたゲームのルールは「エンジョイ＆エキサイティング」である．端的に言えば「楽しければなんでもあり」であり，どんなことでも積極的に楽しもうという姿勢を持つことである．禁止事項は掲示板内で明示されていないが，管理人の過去の書き込みや暗黙の了解を有志がまとめた「ふたば☆ちゃんねるの掟」というものがある．これ自身も『仮面ライダー』の「ゲルショッカーの掟」のパロディであり，実質的な内容は違法行為をしないようにということだけである．

　としあきはこれらの前提に基づいて各スレッドでより詳細な状況設定をしてゲームをプレイしている．これらの設定のうち，長期間使われている場合には特定の画像を使ったスレッドを作成することで，説明の代わりとしているものもある．たとえばとしあきの自画像が張られたスレッドでは，そのスレッドのなかではとしあきが自問自答しているように書き込みをすることになっている．ほかには実際には存在しない架空のものについて，あたかもそれがあるように書き込みをしていくというスレッドも存在する．それはたとえば，実際には発生しないふたば☆ちゃんねるの使用料金について「今月から料金が上がった」などと設定を与えてその状況下で今後の対応を話し合ったり，実在するゲームのオンライン版が

存在するとしたらという設定の下で，そのゲームのシステムやプレイした感想などを実在するかのように語ったりすることが挙げられる．

このようなふたばのみで知られているものもあれば，ふたばの外部でも有名なものもある．そのなかで最も有名なものはパソコンのオペレーティングシステム (OS) を擬人化した OS 娘をキャラクターとした「とらぶる・うぃんどうず」である．「とらぶる・うぃんどうず」は OS 娘や OS 息子，二次裏で二次創作されたキャラクター，としあきたちの日常の交流をテーマにしたものである．OS 娘はOS のパッケージや動作状況，ディフォルトの起動画面や壁紙などから設定付けやデザインがされている．この OS 娘と OS 娘の登場する「とらぶる・うぃんどうず」は「とらぶる・うぃんどうず OS たんファンブック」（としあき 2005）として出版されるほどの人気を誇っている．

3. としあきに見られるオタクの特徴

本節ではとしあきに見られるオタクの特徴について述べる．まず，としあきのアイデンティティの所在について述べる．本章では，それをとしあきたちが二次裏で交わしているコミュニケーションの側面と，としあき定義の側面の 2 点から述べる．それから，それまでに述べたアイデンティティを持つとしあきが他者をどのように認識しているかについて述べる．最後にとしあきたちがコミュニケーションを交わしている二次裏がコミュニティであるかどうかについて述べる．

としあきのアイデンティティの所在

前提知識とそれをつなぐ暗黙知

前述したように，としあきが二次裏でとしあきとして振る舞い，コミュニケーションを取るためには多くの前提知識が必要である．また，二次裏は TRPG のようなある種のゲームが行われている場所である．しかし，掲示板上にはそのことが明記されておらず，初めて二次裏を訪れた者は戸惑うことになる．二次裏のルールを無視すれば荒らし扱いをされ，まともにコミュニケーションをとれないうちにスレッドが消えてしまう．そうならないために，どうしたらいいのか質問をする者もいるが，自分でどうすればいいかを調べるなどの努力をせず，単に質問しただけでは「半年間 ROM れ（ここでは半年間スレッドを見ていればわかる

から見ていろという意味）」と返されてしまう．そのため，新規参入者は二次裏に参加してしばらく様子を見ることで，少しずつヒントを得ることになる．そして，二次裏の外部にある有志による情報をまとめたサイトなどの存在を知り，次第にとしあきとしての振る舞いを身につけていくことになる．

　この方法は仏教の口伝[16]や悟りの構造に似ている．教えの肝心な部分や先達の内的経験は師弟制度のなかでしか伝えられず，実践のなかで新たな解釈を見いだしていくことになる．悟りは悟ろうとして悟るものではなく，努力を続けていると気がついたときには自然に悟っているものである．

　たとえばある作品のパロディで話を進めるにしても，作者の過去の作品との関連性，作品のテーマや構造，作者の作家性などの多種多様な知識を駆使し，自分なりの解釈が必要になってくる．作者の過去の作品などといった個々の知識はインターネットの登場によって明文化されたものが蓄積されており，参照可能な状態にある．しかし，それら個々の知識を関連付け，体系化し，それを解釈することは明文化しにくい経験的な暗黙知である．これは情報が並列的に提示されるインターネットでは習得しづらい状態にある．この種の知識の多くは相手の前提知識の量に応じた説明が必要であるため，そのまま習得することが難しい．これを習得するにはやはり二次裏で「半年間ROMる」ことが必要になる．

否定の定義の積集合による定義

　これまでにとしあきの性質を述べてきたが，二次裏でとしあきとして振る舞っている人間も実際には個々の異なる性質や嗜好を持っている．彼らはすべてのスレッドを見ているわけでもなければ，当然としあきとしての熟練度も異なる．「としあき」という名前と前述したいくつかの設定にのっとっているという共通項を持ってはいるものの，彼らをひとくくりにして「としあきとは〜である」と定義することは困難である．

　そこで，ここではアメリカのインターネットの前進となったUSENET定義をめぐるフレーミング[17]のなかで「WHAT USENET IS NOT？」という投稿で使われた方法によって定義を試みる．USENETの場合もUSENETの全体像を把握している利用者が存在するわけではなく，USENETの一部を見てUSENETの定義を行っている．そこでこの方法は「USENET is not」から始まる文章によって，既存のよく知られたものの否定の形を列記することによって定義を試み

るものである．

　この手法をふたばに適応すると次のようになる．まず，二次裏の母体であるふたばは成立の経緯からして2ちゃんねるではない場所である．その構成員であるとしあきは荒らしという反コミュニティ的な存在によって定義されたものである．そして，「」というとしあきではないものに変わり，最終的に「」ではないものとして定義された後に再びとしあきになったという経緯をたどっている．加えて，その後にとしあきたちによって作られた設定でも，としあきは職についていない人間であり，性経験のない人間と定義されている．また，としあきは特定の誰かを指しているわけではない．

　このように，としあきはすでに定義されたものを否定したものの集合として定義されている．否定の定義がなされるたびに，としあきとそうでないものの新たな境界が設けられ，としあきは常に境界の外の存在となることが総体としての定義を困難にさせている．そのため，としあきとそうでないものの境界ははっきりしているが，設定以外の面でとしあきとしての共通項は見つかりづらい状態にある．

としあきにとっての他者とは何か？

　としあきにとっての他者とは前述したことをふまえると，としあきとして振る舞うための前提知識を持っていない人間や，二次裏という場を理解しようとせず，としあきとして振る舞わない人間である．具体的に言えば，新規参入者や他のコミュニティのルールを持ち込む人間，二次裏のルールを守らないで画像を収集することだけが目当ての人間である．としあきが知っているはずの特定の設定で話を進めているときに，彼らはそれから外れた行動を取ることになるので振る舞いを見ることで容易に判別することができる．としあきは彼らに対して時に排他的ともいえる態度をとることがある．それは二次裏にはとしあきしかいないという前提にも表れているし，その前提から二次裏のルールが明記されていないことやアップローダを教えないという態度にも表れている．

　また，知識を共有しているはずのとしあき同士でも持っている知識の量や利用している二次裏によってその性質は異なる．初期の二次裏であり，トップページからのリンクがないimgやdatサーバにある二次裏はそのサーバにたどりつくための知識を得たとしあきしかいないため，前述してきたようなとしあきの性質を

色濃く残している．他方，トップページからのリンクがあり，誰でも用意に参加できるmayやjunサーバにある二次裏では新規参入者が多いため，交わされているコミュニケーションも雑談の類が多くなり，他の画像掲示板と変わりがないスレッドも多い．

　としあきが二次裏のすべてのスレッドを見ることができないように，すべてのジャンルをカバーするための知識は多種多様であり，そのすべてを把握することはできない．そのため，としあき同士であっても同じとしあきという言葉で表現することが難しくなっている．としあきはその存在がニッチなのにも関わらず，「～とは違う」と否定しさらにニッチな方向へ自分を追い込んでいくことになる．そうして，同じとしあきであるはずの私たちから次々と他者を生み出すことになる．

二次裏はコミュニティか？

　インターネット以前にオタクは地縁・人縁によってしか情報交換や同士を見つけることができなかったためにコミュニティはクローズドなものだった．それがパソコン通信やインターネットで空間的制約から解放された交流が可能になると，オフライン上のコミュニティがオンライン上に移されることになった．空間的制約から解放されたとはいえ，初期の参加者は主にオフライン上でコミュニティを形成していたメンバーであり，参加者は限定されていた．そのため，有志同士の集いや秘密基地といった色合いが濃かった．そのうちの一つがふたばであり，二次裏である．二次裏の利用者はとしあきという名前を得て同胞意識を強め，自分がふたばとしあきという二次裏の参加者であることに自覚的だった．この頃はまだ前提知識を持っている者だけが参加者であり，その後，二次裏に参加することで暗黙知を習得し，としあきとしての振る舞いを習得していった．

　その後，誰もがインターネットが利用するようになり，前提知識の不足している新規参入者が二次裏に大量に流入してくることになった．新規参入者は二次裏に関する知識もなければそれを学ぶ方法もないため，としあきとして振る舞うことができない．その結果，としあきから見れば荒らしとも取れる行為を繰り返すことになった．この事態に管理人はサーバの負荷の増加のたびに新しいサーバに二次裏を作成することで対処し，としあきの有志によってふたばのルールやふたば用語などをまとめたサイトが作られた．しかし，これらのサイトの多くはふたば以外からのリンクや紹介を禁じており，新規参入者にそれらの情報が伝わりに

くい状態にある．その結果，旧来二次裏にいたとしあきたちはトップページからのリンクがない二次裏に移動するものも少なくなかった．その結果，新規参入者は新規参入者層が多い二次裏に留まることになり，以前よりもとしあきとしての知識や振る舞いを得ることが難しくなった．また，新規参入者を嫌ったとしあきたちはリンクをたどることではたどりつけない二次裏に留まり，としあきとしての知識や振る舞いに格差が生じている．

4. オタクのコミュニティ

　オタクにもとしあきと同様の現象は起きている．インターネットによって以前よりも必要な知識を得ることは容易になったが，その分オタク同士の間で振る舞いの格差は生じている．そのため，ほとんど他者であるオタクたちはそれぞれにコミュニティを作り，コミュニティは細分化している．それらのコミュニティ同士は相互不干渉な状態であり，前提知識や参加メンバーの特性などに基づいた住み分けがなされている．新規参入者はそのコミュニティにあった前提知識に応じて細分化したコミュニティを選択して参加する状態にある．

　オタクは自分たちとそうでないものの境界，オタクとしての振る舞いをするための知識を持っているかどうかには敏感だが，外部コミュニティにいる他者には関心がないことが多い．このことは他者に説明することが難しく，外部コミュニティにうまく伝わっていない．そのため，外部のコミュニティから見るとあたかもオタクコミュニティという一つの大規模なコミュニティがオンライン上で形成されているように解釈されていることが多い．

　その結果，外部から見れば同じオタクのコミュニティなのだが，内実はオタクという言葉だけでつながっている複数のコミュニティがあるという状態である．総体としてのオタクコミュニティは自分たちとそうでない人を区分するためのオタクという言葉がつないでいる程度のものでしかない．

　オタクコミュニティは本来地縁・人縁にもとづいた局地的で小規模なクローズドなコミュニティであり，その歴史・規則・役割・振る舞いといった暗黙知を形式知化してこなかった．インターネット以前ではコミュニティに参加することに地縁的・人縁的制約があり，参加者は前提知識を共有していたために問題は起こらなかった．その後，インターネットを利用することで時間的・空間的制約から

解放され，コミュニティへの参加が容易になった．その結果，代償として前提知識に乏しい新規参入者や，前提知識を共有しない人間までがコミュニティに流入することになった．

しかし，二次裏がそうであるように，その後も新規参入者や外部コミュニティに対するコミュニティ自身の説明や暗黙知の形式知化をしてこなかったし，前提知識の有無を参加の前提条件に課している．そのため，新規参入者はコミュニティの一員としての振る舞いを習得することが困難な状態にあり，参加者の前提知識によって担保されていたコミュニティの同一性の維持が困難になった．そのことが原因で旧来の参加者はSNSなどのオンライン上でインターネット以前のクローズドな条件を確保した場所に移住することになった．残されたコミュニティは名称や形式は同一のものでも以前それとは違うものになっていることもある．

このようなコミュニティのぶれや参加者がコミュニティの一員であるということに無自覚な層が増加していることによって，参加者でさえそのコミュニティを定義することも困難になっている．また，このことによる外部への説明不足から十分な理解を得られていない状態にある．それが原因で，外部コミュニティと衝突を起こすこともある．そのたびに外部コミュニティとの境界を作り，他者ではないもの——私たちはオタクであるという意識を強めていくことになる．それで排他性が強くなると二次裏の一部やオタクコミュニティの一部のように新規参入者を受け入れないことにもなる．しかし，新規参入者のいないコミュニティは次第に流動性を失い，硬直化し，いずれ衰退することになる．

オタクコミュニティに見られるこれらの問題はオタクに比べてネットリテラシーの低い層ではより際立ったかたちで顕在化することが予想される．オフラインのコミュニティでは地縁的・人縁的制約からコミュニティ参加者が限定されており，前提知識の共有を参加の条件とすることが可能である．知識が不足している場合でも対面のコミュニケーションによって先輩から直接教えてもらうこともでき，参加しているうちに暗黙知を身につけ，自然にコミュニティの一員として振る舞えるようになっていた．

しかし，オンラインのコミュニティではオフラインのときよりも前提知識が大きく異なる多種多様な層がコミュニティに参加し，コミュニティを形成している．さらに，時間的・空間的制約から解放されているため，その数も以前に比べて膨大なものになっている．当然，コミュニティへの新規参入者の数も増え，オフラ

インのコミュニティの方法では前提知識の不足している人間に対処していくことは難しくなっている．

そのため，コミュニティが一つのコミュニティとしての機能を果たさなくなり，オンラインのコミュニティに使われるツールの利用が容易になったこともあり，同じトピックを扱う類似コミュニティが乱立することになる．そして，その乱立したコミュニティのなかから新規参入者がコミュニティを選択して参加することになる．

多くのコミュニティが対外的な説明をしていないため，選択の段階で新規参入者は困惑し，余計に前提知識を共有していない新規参入者がコミュニティに参入してくるという悪循環が発生することもある．加えて，コミュニティに参加してからもさまざまな問題が発生することになる．まず，新規参入者は何をしているコミュニティなのかを理解していないために，コミュニティにおける自分の位置づけがわからない．また，旧来の参加者は参加の条件として求められていた知識に無自覚であるため，新規参入者がつまずいている部分がわかっていない．また，オフラインと違って対面ではないので，新規参入者が発言するまでこのことに気がつきにくい．このように，新規参入者はコミュニティに参加していくうえで必要とされている知識を習得しづらい状況にある．

そうした場合，二次裏のように同じコミュニティのなかで前提知識の度合いに応じた住み分けを行うことになる．住み分けによってコミュニティの暗黙知の習得の度合いが制限され，層が徐々に固定化して分離し，古参・新参の間で対立が起こることもある．その結果，オタクコミュニティの境界が常に修正され続けていくことで，その総体がつかみどころのないものになっているように，オンラインのコミュニティも複雑化していき，内部から見てもよくわからないものになっていることが多い．

現在，インターネットを利用することでコミュニティが容易に作れる状態にある．その分，コミュニティへの参加も容易になったが，その反面本章で述べてきたような困難がつきまとうことになる．しかし，コミュニティの継続・発展のためには新規参入者の受け入れは不可欠であり，そのためには対外的な説明責任を果たし，コミュニティの暗黙知を形式知化していくことが必要である．それによって新規参入者がコミュニティに参加しやすい土壌を作ることができる．それが結果的に他のコミュニティとの相互交流などにもつながることになり，言葉を尽

くすことが，非対面のコミュニケーションに起こりやすい齟齬を正していくことにもなる．

5. おわりに

　本章ではオンライン上のオタクコミュニティの一例としてふたば☆ちゃんねるを取り上げ，そこに見られるオタクやオタクコミュニティの特徴について述べてきた．また，それを通してオンラインコミュニティが直面することが予想される困難についても述べた．

　だが，あくまでそれもオタクというオンライン上に集まりたい，そのなかでコミュニケーションを取りたいという欲求が高い存在についての話である．そうでない場合にはさらなる困難がともなうことは想像に難くない．オンライン上でのコミュニケーションは対面的なコミュニケーションに比べ，参加者の参加への積極性や特殊なコミュニケーションが要求されることになる．しかし，多くの場合新規参入者がそのような知識を習得することは難しく，コミュニティと新規参入者の間に大きな隔たりが生じている．

　そのような状況下で，時間的・空間的制約からの解放を目的とした，オンライン上でのコミュニティ形成やコミュニティベースでの作業の需要が以前よりも増加している．たとえばSNSもその一つに挙げられるが，その多くがブログと掲示板を組み合わせたもので，参加者をコミュニティに参加させるような仕組みが提供されているわけではない．実際のSNSのコミュニティにしても乱立気味であり，コミュニティ間で対立が起こることも少なくない．

　これらの問題はオンライン／オフラインを問わず，最終的には人間同士のコミュニケーションによって解決しなければならない問題である．今後，われわれはコミュニティが乱立するインターネット上で，これまでよりもより主体的かつ積極的にコミュニティを選択・参加・形成していく必要がある．そして，われわれがそれを実行するためにはコミュニティの振る舞いを理解し，コミュニティの内外の人間とコミュニケーションを取ろうとする真摯な努力が不可欠である．

第10章

オンライン上における音楽制作者のコミュニティとその変容
——コミュニティからコミュニティ・サービスへ

大山昌彦

1. はじめに

　音楽の創作は，ベートーベンやビートルズのように特別な才能を持った個人もしくは少人数のグループによる活動と考えられがちだ．しかし現実は音楽の制作はこれまで常に集団的な活動であったといっても過言ではない．個人の卓越性を積極的に評価する芸術音楽の世界でさえも，作曲法として体系化された技法，演奏家や興行主，雑誌や新聞などのメディア，聴衆などロマン主義的な芸術観を共有する多様な存在があって初めて成立したといえるだろう．音楽制作が共有された技法と価値観の存在に基づくものであるのならば，そこにはある種のコミュニティとしての性格を見いだすことができる．

　ところで近年における情報通信技術（Information and Communication Technology）とその根幹にあるデジタル技術の普及とその利用は，音楽を含めたさまざまな文化的活動とそれにまつわるネットワークの形成に大きな影響を与えたことはもはや自明であろう．音楽の場合この影響の核心には，制作とメディエーションという従来は切り離されていたシステムに，同じデジタルという技術的基盤が登場したことがある．DTM（Desktop Music）[1]などのデジタルな制作

環境は一般の人びとにも普及し、そこで制作された音楽はインターネットを利用して公開することが可能になった。また音楽制作者にとってインターネットという場は、単に楽曲を公開するだけでなく、同様の活動を行う人びとが意見や情報を共有・交換するコミュニティとしての性格を帯びている。

　本章の目的は、インターネット時代の音楽制作者のコミュニティの変容を検討することである。個人で制作し発表するということが可能になったとなると、多様な人びとの参与していた音楽制作者たちのコミュニティはその質が大きく変化することになるだろう。さらに音楽にまつわる情報通信技術は普及してからすでに10年という時間を経過している。そのためインターネット時代以降にも音楽制作者のコミュニティは変化を遂げていることが予想される。

　近年数ある音楽制作者のコミュニティのなかでも、アマチュア音楽制作者向けのコミュニティサイト・サービスが人気を博している。自主的に制作・運営される個人サイトとこれらのコミュニティサイトが異なるのは、その名のとおりコミュニティサイトがさまざまな音楽関連企業によって提供されるサービスである点にある。このオンライン上における音楽制作者のコミュニティがサービスへと変化してきたことは何を意味するのであろうか。

　本章では、ヤマハ株式会社が提供する音楽コミュニティサイト・サービスである「プレイヤーズ王国」（以下「プレ王」と記す）を事例として考えてみたい。「プレ王」を取り上げるのはアマチュア向けの音楽サイトで最も歴史も古く規模も大きいためである[2]。また、現在のインターネット・マーケティングの成功例として注目されているためでもある[3]。「プレ王」のサービス内容とコミュニケーションを検討することによって、かつてはある種自由かつ無秩序だった表現の空間が、サービスとして商業化された空間として提供されるなかで起きた実践の変化を見ることができるだろう。

　以下では、まずオンラインの音楽コミュニティの特徴をオフラインのそれと比較しながら概観する。次に「プレ王」のサービスの内容とコミュニケーションの分析を通じて現在のアマチュアの音楽コミュニティサイト・サービスの特徴を明らかにしていきたいと思う。

2. オンライン上の音楽コミュニティと活動

　近年における情報通信技術の普及にともない，従来プロでしか利用できない楽曲制作用の機材が一般にも広く普及している．この状況は，以下の二つの点において従来の音楽制作者のコミュニティに大きな影響をもたらしたと考えられる．

　一つはデジタルな制作環境がジャンルを超えて利用されていることである．ルース・フィネガンによれば従来の音楽制作者のコミュニティでは，ジャンル別の価値観や技法が存在する一つの世界として認識されるものであった（Finnegan 1989）．しかしデジタルな音楽制作環境は，すべてのジャンルに共有されているテクノロジーである．一見デジタルと無縁に思われるクラシック音楽でさえも，楽曲のMIDIファイルが制作されたり，アクースティックな楽器演奏の録音・編集でさえもPC上で行われている．

　二つめは，音楽制作における環境がデジタル化し作業が簡便化された結果個人化し，制作された楽曲を簡単に公開することができるようなったことである．このことは，アマチュアの音楽家にとってある種の福音であったと思われる．トニー・キルシュナーによれば，アマチュア／プロには明確な区分はないものの，キャリアや評判など音楽制作者をヒエラルキー化する構造が存在していた．そのヒエラルキーは利用できるメディアの多様性（テープ／CD／ビデオ），そして活動の場と潜在的な聴衆の数と相関関係にあった（Kirschner 1998）．一方，音楽制作において情報通信技術の利用は，自分のキャリアという障壁を取り除き，これまで以上に多くの人びとに自分の音楽を聴かせることを可能にする手段を安価で入手することを可能にする．インターネットの発達によってデジタル環境で作成した楽曲を自分のウェブサイトにアップロードし，それがない時代と比較すると潜在的な聴衆の数は飛躍的に増加した．

　こうした変化のなかでオンライン上における音楽制作者のコミュニティは，まずはDTMソフトやシンセサイザーの操作法に関する情報交換の場という役割を担ういわゆる「ユーザサイト」としてたちあわられた．ユーザサイトでは，新しい機材の紹介，特定のソフトにおける使い方に関する質問と回答など活発にコミュニケーションが展開していた．そこには，いわゆるプロからアマチュアまでさまざまに背景が異なるユーザが参加し，活発に意見や使用法に関するノウハウが交換されている（Teberge 1997）．こうした意味で，ネット上における音楽の

コミュニティは，個人の音楽的キャリアと社会的背景を問わず参加できるコミュニティであった．

インターネット上で音楽制作者は，自分のウェブページを制作し，そこで自作またはカバー楽曲ファイルやMIDIファイルをアップロードし公開した．そこにはほとんどの場合BBSなど楽曲の感想を直接書き込むことができるコンテンツが含まれていた．

遠藤は個人の音楽サイトが数多い個人サイトのなかでも，書き込みが活発であり，その内容も友好的であることを指摘している．こうしたコミュニケーションが行われる理由を遠藤は「音楽の間接性」に求めている．自分の感情や意見を「直接」吐露した日記に対して見知らぬ相手が反応するよりも，「間接」的に自己を表出したとされる楽曲に対して反応する方がはるかに容易であるという（遠藤 2003: 95）．

さらにインターネット上は単に楽曲の公開の場ではなく，楽曲制作のネットワークを構築し共同で楽曲を制作する場としても機能するようになる．2003年のいわゆる「ムネオ・ハウス」のように，誰かが作成した楽曲をファイルとしてサイトにアップロードし，それを別の誰かが時にはダウンロードして編集・加工してアップロードする，というような実践も目にするようになった．

こうしたオンライン上の実践は，しばしば既存の音楽の商業的制度とコンフリクトを起こしてきた．コンフリクトの根底にあるのは，音楽の商業的制度の中核にある音楽著作権とその概念である．音楽著作権制度は，近代，音楽の商業化が急激に進展するなかで確立した．その制度の根幹にあるのは，作品と著者（または著作権所有者）との明確な関係性の保証，それに基づく複製などの二次利用における権利所有者の利益の確保である（増田・谷口 2005）．

しかしながら，デジタル技術の普及と利用の拡大を背景に顕在化した，「ハウス」「テクノ」と呼ばれるダンス音楽の制作実践は，既存の音楽文化における商業的制度と対立する性格を持つ．それは，相互引用的な楽曲制作のスタイルが，作品と著作者の明確な関係性に基づく二次利用の制限を無視するものだからである．

これらのダンス音楽では，サンプラーを利用しあらゆるジャンルから既存の楽曲の一部を「ネタ」として抜き出し，それをまた別の楽曲から抜き出した一部と組み合わせ新しい楽曲を制作する．さらに制作された楽曲がネットワーク上にア

ップロードされると，今度は別の音楽家が楽曲をダウンロードし，それを自分の楽曲制作のための材料として利用／流用する．こうしたプロセスを何度も経ることによって，「元ネタ」の作品と作者の関係性は曖昧化していく．

「テクノ」「ハウス」は，結果として楽曲制作のためにインターネット上にコミュニティを形成し，そこに参加するユーザは「相互依存的な」な性格を持つことになる．相互参照・相互リンクが楽曲制作において不可欠なネットワークとなる「テクノ」「ハウス」の下位文化では，「盗用する／される」ことが正統性を持つ行為として認識されるだけでなく，その行為と理解がインターネット文化の「互恵的交換」の伝統ときわめて親和性を持つのである（遠藤 2003）．

このようにインターネット上で展開した音楽制作者たちの実践とコミュニティは，音楽文化における既存の境界を無効化するだけでなく，そこでの活動は「テクノ」「ハウス」の実践に見られるように，近代的な音楽文化の制度的基盤である著作権を無効化するラディカルな性格を持っていたといえる．

3. マーケティング装置としての「プレ王」

「プレ王」は，楽器メーカーであるヤマハ株式会社が運営する音楽愛好家のためのポータルサイト「ミュージックイークラブ」内に，2000年12月に開設された音楽コミュニティサイト・サービスである．「プレ王」は，主に当サイトに登録した音楽家・演奏家（以降，ユーザと記す）が，制作した楽曲ファイルの投稿（アップロード）とダウンロードまたはストリーミングによる試聴という二つのサービスの提供と（現在ではオリジナルの楽曲に限り販売も行っている），SNS（ソーシャル・ネットワーキング・サービス）を中心としたユーザ同士のコミュニケーション・サービスを提供している．

「プレ王」が属する「ミュージックイークラブ」とは，2000年にヤマハがインターネットを通じた顧客との関係性の構築を目的に開設された音楽のポータルサイトである．多くのポータルサイトがそうであるように，「ミュージックイークラブ」はヤマハがマーケティングを行う装置として位置づけられている．

ヤマハのインターネット・ビジネスは，いわゆる「消費者参加型マーケティング」の典型と考えられる．消費者参加型マーケティングでは，企業の活動に消費者が自分の「知」を持って自発的に企業活動に参加させる「場」（仕掛け）を作

ることが重要になる．その際消費者は単に商品やサービスの一方的な享受者ではなく，製品や新しいサービスを開発するうえで重要な情報を提供する間接的な生産者として位置づけられる．

そのため，インターネット上における消費者参加型マーケティングには，表面ではユーザ同士のコミュニケーションの空間が構築され，その裏側では商品開発とマーケティングに役立つ情報が収集される，という二つの異なる側面が存在する．そして消費者同士のコミュニケーションのなかで共有されている「暗黙知」を，企業側がいち早く吸収しマーケティングに生かすことが重要になる（野中 1999: 8）．そのためユーザからの暗黙知を求める企業は，ユーザ同士の出会いと活発なコミュニケーションを展開させる場を生み出すことが重要になるのである．

ヤマハのビジネスモデルを成立させるためにはユーザ数を増やすために魅力あるサービスを提供することが鍵となる．「ミュージックイークラブ」の各種サービスにおいてユーザの集客と定着に大きな貢献をしているのが「プレ王」である．「プレ王」がアマチュアをターゲットとすることが集客のフェイズで重要になるのは，その数が膨大であるからだと考えられる．潜在的にユーザとなりうる人数が多いということは，マーケティング上で重要なポイントとなる．

また「プレ王」ではアマチュア音楽家にとって魅力的と思われるサービスが提供されている．

一つは自分の演奏または制作した楽曲を発表する場と，多数の潜在的聴衆が提供されていることである．アマチュア音楽家の多くは，自分の演奏や楽曲を人びとに聴かせるための具体的な手段を持っていない．こうした状況からみれば，アマチュア音楽家にとって無料で気軽に自分の演奏や作品を公開できしかも多数のユーザ，つまり自分の楽曲の聴衆となりうる存在が多数加入しているこの場は自分の活動にとって大きなメリットがあるといえそうである．

二つめは，ユーザがカバー曲を演奏し制作した場合に，JASRAC（日本音楽著作権協会）への申請を「プレ王」側が代行するというものである．アマチュア音楽家の多くは，手間のかかるオリジナルを制作し演奏するよりはカバーを演奏するケースが多い．カバー曲のファイルをアップロードする際には，JASRACへの申請が必要となるが，その際に発生する面倒な手続きをサービスが代行することで，ユーザの手間が省けるというメリットがある．

しかし「プレ王」で公開できる楽曲にはいくつか制限が付いている．その制限

には主に3種類に分類される．一つはカバー曲の場合，JASRACが管理していない楽曲である．二つめは著作権法に抵触しそうな楽曲である．カバー曲で原曲のメロディや歌詞を変更した楽曲，場合によっては独自のアレンジを施した作品，オリジナル作品で市販のCDやレコードを許諾なくサンプリングして制作された楽曲である．前者の場合は同一性保持権の侵害のおそれがあるケースで，後者の場合は違法な複製に当たるものである．三つ目は，オリジナル作品の場合でも歌詞の内容に問題があると「プレ王」側が判断したものは，公開できない．これらの制限からわかることは，基本的に国内の著作権法という制度と「公序良俗」に抵触するものは公開できないということである．

　ユーザが増加し各自の作品を公開すると，アマチュアという敷居の低さも手伝って，潜在ユーザが触発されサービスを利用するようになりさらにユーザの数が増加していくことが「プレ王」では想定されている．

　それでは「プレ王」は良き出会いの「場」とそこにおけるコミュニケーションを活発化させるためどのような仕掛けを作っているのだろうか．その手掛かりとなるのは「ミュージックイークラブ」を手がけた音楽ポータルプロジェクトのリーダーであった鞍掛靖氏の，「役に立つ情報と心地よいコミュニティ」というコンセプトである[4]．そのコンセプトがどのように具体化されているのかを以下で検討する．

4. 個人の「規格化」と出会いの「効率化」

　「プレ王」のユーザになるにはまず登録をしなければならない．登録の際入力する情報は，多くのサービス同様「規格化」されている．その内容を大きく分けるとユーザの基本的な属性を示す項目，そのユーザの音楽的な背景を示す項目，そして自身のライブ活動の宣伝に関する項目の三つがある．まずはユーザの属性を示す項目であるが，「ユーザー名」（ハンドルネーム）と性別，活動地域，誕生年月日を記載する．ユーザの音楽的な背景を示す項目は「好きなジャンル」である．ユーザはあらかじめ設定された30のジャンルのチェックボックスをクリックし登録する．このジャンルの分類はアップロードされた楽曲の分類などこのサービス中で一貫して使われているものである．「好きなアーティスト」の欄にはユーザが自由に好きなアーティストの名前を記述できる．「楽器・機材」はユー

ザが使用している楽器名を記述する．

　活動関連では，主にバンド活動を行うユーザ向けに「メンバー」，独自のウェブサイトを持つユーザ向けに「HPアドレス」というカラムが，そしてこのサービス上で音楽活動のパートナーを探すユーザ向けに「コラボ＆バンドメンバー募集」というチェックボックスが存在する．こうした個人の情報は他のユーザに供与される「ユーザページ」に表示される．

　これらのユーザ登録内容は，個人サイトの時代と大きな変化はないと思われる．遠藤（2003）によれば，音楽関連の個人サイトには「自己紹介」「近況」「音楽関連の情報提供」「自作の公開」「掲示板」「リンク」などのコンテンツから構成されていたという．しかし「プレ王」には，「コラボ＆バンドメンバー募集」のように従来の個人サイトと異なる点も存在する．

　このように，プレ王の個人サイトのコンテンツは基本的に，従来の個人サイトのコンテンツと構成を踏襲した構造になっていると考えられる．従来の個人サイトのコンテンツの共通性は，作品の発表というサイト制作における共通の目的から次第に定型化したものである．一方プレ王では，あらかじめコンテンツはサービスのなかに規格化されて提供されているのである．

　このコンテンツは，制作や演奏のパートナーを探すという特定の目的を持ったコミュニケーションを促進するものと考えることができる．規格化されたユーザ情報は「プレ王」においてユーザが他のユーザとのコミュニケーションを行うための指標となる．特にユーザの音楽的背景を示すジャンルは，「好きなアーティスト」「使用機材」とそれにまつわる項目の多さから見ても重要なものとして位置づけられている．

　ジャンルとそれに含まれるアーティストそして機材は，自分の音楽の嗜好や活動を表現するうえで頻繁使われる指標として機能する（Frith 1996）．ジャンルはそのユーザの音楽的なアイデンティティを表明，または理解する指標となる．

　「プレ王」では，こうした個人ユーザの情報を手掛かりに，プレ王内で自分と趣味や関心を共有すると想定できる他のユーザやコラボメンバーを能率的に探し，「音楽友達」を作る，つまりユーザ同士が関係性を簡便に築くための仕掛けが用意されているのである．

5. 「コミュニティ」の形成と「コラボレーション活動」

　「プレ王」にはSNSによる多様な「コミュニティ」が形成されている．SNSは，『ソレ土』内のユーザ同士のコミュニケーションを活発化するとともに参加者を増やす目的で2004年8月に導入された．「コミュニティ」はその内容ごとに11のカテゴリーに大別されている．そのカテゴリーは，主にジャンルに関するものが六つ，音楽制作（機材や作曲など）に関するものが二つ，ユーザの属性に関するもの（年代，地域）が二つ，その他となっている（2006年9月現在）．「コミュニティ」では，楽曲やアーティストの情報，自己紹介と自分の作品の宣伝，機材とその使用法に関する情報交換が盛んに行われている．

　「コミュニティ」で交換される情報は，サービスを利用するユーザにとっては，音楽活動を行っていくうえで有益な内容である．音楽制作という共通の趣味を媒介とした同好会的な集まりである「プレ王」では，コミュニティ内に共通する問題関心という枠組みで，基本的に相手のためを思って発信される．このように「コミュニティ」は，先述した自発的に形成されたユーザサイトのような性格を持つ．一方ユーザサイトと異なるのは交わされる情報が，サービスを提供する企業からみれば，商品開発のヒント，さらには販促など企業のマーケティングを行ううえでの情報として流用されていることを意味する．

　「コラボ＆バンドメンバー募集」という項目もあることからユーザがプレ王上で知り合ってバンドを結成したり，見知らぬユーザ同士がオンライン上のみで共同で一つの楽曲を完成させたりするなど生まれている．その代表例は「青春のバカヤロー」という曲の制作である．2002年8月にあるユーザが作曲し，それに別のユーザが歌詞をつけた曲「青春のバカヤロー」がアップロードされた．その際作者からのメッセージには，「この歌を一緒に歌ってくださる方を大募集しています」という一文が付け加えられていた．その一文にさまざまなユーザが名乗りを上げ，ダウンロードした楽曲ファイルに自分の声をオーバーダビングする作業が繰り返し行われた結果19人の異なるユーザによるコーラスが付け加えられた．さらに，「青春のバカヤロー」には，初期のアレンジとは異なるバージョンがユーザによって制作されアップロードされた．

　「青春のバカヤロー」以降，こうしたユーザ同士の「コラボレーション」による楽曲制作は頻繁に行われている．その動きを促進させたのはSNSのサービス

であると考えられる．特に大人数のコラボレーションで楽曲を制作する際には，SNSの「コミュニティ」が形成されることもある．たとえば2006年8月に始まったコラボレーションによる楽曲制作プロジェクトである「プレ王エイドLove & Peace」では，「コミュニティ」が作られ，そのなかで作業の分担がなされ楽曲を完成させている．なおコラボレーション作品の場合作曲者，作詞者，編曲者は少人数であれば，ユーザ名が，大人数のグループであればグループ名が記入される．

「プレ王」の直接面識のないユーザ同士で行われるコラボレーションは，ネット時代ならでは活動といえる．先述したようにテクノやハウスをはじめとしたダンス音楽の制作のように，オンライン上で顔も知らない複数の異なる人の手を経て作品が完成される，というプロセスは共通し，そうした実践を「プレ王」のサービスは促進するように設計されているように思われる．ダンス音楽の制作実践と異なるのは，その参加者がサービスのユーザに限定されている点である．そしてテクノの制作において重要な役割を果たしたリンクは,プレ王の場合「音楽友達」「コミュニティ」が代替的な機能を果たしているのである．

6. 評価を通じた「平和」なコミュニケーション

ユーザが公開する作品は，個人ページ上で他のユーザによって評価される．評価に関する項目は二つある．一つは「リスナーのオススメ度」（レイティング）である．これは「good」と「very good」の二つの項目のうちどちらかあてはまるものに，任意で評価を行う他のユーザがボタンをクリックする形で曲の評価がなされる．さらにその楽曲を評価側のユーザが「お気に入り」に登録すると，制作者と評価者の個人ページの両方に「レコメンド」として，その楽曲の感想が表示される．これらの評価は試聴数と一週間ごとに合計され，ジャンル別と全体のランキングとして表示される．

ここで興味深いのは，楽曲の評価がほぼすべて好意的な内容となっていることである．「オススメ度」の評価の場合，評価は「good=良い」と「very good=とても良い」の二つしかなく，しかもその二つとも好意的なものである．さらに，二つの評価がどのようになされているかを見てみると，あくまでも私見の範囲であるが，評価者が3人以上の場合，総じて「very good」の評価数が「good」の

評価数を上回っている．さらに「レコメンド」の内容を見てもそのほとんどが「いい曲」「すてきな曲」「癒される曲」など好意的な評価が書き込まれている．

このように楽曲の評価は，プレ王においては，そのサービス内容を考慮すればそのほとんどが好意的な内容に限定される傾向にあるといえる．好意的な評価が多い理由には三つの要因が考えられる．

一つは，作品が個性の発露であるという認識の存在である．こうした認識は，ルネサンス期に生まれ近代ヨーロッパで発展し，著作権などの制度の根本的な概念となっている「普遍的な」ものといえよう（増田・谷口 2005）．先ほど述べた「音楽の間接性」がもたらすコミュニケーションの活発化を背景にしながらも，その内容が「好意的なもの」で埋め尽くされているのは，この認識が共有されているからである．作品を否定することは多かれ少なかれ人格を否定することにつながるため，ユーザはネガティブな評価を意識的に回避していると考えられる．

二つめは，アマチュアという存在に特有のコミュニケーションに関するものである．それはアマチュアであるがゆえに，ユーザ自身が「制作者」と「聴衆」という両義性が存在する（細川 2003: 189-190）．さらに「プレ王」の場合，ユーザは「制作者」「聴衆」に加え，「評価者」という立場にもある．ユーザが他のユーザの作品を評価することは，このサービス上では両者がコミュニケーションを始める重要な契機の一つとなる．いったんあるユーザが他のユーザの楽曲の評価を行えば，今度は評価されたユーザから自分の楽曲を評価されることにつながる．その両者で良好なコミュニケーションを行うためには，否定的な評価は障害となる．

三つめはプレ王におけるサービスに起因するものである．それはユーザが，自分の楽曲に対する評価やそれに関する書き込み・感想を任意に操作できる権限を持っていることである．たとえば，サービスにおいて楽曲の感想に不快な内容を書かれた場合，評価される側のユーザがその内容を削除することができる．さらに，オススメ度による評価をユーザ自身が拒否できる権限も存在する．このユーザの権限を利用すれば，自分に対するネガティブな評価や感想を削除できるのである．

そのため，評価を通じて関係性が生じる場合には結果としてお互いが好意的な評価になる，つまり均衡的な互酬性に基づく関係性が構築されていると考えられる．そしてこうした傾向を促進しているのは，「プレ王」のサービス自体の構造に起因しているのである．

7. おわりに

　これまで音楽制作者のコミュニティに関して，主に情報通信技術時代以降，さらにその普及後の変容を概観してきた．オンライン上における音楽制作者のコミュニティにおける諸実践は，既存の音楽コミュニティに存在していたキャリアによる障壁を越えたコミュニケーションをオンライン上のコミュニティで生み出した．「テクノ」音楽の例で見たように，絶え間ない相互引用と互恵的な関係性に基づく集団的な楽曲制作は，作者をクレジットすることで成立した近代的な音楽著作権とそれに基づく音楽の商業の制度と衝突するラディカルな実践を行ってきた．

　一方「プレ王」には，かつてあったラディカルな動きはなく，「役に立つ情報と心地よいコミュニティ」という設計におけるコンセプトが実現されているように見える．この「プレ王」のコミュニティの性格を理解するうえで参考になるのが，ローレンス・レッシグ（Lawrence Lessig）が，アーキテクチャと呼ぶ行動規制の要因である．レッシグは，サイバー空間における規制の手段として特徴的であるのはアーキテクチャ，つまり仮想空間で作られた環境であるであることを指摘している（Lessig 1999=2001）．さらに東浩紀はこうしたアーキテクチャによる管理を「環境管理」と呼ぶ．環境管理は，監視・管理されていることを気づかせることなく，主体が自分の欲求・欲望に従っていると，知らずのうちにアーキテクチャに則った行動をすることで成立する（宮台・神保・東ほか 2006）．

　「プレ王」のコミュニティ・サービスの構造は東の環境管理に該当するだろう．ここで重要なのは，主体の欲求や欲望が既存の（アマチュア）音楽家の文化に水路付けられていることである．「プレ王」では「レイティング」の内容やネガティブな内容に対するユーザ書き込みの拒否などさまざまな仕掛けが存在していた．

　こうしたアーキテクチャは，もちろんサービス側が一方的に設計したものではなく，アマチュア音楽家が内面化している価値観や規範，つまり近代的な音楽制作者とそれを支える近代的な音楽文化をふまえたものと理解できる．作品＝人格という認識，聴衆＝演奏者というアマチュアに特徴的な互酬的な関係性というインターネット以前の音楽コミュニティのあり方は，「プレ王」のアーキテクチャを運用していくうえで，きわめて適合的であるのだ．

　ユーザにとっては一見束縛と思われる「プレ王」のアーキテクチャは，ユーザ数が年々増加していることからもそれ程問題のないものであると考えられる．聴

衆の確保が困難な多くのアマチュア音楽家の事情と，アマチュア音楽家の互酬的な関係性から考えると，ユーザ数が多いことは大きな魅力であると考えられる．

　さらにユーザには「プレ王」のアーキテクチャ自体にも魅力が存在すると思われる．アーキテクチャに従って行動することは，一般のユーザにとっては著作権問題などインターネット時代に浮上した複雑かつ面倒なリスクを避け，「安全な」な活動を保証するものとなるからである．それは別の見方をすれば，個人がインターネット上で音楽活動し，活動のなかで形成されるネットワークとその秩序を形成する際発生する多大な労力を，コミュニティ・サービスに「アウトソーシング」することで解消することを意味しているのではないだろうか．

　「プレ王」というコミュニティ・サービスは仮想空間における巧妙化した現代の環境管理のあり方の一例を示しているといえそうである．これまで見てきたように「プレ王」は，サービス提供者とユーザの異なる欲望が交差する場を構築しながらも，両者が共有する近代的な音楽文化の価値観や規範を反映したアーキテクチャを基盤として成立しているコミュニティである．そのため「プレ王」というコミュニティ・サービスで行われる音楽活動とコミュニケーションは，ネット上の音楽実践を，近代的な音楽文化における制度に対抗するラディカルなものから，再び近代的な制度へ接合させ，その文化に基づく秩序を再生産する性格を持つものとして理解できるだろう．

　「プレ王」をはじめとしたサービスという商業的な欲望によって生まれたネット上のコミュニティ・サービスは，順調にユーザ数を延ばしている．そしてそこでは一見「平和」な空間が展開しているように見える．こうしたネット上のコミュニティにおける環境管理と秩序はこれから続いていくものなのか，また新たな対抗的な文化実践を生み出す前段階なのだろうか．ネット上における文化を媒介とした社会秩序の形成と変容を見ていくことはこれからますます重要になるであろう．

第11章

バイク便ライダーたちのコミュニティ
―― インターネットは不安定就業者の世界を「開く」のか？

阿部真大

1. はじめに――「デュアル・シティ」のバイク便ライダー

　マニュエル・カステルは，脱産業化と情報化にともなって社会階層が分極化する都市を「デュアル・シティ（二重都市）」と呼び，1980年代のニューヨークにおける，その進行を明らかにした（Mollenkopf and Castells 1991）．カステルの研究を受け，園部雅久は，東京についても，ニューヨークやロンドンほどではないが，社会階層の「分極化の〈兆し〉」が認められることを指摘した（園部 1999）．

　筆者が「バイク便ライダーたちの「東京」」（阿部 2007）において示したのは，まさにデュアル・シティの「兆し」とも考えられる，東京に生まれた新たな下層サービス職のひとつである，バイクを輸送手段とする配送業者，バイク便ライダーたちの形成する文化の，非常にローカルな性格であった[1]．彼らは，バイク便ライダーという仕事に執着すればするほど，どうしようもなく「東京」という都市に閉じこもったバイクコミュニティを形成してしまう．それは，上層階級のバイク好きが形成する，開放的でグローバルなバイクコミュニティとは対照的なものであった．同じコミュニティでも，カステルが指摘するように，デュアル・シティにおいては，上層階級の人びとのコミュニティが「グローバル志向」によっ

て特徴づけられるのに対し，下層階級の人びとのコミュニティは「ローカル志向」によって特徴づけられている．そうした情報へのアクセス可能性の違いが，デュアル・シティにおける階級の再生産に寄与している．

　さらに，バイク便ライダーたちの形成するコミュニティは，決して「終わりなき日常」などではなく，彼らの雇用の不安定性によって，いつ終わるかも知れない，非常にリスクの高いものでもあった．筆者が「没入する職場のメカニズム」(阿部 2006) において示したのは，そうであるにも関わらず，そのコミュニティのなかに没入していってしまうライダーたちを取り巻く職場環境の問題であった．彼らの職場は，それがあまりに閉じたものであるがゆえに，そこに労働者を引きずり込む，非常に強い誘因力をもつものでもある．

　つまり，バイク便ライダーたちは，本来はまるべきではないコミュニティにはまっていき，そこで偏った価値観を醸成するので，彼らのコミュニティを「開く」ような別のコミュニティが必要となる．しかし，グローバライゼーションがもたらす開放性という恩恵に浴することができるのは上層に位置する人びとだけであり，下層に位置する人びとはそれとは真逆なより閉鎖的なコミュニティを形成してしまう．それが，これまでの筆者の論点であった．

　しかし，近年，下層の人びとのコミュニティを開く（と期待される）メディアが急速に普及している．本書のテーマである「インターネット」である．本章の目的は，インターネットというメディアの普及が，バイク便ライダーたちのコミュニティのあり方にどのような影響を与えたのかを明らかにすることである．つまり，リスクの高い彼らの閉鎖的なコミュニティは，インターネットの普及によって少しでも「開かれた」ものとなったのか否か，つまり彼らはインターネットの普及によって少しでも「救われた」のか否かという問いに答えていく．その問いに答えるためのデータは，実際に参与観察で得られたデータとインターネット上で収集してきたデータを併用していく．この試みは，不安定就業者のコミュニティ形成とインターネットがどのような関係にあるかを知る，ひとつの糸口にもなるだろう．

2.　六本木の風景

　日本のデュアル・シティ，東京を象徴する場所が「六本木」である．IT企業

の牙城である六本木ヒルズとそのふもとで待機しつづけるバイク便ライダーという風景がこの街を特徴づけている．真夏にヒルズの周辺を歩けば，すぐに汗だくになったバイク便ライダーたちと出会うことができるだろう．

　焼けつくような暑さのなかで働く彼らにしてみれば，クーラーの効いたヒルズの豪華なオフィスで働く人びとは，まさに「別世界」の住人である．

　筆者「どんな客が多いんですか」
　A（ビルを指差して）「こういうとこの人たち．座ってるだけで年収1000万とかの．そういう奴らに「へへー」ってもってくのが俺らの仕事．住むとこ違うから」（笑）

　B「伝票にはしっかりもらってね，サイン」
　筆者「はい」
　B「でも，変な連中がいて，サインを，なんか，芸能人みたいに書くの．さーって．読めるかって．何様のつもりだ．訳わかんないな．ああいう連中のやることは」

　デュアル・シティの「負け組」であるバイク便ライダーたちの敵意が「勝ち組」であるヒルズのサラリーマンたちに向かうのは理解できるだろう．ここに，上層階級＝ヒルズ族と下層階級＝バイク便ライダーとの間の分断がみてとれる．
　しかし，上層階級と下層階級の間の分断だけでなく，下層階級にある人びとのコミュニティも分断されているのが，現代のデュアル・シティの特徴である．問題は，むしろこちらの方が深刻である．カステルは，デュアル・シティで下層に位置する人びとは，自らの世界を特定の文化やローカルな経験などに沿って縮減（shrink）させてしまううえに，旧来の労働者とは性格が異なり，業務内容が多様で雇用期間も短いため，形成するコミュニティが領域的にも文化的にもバラバラに分断されてしまい，ひとつの「階級」の形成が困難であることを指摘している（Castells 1989: 227-228）．
　筆者がバイク便ライダーたちの職場でフィールドワークをおこなった際に，最も印象的だったのは，下層のサービス職であるという意味で，彼らの「仲間」であるはずのタクシードライバーに対する，バイク便ライダーたちの激しい嫌悪感であ

った．ここに，下層階級の労働者の内部における分断の様子をみることができる．

　筆者「指，どうしたんすか？」
　C「事故ったのこの前」
　筆者「えー．どこでですか？」
　C「内堀通り．タクシーが寄せてきて．いきなり．よける間もなかったね」
　D「ひでえなー，タクシーは．いい加減にしろっつうんだよ」
　E「それでどうしたの？　会社には言った？」
　C「○○さんには言ったんすけど．そういう場合はなかなか見つからないって」
　筆者「相手のナンバー，覚えてるんですよね．」
　C「それがねえ，覚えてないのよ．□□色のストライプの入った△△色のやつだったような」
　E「見たことないなあ」
　C「多分，個人なんすよ．会社に電話かけてくるって言って，どっか行っちゃったきり」
　E「逃げられたね．ひでえなあ，あいつらは」

バイク便ライダーたちにとって，配送中，最も危険なのは，客を乗せる際のタクシーの急停車である．仕事をゲーム感覚で楽しむ彼らにとって[2]，タクシーの運転手は，いわば，憎き「敵キャラ」のようなものである．それゆえに，バイク便ライダーの職場では，タクシードライバーの悪口が言われることが多い．時に，その憎悪は，タクシードライバーの年齢の問題にまで及ぶこともある．

　（タクシーが坂を全速でバックしている）
　E「あいつら，ぜってー後ろ見てねーな」
　C「見てないっすね．間違いなく．近く通りたくねー．よく免許とれたな」
　E「じいさんだからな」
　C「あいつらそれでうまいって勘違いしてるから．ぜってー事故るぞ．（筆者の方を見て）気をつけてね」
　筆者「はい」

身体的に長くは続けられないバイク便ライダーにとって，タクシードライバーとは，まさに「明日は我が身」の存在である．バイク便ライダーについての先駆的な研究者である鳴海公正が指摘するように，バイク便ライダーの仕事は，交通事故が，文字どおり「日常茶飯事」となっている（鳴海 2001）．その身体的な負担の重さのため，30代を過ぎて，バイク便ライダーを続けている人は非常に少ない．東京の地理に詳しいバイク便ライダーにとって，都内を走るタクシードライバーは，「引退」後の転職先としては，自らの知識を生かすという点で，非常に魅力的なものである．そうであるにも関わらず，彼らは憎しみ合う．それぞれの職場で閉鎖したコミュニティのなかで「下層が下層を叩く」という，現代の分断されたデュアル・シティの構造の一端をここにみることができる．

3. 加速する「叩き合い」

職種間で分断された下層の労働者たちのコミュニティは，インターネットの出現によって，少しでも「開かれた」ものとなったのだろうか．ここからが本章の主題である．「2ちゃんねる」[3]の「バイク便スレ」を覗いてみよう．

> あとタクシー．自分らの仕事は客の都合で急停車する事あるな．乱暴な抜き方は良くないが，すり抜け追い越し追い抜き，文句言う資格はないぞ．後ろにどれ程迷惑かけてるか自覚すれば，すり抜けされやすい隙間を確保して走ったり渋滞にはまったりできるはず．そうすればミラー破壊される事も無くなるよ．
> （http://society6.2ch.net/test/read.cgi/traf/1097690777/）

バイク便ライダーの「タクシードライバー叩き」は，「リアル」なコミュニティにおいてと同様，インターネット上のBBSでも同じように繰り広げられている．BBSゆえに，何人かのバイク便ライダーたちの間でそれがヒートアップすることも多い．

> ここでバイク便にくだらねぇ愚痴たれてんのって，タクシーの運珍だろ？そもそもバイクにムカツいちゃう時点で自分もDQNですって言ってる様なモンだ．普通に運転してれば誰に対してムカつく事なんて無いよ．試しに先に行かせる様な運転してみな．何もムカつかないから．

わはは．ここ面白いな．俺からすりゃタクシーが1番悪だぞ．赤信号だったからゆっくり横からよ10〜20キロ位で抜こうとしたら．半ドアだったんか？客もいないし車中にもいないのに，あのバカ運転手いきなりドア開けやがってよ〜．こゆうのもナンバーや会社名運転手名晒していいのか？ってか気分的に晒してぇな．

（http://society6.2ch.net/test/read.cgi/traf/1097690777/）

　掲示板上で加速する「タクシードライバー叩き」．ここまでは，リアルのコミュニティと同じ風景であろう．BBSに特徴的なのは，そこに，しばしば，タクシードライバーからの反論が加わることである．当然のことだが，これは，リアルなコミュニティにおいてはまずないことである．

　　バイク便の当て逃げはホント許せないよ．いきなり後ろから来てミラーかっとばして走り去るのはほとんどがバイク便．その点タクシーは良心的ですばらしい．どんな事故でもすぐに警察呼ぶ．客を証人にしちゃえば相手が悪くなるし，事故係に任せればほとんどの事故はもみけしてもらえる．結果的に警察に届けた後に逃げる訳だが．警察に届ける前に逃げるバイク便は最悪だ．同じ人間のすることとは思えない．だから仕返に夜の銀座や新宿をタクシーで占拠して嫌がらせしてやってるんだよ．当然そんな時でもバイクはすり抜け禁止だぞ．

（http://society6.2ch.net/test/read.cgi/traf/1097690777/）

　リアルのコミュニティにおいて，バイク便ライダーとタクシードライバーが対面状況で言い争うことはまれである．BBSの普及は，その場を彼らに与えたという点で，両者の間の断絶をさらに深めるものになったと考えられる．ここから明らかになるのは，労働者たちの連帯を阻むかたちで作用してしまうインターネットの一側面である．

4. 労働条件に関する情報共有

　同様のことは，労働条件についてのバイク便ライダーたちの情報共有についてもあてはまる．

　職種内のコミュニティをベースにした労働条件に関する情報共有は，バイク便ライダーの世界では頻繁にみられる．そのような情報共有がもととなって，大量

のライダーが会社を移籍するという話は，現場でしばしば聞かれた．他のバイク便会社から集団移籍をしてきたBの話を聞いてみよう．

　筆者「前，ほかでやってたんすか？」
　B「うん．楽しかったけどね」
　筆者「何でやめたんですか」
　B「社員みたいなのがでてきて．口出すようになって．仲間うちでやってるときは良かったんだけど．色々とうるさくてね．わかってねえんだよ．この仕事．ここはそこんとこわかってるから」
　筆者「○○さんも一緒でしたよね」
　B「△△も，□□も，一緒だよ．みんなやめてこっちに来た．あんなことじゃ，あそこもすぐつぶれるな」

同じような情報共有は，インターネット上で，さらに活発化している．2ちゃんねるなどの掲示板では，しばしば，労働条件に関するライダー同士の情報共有，または，バイク便初心者に向けての情報提供がおこなわれている．ネット上での典型的なやりとりのひとつを紹介しよう．

　Q「バイク便ってどのくらい稼げるんですか？」
　A「昔は（7年前ぐらいまで）手っ取り早くお金が稼げる仕事だったけど，今じゃ寝る間も惜しんで働いても30～50万が良いとこです．なるべく○○などの大手に入りましょう」

　Q「どこの会社に入るのがいいでしょうか？」
　A「安定した仕事がある大手の方が無難ですが，街中で待機してるライダーつかまえて聞くのが手っ取り早いでしょう．小さい会社でもオイシイ所はたくさんあります」

　Q「免許取ったばかりですが大丈夫でしょうか？」
　A「大丈夫かどうか自分で判断できないくらい自信の無い人はやめておきましょう」

Q「バイク便を始めるのにお薦めのバイクはありますか」
A「社バイで一番多いのは，CB400FOUR・VTZ250・スパーダ・VTR250・CUBあたりだと思います．他のスレも参考にしてください」

Q「ここだけは絶対やめとけって会社はありますか？」
A「○○，□□，△△」

Q「荷箱はどこで買えますか？」
A「こちらで買えます（アドレス）」
（http://pita.paffy.ac/2chlog/test/read.cgi/bike/1039857257/）

　しかし，こうした情報共有は，職種間の情報共有にまで発展することはほとんどない．たとえば，バイク便ライダーとタクシードライバーとトラックの運転手がそれぞれの労働条件に関する話題を交換しあうようなことは，（後にみるように）非常にまれなことである．バイク便ライダーたちの労働条件に関する情報の交換の多くは，あくまで同じバイク便の会社に関する情報に限られている．つまり，職種内のコミュニティのなかでの情報共有にとどまっているのである．ここにも，労働者たちの連帯を阻む壁をより高いものとしてしまうようなインターネットの一側面をみることができる．

5.　ネット先進国，韓国の事例

　本章がここまでで明らかにしてきたことは，デュアル・シティにおいては，職種を超えたコミュニティの結成は困難であるが，同じ職種内でのコミュニティは強化されやすく，それはインターネットの利用により，さらに促進される可能性があるということであった．このことを考えると，次に挙げる，韓国におけるバイク便ライダーたちの労働争議の例も，両義的な意味をはらんでいることが理解できよう．

　2006年の1月14日，韓国で，バイク便労働者による初の集会がおこなわれた．「レイバーネット」のなかのイ・コンマム記者による記事（「バイク便労働者，初の集会」[4]）が，その様子を詳細に報告している．

記事によると，韓国でも，バイク便ライダーの厳しい労働条件は日本と変わらない．ライダーたちは，「労災保険の適用から排除されているばかりか，個人的に保険に加入したくても保険会社は加入を敬遠する．もし加入できても一年百万ウォン以上の保険料を払わなければならない」という状況にある．あるライダーは，集会で，「私が働いている時，私を保護する装備は膝あてと3万ウォンの革ジャンパーが全て」と訴えた．
　集会が終わると参加者たちは，「恵化洞ロータリーをひと回り回ってデモ行進をした」という．比較的規模の大きい集会であったようだ．バイク便人権運動本部のユ・ジョンイン代表は，「今後，労働組合のような組織を構成するまで，継続的に集会や会合を開いていく」と集会の継続性を約束した．
　同じ職種の労働者が集まり，集会を開くことは珍しいことではない．日本でも，トラック運転手のデモ行進は，昔からしばしば見られるものだ．しかし，紹介されているバイク便ライダーたちの集会の興味深い点は，その呼びかけにインターネットが深く関係していることである．

　　　バイク便労働者たちは，これまでオンライン空間で自分たちの声を集め，昨年12月に民主労総をはじめとする各界の支援でオフライン集会を組織し，開かれることになった．バイク便労働者たちは元気に働く権利を，安全に労働できる権利を，そのための法的，制度的装置が用意されることを望んだ．（イ　2006）

　日本にもネット上に「バイク便労働組合」は存在する．しかし，その活動は非常に限られたものとなっている．それに対し，韓国ではバイク便ライダーたちのネット上での労働運動は，現実の集会にまで発展した．その背景には，韓国のネット利用が日本よりも盛んであることが挙げられるだろう．
　このような労働争議は，インターネットを介した労働者たちの新たな連帯の可能性として語ることができるかもしれない．しかし，何度も指摘しているように，それがバイク便ライダーたちにだけ限られていることにも注意を向けなくてはならないだろう．今後，インターネットのさらなる普及によって，日本でもこうした事態が起こるかもしれないが，それが，バイク便ライダーたちの閉鎖的なコミュニティをさらに「閉じた」ものとしてしまう危険性も考えなくてはならない．

6. 連帯の可能性

　バイク便ライダーとタクシードライバーとの間の対立，バイク便ライダーの内部での閉鎖的な情報共有，そしてバイク便ライダーたちだけによる労働争議は，労働者たちを分断してしまうかたちでのインターネットの普及の仕方を示している．

　しかし，それとは反対の方向性もみられる．たとえば，BBSをよく見てみると，タクシードライバーの書き込みのなかには，バイク便ライダーに対して攻撃的な書き込みだけでなく，タクシードライバーのやむを得ぬ事情を説明することで，バイク便ライダーに理解を求めようとする書き込みもある．ここに見られるのは，バイク便ライダーとタクシードライバーの間の衝突や分裂ではなく，両者の歩み寄りへの指向性である．

> 　あのね．タクシーは客に手を上げられたらどんなところでもとまらなきゃいけないんだよ．もし，それで乗車拒否とかで訴えられたら首か停止になる場合があるのよ．それと客によっては指示がまともじゃなくてハッキリしないこともあって，そうなっちゃうんだよ．客がとんでもないところで手を上げてたりしても，止まらなくちゃいけない．それが今のタクシーなんです・・・('A`)
>
> （http://society6.2ch.net/test/read.cgi/traf/1097690777/）

　また，労働条件の共有という問題に関しても，ごくまれにではあるが，バイク便ライダーとタクシー運転手の「団結」を呼びかける意見が書き込まれることもある．

> 　トラックのスピードリミッターの法的義務付け．あれは，飛ばしたくてたまらない運転手には，非常に嫌な事だと思いますが．法的に制限されるということは，荷主は無茶な要求が出来なくなる＝事故などから，運転手や第三者を守る為には有用だと思いますよ．うちらバイク便も，法整備が必要でしょうね．自分は，板橋区から渋谷区，港区まで走っても1個¥200の仕事の為に命を落とすのはバカバカしいし．他の職業ドライバーさんだって，不眠不休で走らされた結末，人の命を奪い，縞縞の服を着る羽目になっては馬鹿馬鹿しいでしょう．今はもう，トラック，タクシー，バイク便間で言い争わず．皆で団結して決起する時が来たのではないでしょ

うか？　　　　　　　（http://society6.2ch.net/test/read.cgi/traf/1097690777/)

　こうした意見は「スルー」されることが多く，議論が深まることはなく，すぐにもとのバイク便ライダーとタクシードライバーの言い争いに戻ってしまうことが多い．BBSの大半は両者の間で飛び交う馬事雑言で埋め尽くされているのである．しかし，そのことをふまえたうえでも，ここに，労働者たちの連帯を促進するインターネット利用のわずかな「可能性」を見いだすことは可能だろう．

7. ネットコミュニティの両義性

　つまり，インターネットの普及は，バイク便ライダーのコミュニティにとって，両義的な意味をもっている．加速する「タクシードライバー叩き」とそれに呼応する「バイク便ライダー叩き」にみられるように，職種内のコミュニティのさらなる強化と職種間のコミュニティのさらなる断絶を導く一方で，お互いの理解を深めようとする，つまり，職種間のコミュニティを活発化させようとする方向性もそこにはみられた．

　遠藤薫は，インターネット空間における掲示板での交流が，従来の枠組みで語られているように，現実空間から切り離されておこなわれているわけではなく，現実の対面的交友やグループ活動と相互浸透的であることを指摘した．また，ここからが重要であるのだが，それは特に，趣味など特定のテーマを媒介としたインターネット・コミュニケーションに特徴的であると言う（遠藤 2004: 140-144）．

　遠藤の議論をふまえると，バイク便ライダーたちのネットコミュニティの閉鎖性の一因は，その労働の高い趣味性にあるとも言える．現代のサービス労働が，趣味と非常に結びつきやすいものであることを考えると，バイク便ライダー以外にも，こうした危険性のある職種はほかにも考えられるだろう．彼らのコミュニティは，インターネットの普及によって，必ずしも開かれるものではなく，むしろ，その趣味的な世界の閉鎖性を強めていく可能性もある．

　しかし，同時に，現実のコミュニティを超えるコミュニティが形成されるきっかけが，BBSにおけるやりとりのなかでみられていたことも無視できない．それは，インターネットが普及したからこそ可能となったものである．そこに職種を超えた労働者の連帯が形成されるかもしれない．カステルの言う「情報都市

（Informational City）」においてはグローバルなネットワークから阻害されていた彼らが，階層間のデジタル・ディバイドがなくなるなかで，そこに連帯のきっかけをつくっていくかもしれない．その可能性を今後とも注視していきたい．

第12章

コンビニをめぐる〈個性化〉と〈均質化〉の論理
── POSシステムを手がかりに

新 雅史

1. はじめに

　コンビニエンス・ストア（以下，「コンビニ」と略する）にある商品のバラエティの豊富さとその商品サイクルの速さはまったく凄まじい．コンビニの特異さは，そうした最先端の商品が並び続ける店舗を，国家のすみずみにわたってネットワーク化した点にある．

　コンビニの登場以前は，繁華街は百貨店，商店街は零細小売店，といった地理的な消費秩序がある程度は存在していた．だが，コンビニは，そうした地理と消費の関係をなし崩しにしてしまった．私たちは，どこにいようとも，最寄りのコンビニを通じて，最先端の商品群に触れることができる．コンビニが真にふさわしい場所は日本のどこにもない．逆を返せば，どういった場所も，コンビニにふさわしい．

　差異化された商品が置かれているコンビニがのっぺりと均質的に拡がっている状況──こうしたコンビニのありようを，若手社会学者の田中大介は，エドワード・レルフらの現象学的地理学の知見をもとに，〈脱場所的安心〉という概念から読み解いた（Relph 1976＝1999；田中 2006）．田中が言うには，消費者がコン

ビニに求めているものは，店の個性よりも，そこに行けば最先端の商品が手に入るという「脱場所的な安心感」である．

田中によれば，コンビニの〈脱場所的安心〉を可能にしたのは，POS システムと呼ばれる電子的情報システムである．

POS システムとは，「どの商品がどれだけ注文され，どれだけ売れて，どれだけ売れ残ったか」を，各商品に貼られたバーコードによって管理し，生産・物流・発注へと反映させる情報処理システムのことである．田中が論ずるには，POS システムは，私たちの消費性向を次のように質的に変容せしめた．

> POS システムの理念は，「欲しい／買う」という時間形式を極端に短縮することで，消費社会の「差異の欲望」をほとんど直接的な〈欲求〉（＝欲しいが即時に解消する）の次元まで漸近させることを目指している．（田中 2006: 208）

彼が言わんとすることはおおよそ次のとおりである．コンビニは，POS システムを用いて，消費者の気づかぬままニーズを把握し，かつ，即座にそのニーズを商品化する．〈ニーズの把握―商品化〉というサイクルが速くなることで，コンビニの消費者たちは，商品の記号的差異を理解することが難しくなる．よって，コンビニで消費するという行為は，商品の記号的な差異を選択するというよりも，むしろ「なんとなく新しいものを買う」という「直接的な〈欲求〉」に媒介したものとなる．こうしてコンビニは，特定の場所に行かなければ満たされない記号的差異の快楽の場ではなく，「いつ足を運んでいても開いていて，欲しいものがそろっている」という〈脱場所的安心〉を提供する場になった．

以上で示した田中の議論は魅力的ではあるが，しかし，一つ重要な問題を抱えているように思う．それは，田中が POS システムを〈脱場所的安心〉を提供するテクノロジーと解釈するばかりに，テクノロジーと人間とのインタラクションについて不問に付していることだ．

以上の点を具体的に指摘しよう．なるほど田中が言うように，POS システムは，消費者の性向をすばやく自動的に収集し，それを解析する．だが，コンビニの POS システムは，最適な売場を自動的に創り出してくれるわけではない．POS システムが行うのは，情報解析の表示までであり，そこから先の商品発注は，人間というアクターが行わなければならない．つまり，人間がテクノロジー

に対して，絶えず働きかけをおこなう必要があるのだ．

　それは，わかりやすくいえば，インターネットの通販サイトAmazonと同じである．Amazonでは，どのような商品を購買したかによって，おすすめ商品がリスト表示されたトップページにカスタマイズされるが，ユーザは，最終的な意思（Amazonであれば購入ボタンのクリック，POSシステムであれば商品の発注数）をコンピュータにインプットしなければならない．

　ただ，AmazonとPOSシステムのあいだには，大きく異なる点が一つある．それは，POSシステムは，〈個性化〉された情報をインプットせよと，各店舗のワーカーたちに，定期的に指示＝強制していることである．筆者が取材した，後ほど紹介する24時間365日の店では，毎日平均して3時間以上もの発注をおこなっている．言ってしまえば，コンビニは，たえまない自己言及を強制される，巨大な入力装置なのである．

　こうしたPOSシステムを通じた，情報入力の指示＝強制という側面をふまえるならば，田中の意味論的解釈につけくわえて，各店舗で日々行われている〈個性化〉の実践構造——誰が，どのようにして，POSシステムをインプットしているのか——を読み解くことが喫緊の課題として浮上してくる．その点を読み解いたうえで，〈個性化〉の実践が，いかにして〈均質化〉を結実せしめているのかを，いま一度問い直すことが必要となるはずである．

　ちなみに，先ほどの田中の限界は，なにも彼だけの問題ではない．たとえば，コンビニを分析の対象としてきた経営学者たちは，POSシステムの重要性について繰り返し触れてきたものの，そこでは，商品の単品管理[1]やサプライチェーンマネジメント[2]を可能にした電子的情報システムの革新性が言及されるだけであり，各店舗で毎日強いられている発注（＝情報インプット）作業の力学が論じられなかった（緒方 1990；矢作 1994；川辺 2003など）．あるいはコンビニにおける要員管理の特質を解き明かした社会学者（居郷 2004，2005）も，電子的テクノロジーと人間のインタフェースが生み出す，店舗内の人間関係の本質的な変化については触れないままであった．

　以上，先行研究に対する批判的検討を経て，本章では，以上のコンビニをめぐる〈個性化〉と〈均質化〉の論理を解明する作業として，各店舗で日々行われている発注作業の実態を分節化する．具体的には，次のような問いを明らかにしていく．本部／コンビニ経営者／アルバイト・パートのそれぞれが発注作業という

行為をどのように意味づけているか．また，それぞれのアクターが発注作業をめぐっていかなる軋轢を生じさせているのか．こうした問題を，ミクロな場における発注作業の実態から紐解いていきたい．

　本章で用いる分析素材は，筆者が2003年に出席した福岡市でのA社のオーナー説明会，および福岡県北九州市のコンビニA店に対する調査がもとになっている．A店のオーナーは，以前酒屋を営んでいたが，安売り店やスーパーマーケットなどの台頭で経営が苦しくなり，コンビニへと業態転換したという経緯を有している．

　本章の構成であるが，まず，コンビニ本部が各店舗にどのように発注作業を指示しているかについて触れる（⇒第2節）．そのうえで，そうした本部のサジェストに対抗するかたちで，零細小売業出身のオーナーがいかにリフレクシブに発注作業を捉えているかを分析する（⇒第3節）．こうした本部とオーナーとのあいだの軋轢は，しかし，非正規労働市場の変容によって影響を受けつつあるように思われる．最後にその点について触れる（⇒第4節）．

2.　「消費者＝素人」を地域に堆積させるPOSシステム

　本節で確認するのは，コンビニ本部が各店舗における情報のインプットをいかにおこなえばよいと考えているかについてである．

　筆者がおとずれたA社のオーナー募集説明会では，第1節で概略を示したPOSシステムの賛辞が述べられるとともに，そのテクノロジーを用いて，アルバイト・パートに発注作業を分担させる重要性がくりかえしレクチャーされていた．そこでのA社の理屈は次のようなものであった．アルバイト・パートは，コンビニで働く以前まで，一人の消費者であった．アルバイト・パート一人ひとりが，消費者としての感性を発注に活かすことで，消費者ニーズを首尾よく捕まえることができる．

　特別な技能を持たないアルバイト・パートでも発注作業ができるよう，A社は，さまざまな工夫を重ねていると言う．同社の発注端末機は，商品の販売状況，購買者の年齢や性別の状況，気象情報などがすぐに確認できるよう，グラフィカルなユーザインタフェースで統一されている．

　こうしたA社の情報インプットに関する指針は次のように理解することが可能

である．気象情報や売れ筋・死に筋商品については，コンピュータがわかりやすく紹介することで，発注の方向性がある程度絞られる．だが，それだけでは，新しいニーズや突発的なイベントには対応できない．POSシステムの情報に付け加えるべきは，地域コミュニティに根差したデータであり，主観的なデータである．

コンビニのアルバイト・パートのたいていは，不安定就業を厭わない若者や既婚女性たちであり，彼らの住居も，当該のコンビニからそれほど離れていない．彼らは，その地域に通じているし，その地域の小売店を頻繁に利用する．つまり彼らは，地域コミュニティの一員であり，コンビニの典型的な消費者なのである．よって，彼ら自身に発注してもらえば，地域のニーズを把握するにあたって，好都合というわけなのだ．以上の本部の思惑に沿うならば，コンビニは，地域に堆積せざるをえなかった「素人」たちが，地域コミュニティの情報をたえずアップロードしつづける，巨大なネットワークとして構想されているのである．

こうしたコンビニ本部の考えの根底には，コンビニという空間では，もはや消費者のニーズをイノベーティブにつくりだす専門家は必要ない，という理解がある．コンビニでは，「販売者／消費者」というバイナリーな対立項は存在せず，「消費者＝素人」が素直に感性を発揮すればよい．よって，発注作業が「熟練労働」と見なされることはほとんどなく，給料のアップにつながることもほとんどない．

発注作業が「熟練労働」と見なされないのは，次の事情もある．コンビニのたいていは，フランチャイズ契約にもとづく各店舗の独立経営であるから，各店舗の経営者は，最大の経費を占めるアルバイト・パートの人件費をできるだけ抑えたいと考える．また，アルバイト・パートたち自身も，コンビニを長期的な就業の場として考えていないため，発注作業を行うからといって，賃金の見返りを強く求めない．「消費者＝素人」のまま発注するという正当性は，本部とオーナーとアルバイトの三者によって，調達されているわけだ．

こうしてコンビニでは，「消費者＝素人」たちの当事者の欲望が，そのまま店頭に反映される．コンビニは，消費者の欲望を先導する専門家の存在が忌避されることで，「消費者＝素人」が永続的に生み出される場として再生産される．彼らは，「素人＝消費者」でしかないのだから，賃金の上昇はほとんど期待できない．その意味では，「不安定就労者」を生み出しつづける場所でもあるのだ．

「消費者＝素人＝不安定就労者」が再生産されるコンビニは，なるほど「地域

コミュニティ」をある意味で反映しているとはいえる．しかし，それは，地域に根づくほかなかった「消費者＝素人＝不安定就労者」たちのアドホックな欲望の総体にほかならない．そのアドホックな欲望は，主体的な選択に見えつつも，実際は，POSシステムが指示する情報と本部からの新製品情報に頼って，ほぼルーティン的に発注するという方向に向かわざるをえない．成熟することを断念させられた「消費者＝素人＝不安定就労者」たちのアドホックな欲望は，つまりは本部が提示する「新しさ」をなぞることにしかならないのである．そうしたアドホックな欲望がネーションワイドにネットワーク化されていること．そのことが，差異化を図るコンビニが〈均質化〉を調達してしまっている一つの要因であるように思われる．

3. 店主のオーナーシップと発注の主導権をめぐる軋轢

以上見てきたように，コンビニ本部は，アルバイト・パートたちに発注するよう奨励するのだが，一方で，オーナーたちには商品発注をなるべく控えるよう，指導する．セブン-イレブンでは，毎日の発注点数が700アイテムにも上ると言われるが，こうしたアイテムのすべてにわたって，集められた販売情報と照らし合わせて，欠品が出ないように発注情報をインプットしなければならない（西村 1997: 154）．避けなければならないのは，こうした数多くのアイテムの発注を無理に一人で行うことである．もし一人で数多くのアイテムを発注してしまえば，どうしても経験や勘に頼ってしまうことになり，消費者ニーズを掘り起こすこと

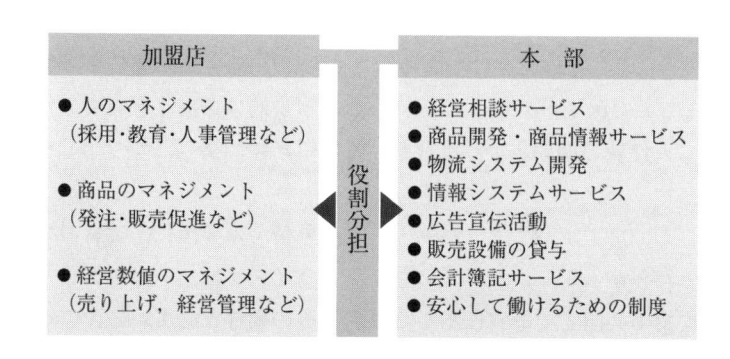

加盟店	役割分担	本　部
● 人のマネジメント 　（採用・教育・人事管理など） ● 商品のマネジメント 　（発注・販売促進など） ● 経営数値のマネジメント 　（売り上げ，経営管理など）		● 経営相談サービス ● 商品開発・商品情報サービス ● 物流システム開発 ● 情報システムサービス ● 広告宣伝活動 ● 販売設備の貸与 ● 会計簿記サービス ● 安心して働けるための制度

図 12-1 加盟店と本部の役割分担
（セブン-イレブンのホームページ http://www.sej.co.jp/oshiete/kaibou/kaibou01.html より，2006年7月時点）

ができない．コンビニの商品発注は，長年の経験に頼る「専門家」ではなく，消費者に近い「素人」が分散して行うべき，というわけだ．

では，コンビニ本部は，「専門家」たるコンビニのオーナーたちにいかに振る舞えと言うのか．図12-1は，コンビニ最大手セブン-イレブンが提示する，ありうべき本部と加盟店の役割分担である．この図で示されているように，コンビニのオーナーにはマネジメントという役割が期待されている．とりわけ，本部が重視しているのが，アルバイト・パートのマネジメントである．アルバイト・パートを戦力化するために，リクルーティング，接客，クリンネス，発注作業の訓練を行うように勧めている．

つまるところ，オーナーの仕事は，アルバイト・パートをリクルートし，彼らが気持ちよく働くことができるよう職場環境を整え，かつ，彼らから情報を引き出すことにある．彼らに「消費者の代表」としての意識を持ってもらい，それを情報のインプットへとつなげること——そうしたマネジメント能力がオーナーには求められているのである．

ただ，以上はコンビニ本部の理屈であって，各店舗における発注プロセスはここまで本部の思惑どおりにすすむわけではない．とりわけ，本部の理屈と軋轢を生む要因となるのは，オーナーたちの店主意識（オーナーシップ）である．

ここで重要になってくる日本のコンビニをめぐる文脈情報に触れておく．それは，コンビニの多くが，零細小売業の業態転換から出発していることである．

コンビニの多くが零細小売の出身であることは，アルバイト・パートの管理に大きな影響を及ぼしている．もともと彼らは，零細ゆえ，家族のみで店舗運営を行っていた．裏を返せば，彼らはコンビニ経営に携わってはじめてアルバイト・パートを扱うことになったわけである．しかし，零細小売出身のオーナーにとって，これまでの経験上，アルバイト・パートは本質的に余計な存在でしかない．それは，単に人件費の問題というよりも，彼らの経験に根ざしたリアリティに由来している．

つけくわえて，アルバイト・パートを低く見積もる要因に，独特のフランチャイズ契約の存在がある．コンビニのフランチャイズ契約を結ぶにあたっては，たいてい，夫婦で共同して経営にあたることをその要件としている．コンビニ本部は，24時間365日の運営を可能にするために，オーナー夫婦が基幹労働力として働くことを期待している．つまり，コンビニ本部は，零細小売出身のオーナー

たちに，すべての仕事を家族で行っていた零細小売店主の働き方ではなく，アルバイト・パートを器用に使いこなす経営者の働き方を期待しているのである．だが，本部はその返す刀で，旧来のオーナー夫婦によるコミットメントを必須条件として要求するのだから，そこには重大な矛盾がある．

　零細小売出身のコンビニのオーナーたちが，アルバイト・パートを低く見積もることは，発注作業にも大きな影響を及ぼす．

　北九州市のコンビニA店ではアルバイト・パートたちに発注作業をほとんど行わせない．発注作業を行うのはたいていオーナー（夫）である．彼の働き方は，以前の「店主」意識を強く引きずったものである．彼は，1年間で10日間程度しか休まず，毎日のように発注作業を行う．彼は，雇用労働の経験がないから，「労働時間」という観念をほとんど持ちあわせていないのである．つけくわえて，彼にとっての発注作業とは，店舗運営の根幹であり，「素人」が簡単に手を出せる仕事ではない．彼のそうした「店主＝専門家」意識は，店の業績が悪くなればなるほどに強くなる．業績が悪化した場合，彼は少しでも人件費を削るために，それまで以上に日夜問わず店頭に立ち続ける．また，発注に関しても，業績が悪い時期に「素人」であるアルバイト・パートに任せては，事態はよりまずい方向に行く，と彼は考える．だが，先ほども述べたように，1日で必要とされる発注数は800アイテムにも上る．彼は，そうした膨大にわたる発注作業のほとんどを引き受けるため，いつも疲れを引きずった状態である．

　一方，アルバイト・パートの管理を行うのはオーナーの妻である．オーナー（夫）は，アルバイト・パートを本質的に必要がない存在と考えているため，その管理をすべて妻に任せる．オーナーは，自分を店主だと強く意識しているがゆえに，アルバイト・パートに仕事を任せることができず，頻繁な発注作業に追われるはめになっている．雇用労働の経験もあり，酒屋時代に店主というよりも家族従業者に位置していたオーナーの妻は，以前の店主意識を引きずっていない分，アルバイト・パートのリクルートやマネジメント業務といった，コンビニ本部が提示する新しい「経営者」役割を一手に引き受ける結果となっている．

　零細小売業を営んでいた時代は，すべての仕事を家族でまかなっていた．なかでも，発注作業は，男性の店主がやるべき仕事の一つだった．だが，コンビニのPOSシステムは，発注業務を「素人＝消費者」に広げた．代わりにオーナーに対して本部が要求したのは，「素人＝消費者」たるアルバイト・パートの管理業

務であった．

　だが，零細小売を以前営んでいたＡ店のオーナー（夫）は，それまでの専門性を簡単に捨て去ることはできなかった．彼は，旧来の店主意識のもと，発注作業を日夜おこなう．その結果，酒屋時代にはなかった，アルバイト・パートのマネジメントという専門性は，オーナーの妻が担うことになったのである．POSシステムというテクノロジーは，オーナー夫婦のあいだに奇妙な分業体制を構築してしまった．

　こうしたＡ店のような店に対して，コンビニ本部はいかに振る舞うのか．本部側としては，アルバイト・パートになるだけ発注を任せたい，とりわけ業績が悪い店には，オーナーの発注作業をやめさせたい，と考える．「素人＝消費者」である若者や既婚女性たちに発注作業を行ってもらったほうが，コンビニにふさわしい品揃えになるからである．だが，コンビニ本部はなかなかそのことを強く言い出すことはできない．業績の悪い店が潰れずに済んでいるのは，アルバイト・パートの人件費を削るためにオーナーたちが日夜レジに立っているから，そして零細小売出身のオーナーたちが尋常でない労働ができるのも，彼らが以前の「店主」意識を持っているからであることを，本部側も重々承知しているのだ．そのため，コンビニ本部は，店の発注がどのように行われているかをチェックし，そのうえで，発注のアドバイスを行う程度に終わらざるをえない．

　こうしたオーナーの「店主」意識は，発注だけにとどまらない，難しい問題をはらむことになる．それは，消費者がコンビニに求めているイメージとのズレである．オーナーが長時間レジに立てば立つほど，消費者が欲する匿名的な〈脱場所的安心＝均質化〉からかけ離れた，「顔の見える」コンビニとなる危険があるのだ．

　女優の寺島しのぶは，コンビニに好んで行く理由を，一定の「距離感」があるから，と述べる．

> 　私，コンビニが大好きなんですよ．だって色んなものがあるんですよ．家からダッシュで1分ぐらいのところにコンビニがあるから，気が向くと行ってしまいますね．棚を見てるだけでも楽しいんですよ．だから行くと必ずカゴを持って，全部の売り場を見渡すようにしています．／コンビニは，一人になれるんです．他のお客さんとも店員さんとも程々に距離があるから，素に戻れる．（寺島しのぶ「お酒」『アエラ別冊　コンビニ』p.32）

寺島しのぶがコンビニで一人になれるのは，コンビニのアルバイト・パートが客にそれほど注意を傾けずに接客をするからだと言う．コンビニは，数多くの商品アイテムのなかから，アドホックに欲望＝購買する自由を，消費者に与え続ける．だが，オーナーが業績が悪いからと言って，いつも店頭に立ってしまっては，コンビニにあった程好い「距離感」は遠くに去ってしまい，逆に消費者にとっては居心地の悪い店へ変化してしまう．

　オーナーたちの旧い「店主」意識がなければ，年中無休のコンビニ経営を支えつづけることは困難である．しかし，そうした「店主」意識があまりに前面に出ると，今度は消費者が求める〈脱場所的安心＝均質化〉を調達できない．現代のコンビニは，以上の不安定な状況のなかで，成り立っているのである．

4.　若年不安定就業者の減少にともなう変化

　コンビニでは，本部側とオーナー側のあいだでさまざまな矛盾や軋轢を抱え込みつつ，昼夜問わずに情報のインプットがおこなわれる．ある店舗では，アルバイト・パートが消費者としての自らの能力を見せつけるべく，情報をインプットする．また，ある店舗では，アルバイト・パートに発注を任せることができない不安なオーナーが，今日も目をしばたたかせながら，端末に向かって，情報をインプットする．かくして5，6万とも言われるコンビニの店舗は，「個性的」な情報をインプットしつづける．

　ただ，ここでコンビニの内部に変化の兆しが見えることもあわせて指摘しておく．

　これまでのたいていのコンビニのアルバイト・パートは若者や既婚女性であった．とりわけコンビニに吸引されたのは若年の男性である．彼らの存在があったからこそ，24時間営業が成り立った．彼らは短期間のあいだにコンビニを離れることが多かった．しかし，オーナーたちは，キャリアを積み上げようとせず辞めていく若者たちを引き止めなかった．若者たちに長く居つかれても，キャリア形成や給与のアップを提供することは到底できないため，いずれ辞めてもらった方が都合は良かった．そして，当然ながら，若者たちもコンビニを長期的に居つく場所だとは考えなかった．オーナーたちと若者たちとの必要性はそこで一致していた．

若者たちに発注作業をおこなわせるかどうかは，オーナーの匙加減という部分が多分にあった．A店では，店の業績に問題がないときには，一部ではあるものの発注を若者に任せていた．お菓子やジュースといった賞味期限の長い商品であれば，多少の発注ミスがあったとしても，大目に見ることができた．アルバイト・パートたちが，発注作業をきっかけとして，商品や店に対して愛着を抱く効果もそこにあった．

　しかし，A店のオーナーによれば，そうした業績に応じたアルバイト・パートの管理のあり方は変化を見せているという．A店では，少子化の影響もあって，募集をかけても若者が集まらなくなり，一方増えているのが，30代から50代の応募である．それは，コンビニのオーナーにとって，じつに困った事態である．オーナーの妻はその事態を次のように言う．

　　学生の場合，不正対策という意味で安心．何か問題を起こしても，親とか学校にいえば，その子は困るわけじゃない．だから，あらかじめ注意をしておけば，まず不正なんかはやらないよね．……ただ30歳とか超えると，やっぱり私たちが良く知らないような会社の名前が履歴書の欄に埋まっているわけじゃない？　なかなか安心して採用できないよね．だから，お金をケチるとかではなくて，信頼して店を任せる人を雇うことができないから，わたしたち夫婦が気づいたらずっと店にいる状態なんだよね．……もちろん，身体はきついけど．

　以前であれば，「都合よく去ってくれる」労働力として，若年のアルバイトが数多く働いていた．しかし，この数年，若年労働者は応募しても集まらない．反対に増えているのが中高年からの応募である．彼らは，若年労働者と異なって，短期間で辞めない．

　　……やっぱり，ある程度年をとっている場合は，なかなか辞めないし，辞めさせることもできないしね．……50代のアルバイトを雇っているけれど使いづらいね．若い人とちがって，きびきび動くわけでもないし，かといってもういい年しているから，指図もそんなにできないしね．思い切って，発注もやらせてみたんだけど，若い人とちがって機械操作が苦手からか，すすんでやらないんだよね．発注はあきらめてもらった．

零細小売業出身のオーナーは,「都合よく去ってくれる」若者や既婚女性たちを好んで採用した．それは，何でも自分でやらなければ気がすまないオーナーにとって具合がよかった．ただ，中高年のアルバイト・パートは，若者と異なって，なかなか辞めることがない．でも，だからといって，中高年である彼らがコンビニ労働で自己実現を求めるほどに懸命に労働するかといえば，それもない．

　オーナーたちは思い悩む．長く勤務するアルバイト・パートたちを戦力にしつづけるために，どのようにモチベーションを維持すればよいか，と．先ほども示したように，コンビニで，給料をアップすることはむずかしい．そこで出てくるのが，情報のインプットという作業である．彼／彼女たちに，何とか発注作業を覚えてもらって，長期で働いていることの意味づけようとする．だが，A店ではそうした試みがうまくいっていない．

　コンビニ本部が提供する情報システムは，本来，「消費者＝素人」たるアルバイト・パートにも発注できるように開発されていた．一方で，零細小売業出身のオーナーは，店主であるポジションを確保するために，発注作業をゆずらないこともあった．しかし，こうしたPOSシステムをめぐる構図に対して，アルバイト・パートの高年齢化は揺さぶりをかけている．オーナーたちが悩んでいるのは，長期にわたって労働する中高年者たちのモチベーションの問題であり，それを対処するにあたって，POSシステムの利用の問題が浮上しているのである．

5. おわりに

　以上，私たちは，コンビニを存立させるにあたって不可欠と見なされているPOSシステムが，本部／オーナー／アルバイト・パートの思惑の相違によって，その利用が変化することを見た．具体的には，本部／オーナー／アルバイト・パートが，みずからのポジションをどのように位置づけているか，あるいは発注業務をどの程度まで専門性を持ったものと考えるかによって，その利用の実態が変わってくることがわかった．

　こうしたPOSシステムの利用の実態は，今後，どのように移り変わるだろうか．
　ひとつの変化要因としては，前節でも述べた，若年労働者の退出である．POSシステムのインプット作業は，若年労働者よりも長期で働くことが予想される，中高年労働者や外国人労働者のモチベーションの維持に活用される場面が

出てくるように思われる．

　ただし，それは，オーナーの経営者感覚とぶつかる可能性がある．すでに述べたように，オーナーは，POSシステムのインプットを通じて，みずからが経営者であることを再確認してきた．POSシステムを通じて消費者ニーズを読むことが，店の売上を変化させる大きな要因だと信じるからこそ，彼らは経営上のリスクをとることができたのである．よって，POSシステムの発注作業をあまり他者に任せてしまうと，たんなる人事マネジメントをおこなう中間管理職に成り下がってしまい，経営者感覚の維持が難しくなることが考えられる．それは，本部側にとっても，都合が良い話ではない．というのも，フランチャイズシステムが維持できているのは，端的に，オーナーが経営者であると自己認知しているからであり，それがなくなると，コンビニを支えてきたシステムが根底から覆ってしまうからだ．以上から，オーナーの経営者感覚の維持とアルバイトのモチベーション管理とが，ぶつかりあう可能性が出てくるように，予測されるのである．

　若年非正規労働者の減少という，外部環境の変化が，オーナーの「店主＝専門家」役割とアルバイト・パートの「消費者＝素人」役割をいかに変化させるか．また，それに基づいてPOSシステムの利用の実態がいかなる変化を見せるのだろうか．検討すべき課題は残されている．

　本論文は，㈱リクルート・ワークス研究所の支援により，執筆されたものである．記して感謝したい．

第13章

市民参加と地域ネットコミュニティ
―― 「市民参加」のディレンマとパラドックス

三浦伸也

1. はじめに

　近年,リアルなコミュニティ,ヴァーチャルなコミュニティ双方への関心が高まっている.本章では,リアルな世界でのコミュニティへの回帰とヴァーチャルな世界でのコミュニティへの回帰をふまえたうえで,行政の地域ネットコミュニティ(「市民参加型の電子自治体」)の現況と問題点を整理し,地域ネットコミュニティを通して見えてきたこと,問われていることを指摘する.

　行政の地域ネットコミュニティについての実証的な事例分析をもとに,地方自治体のレベルでの情報化政策と,市民参加,そして市民活動・運動を背景とした社会運動という三つの社会過程が,ICTの発達によって〈ヴァーチャル／リアル〉と二重化したコミュニティのなかでどのようにせめぎあい,地域ネットコミュニティの形成に結びついているのかを明らかにする.

　研究の視座として,これまで成功事例として扱われている事例を一度括弧で括り,「成功」事例として扱い,そこから浮かび上がるものを記述していく.成功として語られている事例の光だけでなく,影も含めて記述し,分析をすすめる.事例として,藤沢市,三鷹市をとりあげ[1],市民参加,市民自治を取り巻く構造

的・制度的問題を明らかにすることで，個々の事例を単なる事例報告で終わらせることなく，市民参加，市民自治についてのフレームを明らかにするとともに，このフレームが他の自治体にも適用できることを指摘することで，全体性へとつないでいく理論的回路を提示する．

2. 日本の情報化と地域情報化

　日本の情報化，とくに地域情報化についてみていこう．日本では，1960年代中頃以降の情報化の過程にみられるように「情報化」はその起源において言説が先行したのであり，それに牽引される形でテクノロジーの社会的造形と現実的導入が始まり，全体として「情報化」という概念で表される社会に入っていった．地域情報化政策の先駆けとなったのは，郵政省のテレトピア構想，通産省のニューメディア・コミュニティ構想である．両省に次いで，建設省，運輸省，農林水産省，自治省なども，同様の政策・構想を立案・遂行してきた．また，放送分野のニューメディアとして，その成長が最も期待されるハイビジョンについても，その普及と地域情報化を関連させ，郵政省がハイビジョン・シティ構想を，通産省がハイビジョン・コミュニティ構想をそれぞれ提唱した．

　80年代の情報化，とくに地域情報化の特質と問題点は，伊藤守と花田達朗が的確に指摘するように，まず第一に，市民生活に深く関わる情報化の多くが，省庁の指定地域モデル事業による市町村への補助金といったかたちで，官庁主導のトップダウン方式で推進された点が挙げられる．第二に，「情報化」を進める際の「理念」と「実態」との乖離という現実があった．80年代の情報化は政策的産物であり，導入の正当性を保障するための言説が用意されていたが，いずれも「実験的」要素が強すぎたため，現実には住民から厳しい評価を下された（伊藤・花田 1999: 202-209）．現在，再び言われ始めている「地域密着」や「地域の参加意識の向上」と同様な「地方密着」「地方住民の参加意識の向上」をスローガンとして掲げた各種の地域情報化も，企業や行政が伝達しあう「業務情報」中心の通信システムが優先され，地域住民が地域問題に関心を寄せ，それについてさまざまなメディアを通じて意見表明を行う「参加型コミュニティ」を展望するような地域情報化とはなりえなかったのである（大石 1992）．

　90年代には，バブル経済の崩壊と米国発のIT革命の進展という経済環境の下

で構造転換が求められた．90年代中頃以降，厳しい経済情勢と財政事情の下で，規制緩和を中心に据えた構造改革政策が選択されるとともに，IT産業の成長が期待され，IT化への投資が積極的に行われた．企業・産業界は，経済のグローバル化を展望しながら，フレキシブルな生産・流通組織とグローバル・ネットワークを世界に先駆けて構築してきた．しかし，政治・行政システムの領域では，1994年12月の「行政情報化推進基本計画」以降，住民管理や行政事務の効率化，そして広報活動のための「情報化」は進んだものの，情報公開は不十分であるし，住民参加そして地方分権といった課題を実現するための手段としての「情報化」は実質的にはほとんど進んでいないと言ってよく，まさに現在も大きな課題である．2001年にはe-Japan重点計画，2003年には電子政府構築計画が決定され整備が進められたが，いままさに，これまでに整備されたインフラをふまえて，ICTをいかに活用するかが問われており，情報化のための情報化ではなく，情報化によって達成される真の目的が明確にされなければならない．

　多元的な言説空間の創造と多様なメディア文化を享受するための社会的条件もいまだ十分ではない状況にあり，この点について，地域メディアとしてのeコミュニティなどの地域ネットコミュニティが議論されなければならないだろう．1960年代以降，ある種の「偏り」をもって構成されてきた日本社会の「情報化」を，地域住民にも配慮したものとして地域の観点から再構築していかねばならないのである．

3.　藤沢市と三鷹市の事例分析

行政の地域ネットコミュニティへの問い

　行政のリアルなコミュニティとヴァーチャルなネットコミュニティを藤沢市と三鷹市を例に具体的にみていく．それぞれに，行政において双方向性の地域ネットコミュニティをもっている，もしくは，もっていた自治体である．藤沢市，三鷹市のそれぞれのネットコミュニティは，前者が共生自治のシステム（市民電子会議室）であり，後者が基本計画の見直しのためのシステム（「e市民参加」）と目的が異なるものであるが，ICTを使って，地域の意見を取り入れようとした点においては，同じ目的をもったツールであると捉えることができる[2]．また，そ

れぞれのまちの市民が行政に対して意見を投げかけることができる場であり，市民参加の歴史のなかで編み出された回路（装置）のひとつであると捉えることができる．三鷹市においても，反響次第ではこのシステムが，その後も使われる可能性があったのである．市民参加の回路のひとつという点では同じ目的をもったツールとして捉えることができ，市民参加の観点から比較することは可能であろう．

　本章では，藤沢市と三鷹市の事例から，自治体の電子掲示板が持続する要件，市民のコミットメントが引き出される要件について考察する．

藤沢市

市民参加の歴史

　藤沢市の市民電子会議室は，2007年2月で10年目を迎える老舗である．他の自治体の電子会議室が中止されるなかで[3]，藤沢市だけが約10年間存続させている．

　藤沢市では，1981年以来，地区ごとに市民集会を開いてきた．市幹部と住民が直接話し合う，この試みは16年にわたって続いたが，行政への一方的な要望になりがちだった．1996年に就任した山本捷雄市長が目指した「共生的自治」を進めるには，恒常的な市民提案システムを作る必要があり，地域ごとに課題を洗い出して，解決方法を探る「くらし・まちづくり会議」が始まった[4]．このような「市民参加による市政」の課題は，地元の行事に参加しにくい若手やサラリーマンをどうやって引きつけるかであった．いつでも，どこからでも参加できるシステムを作るために，藤沢市は，慶應義塾大学との連携を通じてインターネットを活用するヒントを得，1996年3月に策定した地域情報化基本計画に「市民電子会議室」のアイディアを盛り込み，半年後には慶應義塾大学との共同研究として実験プロジェクトを設立，全国初の本格的な電子会議室に向けて動き出した．

市民参加と市民電子会議室

　藤沢市の市民電子会議室は，リアルな市民参加の場に参加できない層が参加しており，「くらし・まちづくり会議」というリアルな「市民提案システム」を補完するかたちで存在し，その組織体制に至るまでリアルとヴァーチャルな市民参加は相似形をなしている．

　藤沢市市民電子会議室第2期運営委員会報告書（2001年3月）「まとめ」には，

以下のことが報告されている．「市民電子会議室がきっかけとなって，大きな変革のうねりを起こすことができたテーマとしては，『引地川ダイオキシン問題会議室』，『鵠沼海浜公園をみんなで話そう会議室』などがあるが，いずれの場合でも，運営委員がオンラインばかりではなくオフラインで行政と協働作業をしてきた結果であると自負している．今後とも各自治体においてインターネットを活用した市民電子会議室が，市民と行政とがパートナーシップを築き，協働によるまちづくりを推進するための有効な手段として定着するには，運営委員，市民，行政のいずれもが，市民自治について，さらに理解を深める必要があると考える．過去4年の藤沢市市民電子会議室の実験を振り返ると，インターネットを活用した市民電子会議室は，間違いなく，新しい市民と行政との関係を築くための道具として機能してきたといえよう．しかし，現状では，まだその可能性を示したというに過ぎない．より大きな果実を得るためには，この道具の可能性をさらに深く探って行く必要があるだろう」と総括され，市民電子会議室が新しい市民と行政との関係を築くための道具として機能しており，その可能性を実感していることが記されている．

市民電子会議室の量的変化

藤沢市の市民電子会議室のこれまでの登録者数は，2006年10月1日現在，2,927人，1999年6月1日以来のアクセス件数は815,497件である．1999年6月から2006年9月までの登録者数の推移は，図13-1のとおりである．この7年間，着実に増加している．2004年に一時減少しているのは，システム変更にあわせ

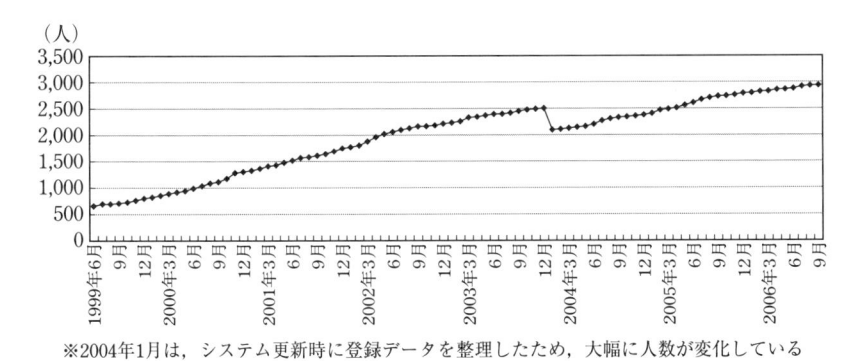

※2004年1月は，システム更新時に登録データを整理したため，大幅に人数が変化している

図 13-1 藤沢市民電子会議室合計登録者数の推移[5]

て，メールが届かない登録者が400人程整理されたためである．現在の登録者数2,975人（2006年12月1日現在）は，藤沢市の人口398,772人（2006年11月1日現在）の約0.75％である．登録をせずとも閲覧はできるため，閲覧者は少なくとも，登録者数の10倍に上るという指摘もある．

また，市民電子会議室での発言の時間帯を「市役所エリア」[6]と「市民エリア」別にみると，「市役所エリア」での発言が一番多いのは深夜の時間帯，次に集中するのはお昼前後，さらに午前中の10時，夕方6時と続いている．「市民エリア」は，「市役所エリア」に比べて，夜7時以降の発言が多いという特徴がある（図13-2参照）．

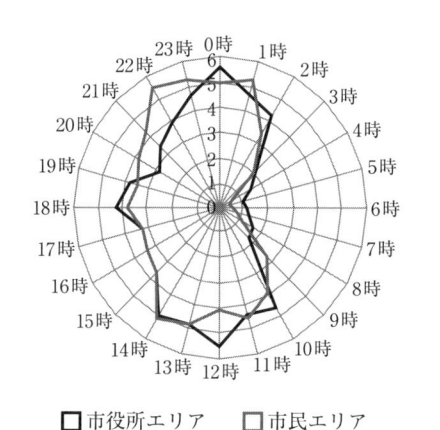

図13-2 時間帯別発言割合
（市役所エリア／市民エリア）[7]

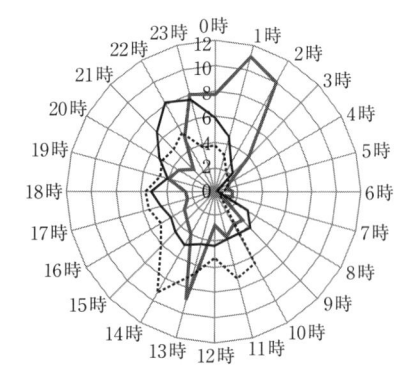

図13-3 時間別発言割合
（市民エリア内）[8]

さらに，「市民エリア」のテーマカテゴリー別に時間帯別発言割合をみると，福祉・健康医療については夜10時をピークとした時間帯，学校教育については午後2時をピークとする時間帯，趣味・娯楽では深夜1時をピークにするというふうに，テーマカテゴリーによって，発言の時間帯が異なっている（図13-3参照）．こうしたことから，藤沢市の市民電子会議室は，24時間市政に参加できる窓口として，昼間，市政に参加することが難しい人たちの参加の回路となっており，リアルな「くらし・まちづくり会議」と補完関係にあるといえるだろう．

市民電子会議室の可能性

藤沢市の市民電子会議室での議論の事例として，「鵠沼プールガーデン跡地利

用問題」を詳しくみていこう．「鵠沼プールガーデン跡地利用問題」は，この問題を通して旧来の行政手法の問題点を可視化させた事例であるとともに，市民電子会議室の可能性を感じさせた事例である（金子・藤沢市市民電子会議室運営委員会 2004: 47-56）．

　市民電子会議室の運営委員である平山は，新聞の「小田急鵠沼プールガーデン閉鎖」という記事を見て，このプール跡地利用をテーマとした電子会議室開設の提案をした．会議室が開設されると，歴史の長いプールには各世代それぞれの思い出があり，話題も身近であったこともあり，参加者の反応は想像以上で，会議室を始めた月の発言数は前月の5倍に跳ね上がる．このテーマの会議室が開設され，市民からさまざまな提案が出された頃，市の担当部署から「今のところ跡地利用は白紙である．地域の環境と調和のとれた都市公園としての検討をしたい」という発言があり，市民の期待感は膨らんだ．運営委員会では，意見が多様であったため，具体的な計画案を提案するのではなく，跡地計画について情報開示をすること，そして，計画策定にあたっては市民の意見を取り入れることを盛り込んだ提言書を提出している．

　それから，2週間後，公園課から会議室に「地下部分を雨水のポンプ場とすること」「地上部分は暫定的にスケートパークとして利用すること」がすでに決まっているという「爆弾発言」が飛び出し，事態は急展開する．この発言に，会議室参加者の失望と行政への不信感が一気に爆発した．その一方で，市民電子会議室は，結局のところ，無意味な議論をしただけだという諦め感が漂ったとともに，市民電子会議室の意義そのものを問う発言も飛び出し，運営委員たちも落胆した．それでも市の真意を確認するために，担当の公園課に対してヒアリングを行っている．行政からは，いくつかの理由が説明されているが，最も説得力があるものは，助役からの「議会との関係があったために会議室では計画について情報提示ができなかった」という説明であろう．

　その後，公園課から「スケートパークはあくまで暫定的措置であり，公園としての最終的計画は，まだ白紙の段階だ」との発言が電子会議室に投稿されたのを機会に，このテーマで「仕切り直し」をして，新しい会議室「鵠沼海浜公園をみんなで話そう」が提案され，その可否について議論されたうえで，委員による投票が実施された結果，市役所エリアに新たな会議室が開設された．

　運営委員会が市に先述の提言書を提出して3か月以上経ってのち，市から回答

が出た．「跡地利用計画についての情報開示は適時行っていく」「本格的な利用方法検討の際には広く市民の意見を集める」「会議室での議論に担当課職員に積極参加させる」の3点が明示されたが，その後，この回答どおりに事が運んでいるとはいえない．この会議室は現在でも存在するが，活発とはいえない状態である．これは，会議室開設時に，活発に議論に参加していた人の多くが，このテーマで活発に議論されたことが無駄になったのではないかという思いがあること，そして，暫定的措置であった，スケートパーク利用が延長され，その後跡地利用に関して大きな進展がないことが大きいと考えられる．

　鵠沼プールガーデン跡地利用問題では，会議室内での展開と行政の思惑や対応が，かなりの度合いですれ違っている．会議室参加者の多くは，行政への不信感と市民電子会議室の無力さを募らせる結果になった．運営委員の間でも行政との関係や電子会議室の役割について意見の対立が起こった．市としては，市民電子会議室に対して一定の配慮は払ったつもりであったのだが，実質がともなわなかった部分も少なくなかった．このような展開になったのは，担当の公園課の市民電子会議室への対応が適切さに欠けるものであったこと，そして，その原因として次の三つの要素が絡み合っていたのではないかと考えられている．まず第一に，担当部署は確信犯であり，市民電子会議室には意図的に情報を伝えず，従来の行政手法で事を進めたことが考えられる．第二に，担当部署が市民電子会議室の役割を十分に認知していなかったか，それを軽視した可能性がある．第三は，インターネットの電子会議室という行政職員にとって新しい仕組みへの対応に不慣れであり，とまどってしまったということである．

　ここまでを整理しよう．藤沢市の取り組みの「光」の側面は，リアルとヴァーチャルの市民参加が補完的に行われた点である．一方，争点が市民にとって，譲ることのできない重要なテーマである場合，従来の行政手法が顔をのぞかせ，行政への不信感を生じさせたという「影」の側面を併せ持つ．これらのことが，常設されている市民電子会議室で可視化され，行政に変化が生じる契機となった．このように行政と市民とのやりとりが可視化されても市民電子会議室が続いてきた背景には，首長が目指した「共生的自治」を進めるには恒常的な市民提案システムが必要であるという思想があった．

三鷹市

三鷹市における「コミュニティ」と「市民参加」の歴史

　三鷹市において，「コミュニティ」という言葉が初めて市民の前に登場したのは，1971年1月の広報である．「コミュニティ・センター～緑と健康を基本に～」と題して，第2次中期財政計画の素案を紹介したのが最初である．当時の三鷹市をめぐる社会状況は，昭和30年代から40年代にかけての急激な都市化と人口流動，モータリゼーションの進展，都市のなかでの孤独・人間疎外，地域社会での連帯感の喪失の状況が生まれ，「人間性の回復」が強く求められていた（三鷹市企画部企画調整室 1990: 52）．

　このような背景のもと，三鷹市では，いかに市民の抱える地域の課題を把握したうえで計画が策定できるかを命題として，行政の創意工夫が行われ，地域のコミュニティは，行政にとっての市民参加の現場として捉えられた．具体的には，市民意識調査などのアンケートや地域カルテづくり，地域プランづくり，懇談会・市民会議・市民委員会の開催などのすべては三鷹市の総合計画の基本構想・基本計画の策定に向けたものであり，そのような意味では，当初の市民参加は行政の側の「自己改革運動」として捉えることができるだろう．希薄になった相隣関係のなかから，いかに地域の要望を吸い上げ市民の要望に沿ったサービス事業の執行を行っていくかという視点から構築された論理であった（公職研 2003: 111; 三鷹市企画部企画調査室 1990: 52-62）．このように，三鷹市の市民参加の歴史は，これまで約30年の歴史があり，市民参加の老舗的存在である．

　行政の計画を市民参加で策定する場合，地域の住民の意見は，町内会・自治会を媒体として集約された．しかし，三鷹市のような都市部における市民参加は，町内会・自治会などの団体組織率の低下にともない，市民参加自体が難しくなってきていた．そこで，三鷹市では複合施設の管理と関連づけながら新たな住民組織として，住民協議会などの住民団体を形成し，施設の自主的運営と地域のとりまとめを期待し，コミュニティ行政を行ってきた．三鷹市のコミュニティ行政は，市民の主体的な参加にもとづき，「地域福祉の充実」「生活環境の整備」「人間性の回復」を目指した地域共同体を実現することであったといえよう．

　このような市民参加手法をとったコミュニティ行政に触発されたり，あるいは市民活動との連携により，町内会・自治会の活動にも変化の兆しが現れてきた．

生涯学習活動からコミュニティの形成と市民参加も実践され，市民活動も豊かになった．また，自分たちの住む地域に対する強い愛着心が醸成され，375名の市民が参加した「みたか市民プラン21会議」という大規模な市民会議となった．

「みたか市民プラン21会議」の光と影

　「みたか市民プラン21会議」（以下，「21会議」）の概要についてみていこう．21会議は，1998年12月25日に，まちづくり研究所・第一分科会（ICU・ルーテル大の教員，市職員で構成）が，2001年度に改訂される基本構想，基本計画の策定に際して，新しい市民参加の手法として「市民による白紙からの計画づくり」を実施するように安田前市長に提言したことを受けて，市長が実施を決断したことから始まる．1999年5月15日，市報での呼びかけに市民58人が応募し，準備会が開かれた．この準備会を経て，10月9日に375人の市民が参加した第1回設立全体会が開催された．この全体会では，従来の市民参加から「市民と行政とのパートナーシップによる計画策定」，すなわち，近年よく耳にするようになった「協働のまちづくり」への移行を目指し，設立全体会議で組織・人事を承認のうえ，代表と市長の署名を経て，パートナーシップ協定が発効，正式に21会議が発足した．2000年7月8日には，21会議で検討された基本構想・基本計画の中間報告書が提出され，10月28日には，第10回全体会で提言書「みたか市民プラン21」が市長あてに提出された．2001年9月28日に基本構想を議会が承認し，11月30日に基本計画が確定したことにより，同日の第20回全体会で「パートナーシップ協定」が失効し，21会議は解散した．

　21会議の成果としては，自治意識や民度の高まりや，情報公開の度合いを高めたことによる行政への信頼度向上や，「協働のまちづくり」のあるべき姿を考える契機になったことなどが挙げられる．一方，ネガティブな「成果」としては，旧住民と新住民との意思疎通，協力関係を築くことが難しかったことや，議論が深まりに欠けたことなどが挙げられるだろう．また，21会議で議論され決められたことが，その後，どのように実施されたのかが問われる2001年11月の21会議解散から現在までの実施段階について，21会議に参加した市民のひとりである下村安孝は，「21会議期間中の雰囲気が感動的であったが故に，実施段階での政治絡みの人間関係の亀裂は一層衝撃的で，沈滞ムードや施策の遅れを生む結果」となったとして厳しい評価を下している（下村 2004）．

ここでは，その後の市民参加に大きなしこりを残したと考えられる農業公園の開設について，下村の指摘をみていく（下村 2004: 61-68）．農業公園は，市内の残り少ない自然林ともいえる「みどりの広場」（約 7,600 平米）をつぶし，約半分を JA の緑化センター（直売所）に貸し，残りは従来の自由広場的機能をもった農業公園にするという事業内容であった．この農業公園開設にあたって，21 会議が残した最も重要な合意事項というべき「協働のまちづくり」の精神が尊重されなかったことが指摘されており，市民参加で合意形成を行う限界が示されている．「協働のまちづくり」とは，「基本計画に含まれておらず，かつ市民生活に大きな影響を与える新しい事業は当初段階から，例えば 21 会議方式の市民を交えた会議で充分検討し，広く情報を開示し，意見を集約して納得のいく形で結論をだす」というものである．この「協働のまちづくり」の精神が，21 会議の代表の一人でもあった現市長に尊重されず，市民からは，「農業公園には反対しないが，残り少ない自然を残してほしいという 5,660 人にも及ぶ市民の請願を無視」し，「JA との関係を重視する市民不在の政治姿勢の問題」と捉えられたところがある．市民の観点からみると，情報公開についても，公開が遅れたうえに，行政に都合の良い内容のものしか流されないという不透明さが指摘されている．市長の公約に，「みどりの広場」を「農業公園」にするという公約はなかったにもかかわらず，「当選直後，突如強硬に実施に踏み切ろうとした背景の不可解さが，市民の行政・政治不信を呼び，「21 会議」も「協働」も所詮，絵空事にすぎず，現実は政治に支配されているだけとの無力感を市民に与えてしまった」ところがあるようだ．こうした経緯が，「多くの市民に心の傷を与え，市民間の分裂を呼び，それがしこりとなって，以降の「協働」の大きな障害となって」おり，「せっかくあれだけ盛り上がったにもかかわらず，「21 会議」を疑問視し，忘れたいと考える市民が少なからずいることは誠に残念である」と指摘している（下村 2004: 61-68）．

「e市民参加」プロジェクトとその量的・質的成果

このようなコミュニティや市民参加の歴史をふまえて，三鷹市は，2004 年度，東京大学，NTT データと共同で，インターネットや携帯電話を利用して市民の意見を取り込む試み「e 市民参加プロジェクト」[9]を第三次基本計画の見直しに際して実施した．普段，市民参加が難しい勤労者などの声を反映させようという狙

いのICT活用だったが，実際にはそれほど意見は集まらず，その後，このプロジェクトで使われたシステムは運用されていない．なお，NTTデータのアンケート調査結果では，これまで市民参加の「参加経験はないが，今後は参加したいと思っている人（潜在的市民参画層）」は，情報化の進展によって市民の公的活動が活性化すると認識しており，この層の掘り起こしはICTの活用が鍵になると考えられていた（NTTデータシステム科学研究所 2002）．

　まず，「e市民参加プロジェクト」における策定のプロセスと体制，そして，このプロジェクトへの市民の参加状況をみてみよう．今回の第三次基本計画の見直しは，2004年2月に確定した「改定基本方針」の公表に始まり，その後，各段階でさまざまな市民参加の機会を設け，市民意見を反映しながら，「討議資料」→「骨格案」→「改定素案」の順で作業を進め，2005年3月に改定を完了した．この過程のなかの「討議資料」から「骨格案」の作成に向けて，まちづくりシンポジウムおよび三鷹市eフォーラムのeシンポジウムによる市民参加が図られた．また，市民参加の策定体制（チャネル）は，eシンポジウムとまちづくりシンポジウム，eコミュニティカルテと「まちあるき」を連携することで，ICTによる参加の場と対面による参加の場が連携するように企図された．

　次に，「e市民参加」のeコミュニティカルテを作成するにあたって行われた「まちあるき」の状況をみてみよう．「まちあるき」は，市民と市職員がともに，まちの課題や魅力を探しながら地域を診断して歩くものである．従来の「まちあるき」と異なり，GPS付き携帯電話を利用してeコミュニティカルテ上の会議室に現場の場所や写真，コメントを書き込むことで記録を作成するとともに，そこでの市民相互の意見交換を図るものである．新聞報道などもされ，大々的に告知されたにもかかわらず，どの地区も10人程度の参加者数であった．また，「まちあるき」で作成されたeコミュニティカルテおよびウェブ上でシンポジウムを閲覧し，意見やコメントを投稿できるeシンポジウムの投稿意見数は，表13-1のとおりである．

表13-1　eシンポジウム・eコミュニティカルテの参加者数と投稿数[10]

開設期間	平成16年7月26日（月）〜12月27日（月） ・ポータルサイト　7月26日（月）〜 ・eシンポジウム　8月2日（月）〜 ・eコミュニティカルテ　10月1日（金）〜			
登録者数	82人			
投稿意見数	総合計　1,355件			
	eシンポジウム	第1回	基調講演	2人・4件
			パネルディスカッション	2人・4件
		第2回	基調講演	4人・7件
			パネルディスカッション	0人・0件
		第3回	パネルディスカッション	7人・21件
	eシンポジウム　合計			15人・36件
	eコミュニティカルテ		大沢住区のまちづくり	129(5)件
			東部住区のまちづくり	134(11)件
			西部住区のまちづくり	121(7)件
			井の頭住区のまちづくり	131(11)件
			新川中原住区のまちづくり	107(4)件
			連雀住区のまちづくり	151(8)件
			三鷹駅周辺住区のまちづくり	123(23)件
			緑・公園	18(18)件
			安全・安心	26(18)件
			バリアフリー	4(4)件
			観光	4(4)件
			好きな場所	27(27)件
			マイいいとこ探し	150(22)件
			その他の会議室	114(35)件
			練習用	80(80)件
	eコミュニティカルテ　合計			1,319(277)件

（　）内の数字は，まちあるき当日以外の投稿件数（内数）

eコミュニティカルテ，eシンポジウムは，ウェブページ上で，基本計画改定に関連した情報を提供するとともに，この二つのコンテンツを展開することで，市民参加の機会の拡大を図ったものであるが，七つの各住区の「まちあるき」以外でのウェブ上の書き込みは「まちあるき」の三鷹駅周辺住区のまちづくりを除いて1割以下の投稿件数であり，「まちあるき」以外での参加者，すなわち24時間アクセスできるウェブ上での参加者が少なかったことがわかる．また，今回のeフォーラムの登録者は82人であり，三鷹市の市民17万人の0.05パーセントにすぎなかった．さらに，曜日別，時間帯別アクセス件数から，当初，目論んでいた勤労者の多くがアクセスするであろう土曜日，日曜日のアクセスや，夕方以降の時間帯のアクセスが，他の曜日や時間帯のアクセスに比べて低く，この層がICTを活用した「e市民参加」にあまり参加していないことがわかる結果となっている．

さらに，質的な面についてみると，議論された内容は，「地域の魅力や課題の発見という部分に力を注いだため，発言は単発的なものが多く，議論に発展する

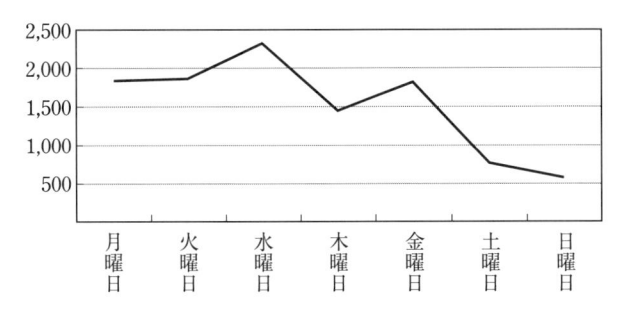

図 13-4 曜日別アクセス数[11]

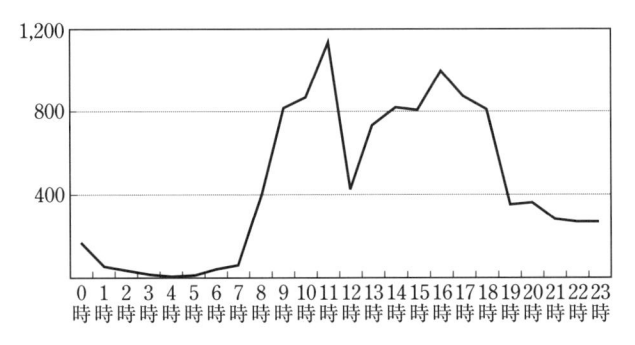

図 13-5 時間帯別アクセス数[12]

ことは少なかった．親発言(他の発言への返信ではなく，最初に発言された投稿内容)に対する平均の返信数は0.33件であり，他の事例と比較しても多いとはいえない」(高木 2005: 100)と指摘されており，議論の質の観点からも深まりに欠けたといえるだろう．

リアルな市民参加と「e市民参加」プロジェクト

この「e市民参加プロジェクト」が，このように低調であった理由として，次の三つの点が要因として考えられる．まず第一に，これまで約30年の市民参加の成果として，市民の満足度がある程度，高かったということ．第二に，21会議解散以降，そこで決められた理念がないがしろにされたことで，市民が市民参加の無力感を感じ，市民参加が分裂したこと．第三に，行政内，そして市民からも，市民参加が本来の目的以外の用途[13]に使われたとみる向きもあり，市民参加に対する懐疑があること．公募の市民会議である21会議が実際に稼働していた1999年5月から2001年11月までは，参加者は，それなりの充実感を感じながら参加しており，その21会議期間中の雰囲気が感動的であったがゆえに，実施段階で市民が実感したギャップは，市民を「市民参加」から遠ざけた側面があるだろう．三鷹市の場合，新たな市民参加手法として市民による「白紙からの計画づくり」を行おうとして，これまでの「市民参加」自体も壊してしまったところがあるのではないだろうか．三鷹市の21会議は，現在，全国で展開されようとしている「拡げて，深める」市民会議型市民参加のモデルになっていると考えられるが，実際は，拡げようとして縮小させてしまった側面があるのではないかと考える．

ここまでを整理しよう．三鷹市の取り組みの「光」の側面は，これまでの確かな市民参加の歴史の実績を礎に，新たな市民参加を試みた点である．その一方で，新たな市民参加の実施段階で従来の行政手法があらわになり，その後の市民参加に大きな影響を与えた点は，「影」の側面として捉えることができるだろう．

4. 地域ネットコミュニティから見えてきたこと，問われていること

可視化するツールとしての市民電子会議室

行政の無謬性や情報公開などの問題が，電子会議室では文字によって可視化さ

れ，データベースとして残っていくことが，市民電子会議室のほとんどが閉鎖された理由ではないだろうか．従来，電子会議室が閉鎖される理由は，電子会議室荒らしなどがあげられているが，冷静に観察するならば，文字化され，可視化されることによって，行政の考える「市民参加」のフレームが明らかになったことに起因しているのではないだろうか．また，仮に荒らしにあっても動じないだけの行政担当者の熱心な対応と，市民の意見に耳を傾け，行政が少しずつ変化することで電子会議室は継続できるのではないだろうか．

　さまざまな利害が大きく絡む争点が市民参加の場で議論されると，旧来の行政手法があらわになる．利害が絡む争点では，利害調整が発生し，その利害調整のアクターとして市民は除外される．アルベルト・メルッチが，「それほど可視的ではない要素は政治的領域の外部に存在するために，それを認識するためには新たな方法論的アプローチがどうしても必要なのである」(Melucci 1989=1997: 43)というように，新たな方法論的アプローチとして市民電子会議室などがひとつの〈場〉として機能する可能性を示したとともに，行政の限界も示したと考えられるだろう．

「市民参加」のディレンマとパラドックス

　基本的に，市民参加は，市民の意見を盛り込んだ行政計画づくりのための市民参加であり，これまでそのためのさまざまな取り組みがなされてきた．しかし，市民にとってきわめて重要なテーマである場合，その市民参加が熱を帯び，市民活動，そして市民運動などの社会運動に転換していくにつれ，市民参加が行政の計画づくりの枠のなかに収まらなくなる．このとき，行政からみた制度としての「市民参加」と，市民からみた〈市民参加〉の違いが明らかになり，行政の「市民参加」のフレームの限界があらわになる．「市民参加」は，あくまでも行政の言葉であり，利害調整が必要な争点に市民が積極的に参加しはじめると，「市民参加」は追いやられ，行政などのエージェントが前面に現れるという「市民参加」のディレンマとパラドックスのなかで展開されているのである．

　また，市民を代表する市長などの代表制の問題は，「代表する人と，代表してもらう人との相違，それぞれの利害の相違，あるいはそれぞれの行動論理の相違などを不可避的に伴うもの」(Melucci 1989=1997: 214)であり，市民参加などの「民主化への移行を目指すプロセスは，それがいかなるものであるにせよ，こ

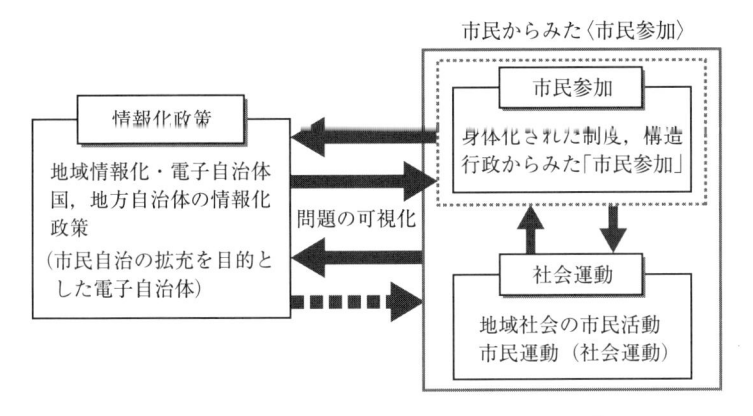

図 13-6 情報化政策，市民参加，社会運動の関係性

のような代表制の構造は代表してもらう側の要求や利害とは異なるのだ，ということを必ず考慮に入れなくてはならない」(Melucci 1989=1997: 214) のである．「立場が違えば，言うこともやることも異なる」という行政へのヒアリング時に発せられた言葉は，市民参加の理念をないがしろにするものの，代表制の本質を言い表している言葉でもある．

さらに，市民参加によって「個人および集団的権利の領域が拡大すれば社会計画が必要」(Melucci 1989=1997: 219) になってくる．この計画のあらゆるレベルで「テクノクラートの意志決定センター」[14] (Melucci 1989=1997: 219) が必要になり，これが参加と権利を制限する方向に働くという従属的参加のディレンマが現れる．このテクノクラートに，巧妙にコントロールされた市民参加や市民が存在しても不思議ではないとともに，市民参加の大枠が，市民ではなく，行政もしくは行政の意を汲んだ専門家で決められるというパラドックスをもはらんでいるのである．

デモクラシーの民主主義化と地域ネットコミュニティ

行政の地域ネットコミュニティは，現在の民主主義をより民主的なものにするためのさまざまな取り組みのひとつであるといえるだろう．現在の民主主義が形骸化し，実質的なものとして機能していないと市民は感じているのである．この背景には，たとえば，選挙の投票行動が低下し，しかも投票行動が政治的関与という点では「貧しい関与の度合」しか示していないと感じているからである．こ

の現状を打開するために，市民がさまざまな争点に対して，情報を交換，共有し，議論する空間や場を市民自身が必要としはじめており，選挙という従来の制度だけではない，より民主的な制度の設計が必要になってきている．

　市民にとっての民主主義の回路としての〈市民参加〉は，行政の枠組みで考えられたリジッドな「市民参加」より，はるかに柔軟で行政の「市民参加」の枠を超えるものであり，市民参加がカバーする範囲は広い．歴史的にみるならば，70年代の革新自治体の時代は，社会運動の力を行政の市民参加に上手に取り込み，行政の仕組みとして市民参加を位置づけた．90年代後半になって，市民参加が再び脚光を浴びるようになり，市民に市民参加の意欲が再び満ち，市民参加から市民活動や市民運動といった力強いベクトルが生じた．このような動きによって，70年代以降，行政の枠組みで形成され，行政職員に身体化し，形骸化した制度・構造としての「市民参加」は，市民によって，その限界が看破されつつある．この市民参加を旧来の行政中心の「市民参加」から，市民中心の〈市民参加〉に変えるには，市民から選出された首長のリーダーシップがきわめて重要である．

　もちろん，「市民参加」については，これまでさまざまな努力と取り組みが行われてきた．しかし，この枠組みのなかの「市民参加」が，時代と社会にマッチしなくなってきているのではないだろうか．行政が主導する「市民参加」の時代は去り，地域社会から市民のさまざまな取り組みが立ち上がり，市民が自らをコントロールし，決定する時代に移り変わりはじめている．行政は，地域の住民，そして，地域で活動を行っている団体の主体的な取り組みを「コントロール」するのではなく，「サポート」する役割を担っていかなければならない．

　ICTの発達によって可能となった地域ネットコミュニティにおける市民参加が，市民の主体的な活動をベースに行政がそれをサポートするスタイルで取り組まれたとき，「市民参加」のディレンマとパラドックスは超えられ，市民参加は大きな可能性を秘める．そのとき，市民参加は，行政の枠組みのなかでの「市民参加」を超え，市民と行政が一体となってよりよい地域を創造する実践へと変わるのである．

第 14 章

オンラインコミュニティと社会のダイナミズム
――利用行動,メディアの棲み分け,
　利用文化の相互作用がもたらす日韓の差異

小笠原盛浩

1. はじめに

　インターネット上の電子掲示板やブログ,SNSには目的や関心事を共有する人びとが交流するオンラインコミュニティが無数に存在している.オンラインコミュニティはどのくらいの人びとがどの程度利用し,社会にどのような影響を及ぼしているだろうか.オンラインコミュニティの利用状況や社会的影響は,社会によってどのように異なるだろうか.

　橋元良明らの調査によれば,日本ではインターネット利用者のうち電子掲示板やブログ,SNSなどのオンラインコミュニティにアクセスしている人の比率は43.3％,オンラインコミュニティに情報などを書き込む人の比率はオンラインコミュニティ参加者の61.3％であり,過半数の人はアクセスすらしていない(表14-1,橋元ら 2006).日本最大級の電子掲示板サイト「2ちゃんねる」では,アニメやハッキング,時事ニュースまで多種多様な情報が活発にやりとりされる反面,他者への攻撃的な書き込みも目立つ.マスメディアには2ちゃんねるのネガティブな側面をことさらに取り上げて報道する傾向もあり(高橋 2004),オンラインコミュニティに対する一般的なイメージはあまりよいものではない.

隣国の韓国では，インターネット利用者のうちオンラインコミュニティにアクセスしている人の比率は57.0％，書き込みを行う人の比率もオンラインコミュニティ参加者の75.0％といずれも日本より高い[1]．韓国最大のSNS「サイワールド（cyworld）」には人口5000万人のうち2000万人以上が会員として参加している．韓国のオンラインコミュニティは政治的影響力も大きく，2000年に市民団体が不適格な政治家を落選させる「落選運動」を電子掲示板等で展開し，対象となった候補者89人中59人が落選した．金相集（2003）によれば，落選運動の議論をめぐって新聞社と電子掲示板が互いに相手の記事を引用し，電子掲示板の議論が新聞記事の論調にも影響を与えていたという．2002年の盧武鉉大統領当選や2004年の同大統領弾劾反対運動でも，韓国のインターネット新聞「オーマイニュース」の電子掲示板等に集まった市民（ネチズン）が果たした役割が大きいといわれている（呉連鎬 2004＝2005）．

　なぜオンラインコミュニティをめぐる状況が日本と韓国で大きく異なるのだろうか．利用行動や影響等を個別に分析していたのでは，個々の側面に特徴的な要因に目を奪われ，社会的な差異を生じさせるマクロなメカニズムを把握しづらいため，メディアと社会の関係をマクロに捉える枠組みが必要と考える．

　メディアと社会の関係をマクロに把握する試みとして，三上俊治はメディア・エコロジーの視点から，社会を三つの相互作用する層――(1)個人・集団のメディア利用行動のマクロな状況である「情報行動」層，(2)様々なメディアの時間的・空間的・テーマ領域別の位置状況である「メディア環境」層，(3)情報行動・メディア環境を規定する外部要因である「社会情報環境」層――からなる情報システム（社会情報システム）として捉えることを提案している（図14-1）．本章では三上の枠組みを採用し，日韓のオンラインコミュニティをめぐる状況について，社会情報システム構造の観点から包括的な考察を試みる．

　第2節では日韓のオンラインコミュニティ利用行動の量的・質的な違いを示す．第3節では日韓のオンラインコミュニティの特性を包括的に説明するため，オンラインコミュニティの類型化を行う．第4節ではオンラインコミュニティ類型の選択に影響を及ぼす個人的・社会的要因について，第5節ではオンラインコミュニティ類型が利用行動に与える影響について分析する．第6節では2節から5節の分析にもとづき，日韓の差異を生じさせている社会情報システムのダイナミズムを考察する．

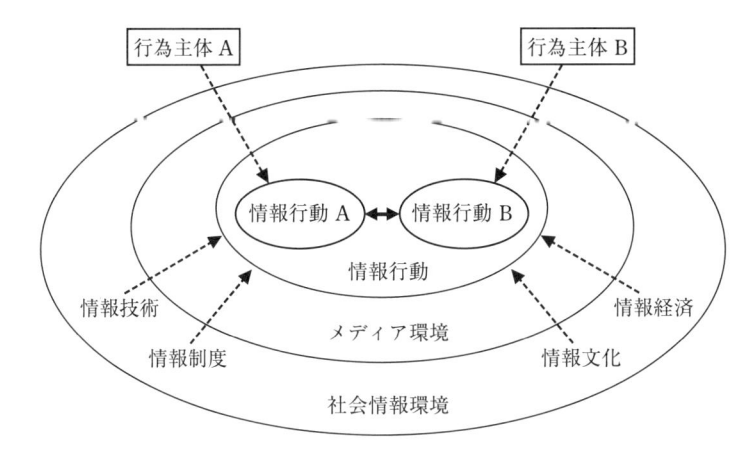

図 14-1 社会情報システムの構造（三上 2005を原著者の承諾を得て一部改変）

2. オンラインコミュニティ利用行動の日韓比較

　本章の分析に使用したのは冒頭で引用した，橋元らが2005年11月から12月に実施したオンラインコミュニティ利用実態の日韓比較調査（以後，「本調査」と呼ぶ）データである．本調査では日本（東京）と韓国（ソウル）でそれぞれ無作為にサンプルを抽出し，調査員が調査対象者宅を訪問して調査票を手渡し，後日再訪問し調査票を回収した．有効回答数は日本サンプルが455，韓国サンプルが1,013であった．インターネット利用率は日本サンプルが71.0％（n=323），韓国サンプルが68.8％（n=1020）であり，統計的に有意な差はみられなかった．

　表14-1は日韓のインターネット利用者のオンラインコミュニティ利用比率，オンラインコミュニティの月間アクセス数，オンラインコミュニティに書き込みを行っている人の比率，オンラインコミュニティへの月間書き込み数を比較したものである[2]．

　韓国サンプルはオンラインコミュニティの利用率・月間アクセス数・書き込み率が日本サンプルより統計的に有意に高く，オンラインコミュニティを活発に利用している．ただしオンラインコミュニティへの書き込み数は日韓サンプルで有意な差はない．つまりオンラインコミュニティへの書き込み行動は，初めての書き込みを行うか否かという点で差がみられる．日本サンプルが利用しているオン

表14-1 オンラインコミュニティ利用行動の日韓比較

	日本サンプル	韓国サンプル	χ^2またはt[※]
①コミュニティ利用率	43.3% (n=321)	57.0% (n=697)	16.44***
②月間アクセス数(回/月)	54.2 (n=139,SD=82.3)	82.3 (n=397,SD=33.3)	3.53*** (df=574)
③書き込み率	61.3% (n=137)	75.0% (n=397)	10.65**
④月間書き込み数(回/月)	10.4 (n=139,SD=23.1)	11.8 (n=397,SD=21.7)	−0.60 n.s. (df=224.36)

[※] ①③はχ^2, ②④はt, SD：標準偏差, df：自由度, ***: $p<0.001$, **: $p<0.01$, n.s.：有意差なし

ラインコミュニティでは，初めての書き込みを行うことが比較的困難なのかもしれない．

次に，利用目的や運営方針など利用行動の質を比較する．図14-2ではオンラインコミュニティ利用率を目的別にたずねた結果（複数回答可），日韓サンプルのいずれかで利用率が10％以上のものを抽出してグラフ化している．

日本サンプルではIT系情報・芸能情報・商品情報など情報交換のためのコミュニティを利用する比率が韓国サンプルより高く，韓国サンプルでは同じ学校の人・同郷の人・その他友人・知人など既存の人的つながりを保つためのコミュニ

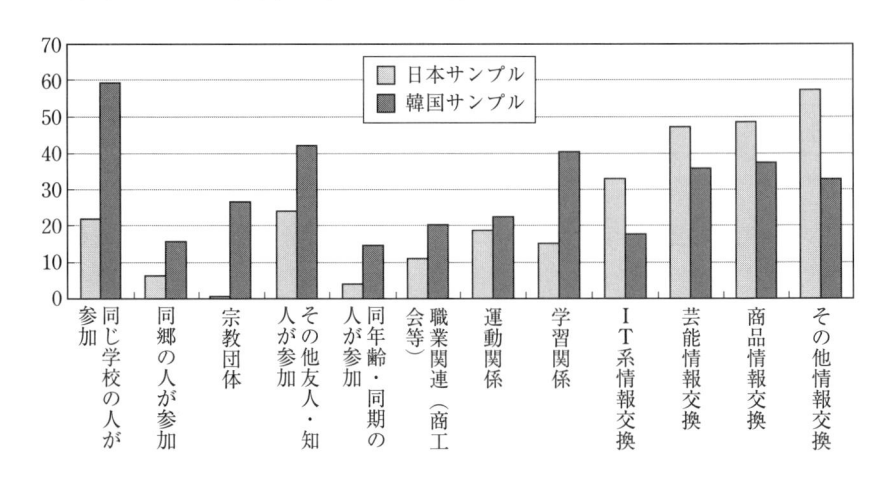

図14-2 オンラインコミュニティ目的別利用率の日韓比較（％）

ティを利用する比率が日本サンプルより高い．つまり，日本サンプルでは関心事の情報を中心に，韓国サンプルでは現実社会のつながりや集団を中心に，人びとがオンラインコミュニティに集まる傾向が強いといえる．

次に，利用行動への影響が予想されるオンラインコミュニティの属性として，集団の基盤・紐帯の密度・匿名性・コミュニケーションの場（オフラインミーティング，略して「オフ会」の有無），の4種類を取り上げて分析する．

「集団の基盤」は図14-2で見られた，オンラインコミュニティを形成する集団の社会的基盤の違いである．ドラキアら（Dholakia et al. 2004）はチャット・オンラインゲーム上のオンラインコミュニティを「小集団に基盤を置くコミュニティ」，メーリングリスト・電子掲示板・ニュースグループ上のそれを「ネットワークに基盤を置くコミュニティ」と分類した．前者では参加者がだいたい同じ人びとと活発な交流を行っているが，後者では参加者が毎回異なった人びとと交流する傾向が強く，情報収集・問題解決目的の利用行動が多いとされる．

小笠原（2006）は日韓大学生調査の電子掲示板利用行動データを再分析し，現実社会の既存の集団が母体の「既存集団型コミュニティ」と，関心事を共有する人びとがインターネット上で初めて形成した集団である「バーチャル集団型コミュニティ」の2タイプにオンラインコミュニティを分類した．前者では後者より参加者がオンラインコミュニティへの書き込みやオフ会への参加を行う比率が高く，参加者間の交流が活発である．この分類がドラキアらの主張と異なる点は，オンラインコミュニティのシステム（電子掲示板，SNSなど）を問わず集団の基盤にもとづいて分類する点，集団の基盤を日常的な付き合いから現実社会の集団全般に拡張している点である．本調査では調査対象者にオンラインコミュニティが現実社会の既存の集団にもとづいているか否かをたずねている．

「紐帯の密度」はオンラインコミュニティ参加者間のつながりが密度の高いクラスターを形成しているか，まばらで開放的なネットワークを形成しているかの違いである．社会ネットワーク分析の知見によれば（安田 1997など），参加者が互いに知り合いでネットワーク密度が高い集団であるほど集団の同質性が高く，集団内部でのコミュニケーションが活発に行われると予想される．

「匿名性」はオンラインコミュニティ上のコミュニケーションが匿名で行われているか否かである．ダグラスとマクガーティ（Douglas and McGarty 2002）の実験によれば，被験者に白人至上主義者を装った電子メールへの批判を書かせ

ると，批判が内集団の人に読まれ書き手が誰であるか識別可能な場合は，批判が外集団の人に読まれ匿名で書かれる場合よりも，内集団を意識したステレオタイプ的な記述が多くなる．オンラインコミュニティ内で個人が識別可能なコミュニケーションが行われると，書き込み内容は内集団の規範に沿ったものになりやすいと考えられる．

「コミュニケーションの場」はコミュニケーションの場がインターネット上に限定されているか，現実社会にも広がっているかの違いである．現実社会での会合はオンラインでのコミュニケーションをより活発にする効果がある（黒岩 1993など）．

表14-2は「最もよくアクセスしている」オンラインコミュニティについてこれらの属性をたずねた集計結果である[3]．日本サンプルが最も利用するオンラインコミュニティの66.7％はインターネット上で知り合った人びとが形成する集団であり，参加者同士はあまり知り合いではなく，書き込みは匿名で行われ，現実社会での交流は少ない．韓国サンプルが最も利用するオンラインコミュニティは対照的に，インターネット以前から存在する集団がインターネット上で交流を行っているものが48.1％と約半数を占め，参加者同士が互いに知り合い，実名で書き込みが行われ，現実社会での交流が行われているものが多い．

表 14-2　オンラインコミュニティ属性の日韓比較(「はい」の比率)

	日本サンプル	韓国サンプル	χ^2
a)集団の基盤 「インターネットに関係なく，以前からあった集まり」	33.3%	48.1%	8.61**
b)紐帯の密度 「参加者は互いに知り合いが多い」	33.6%	61.2%	29.76***
c)匿名性 「書き込みは大部分実名で行われる」	23.2%	45.1%	38.35***
d)コミュニケーションの場 「オフ会がある」	36.6%	54.9%	12.62***

: $p<0.01$，*: $p<0.001$，nは項目によって異なる

3. オンラインコミュニティの類型

韓国サンプルの場合は現実社会の集団に基盤を置くオンラインコミュニティの利用が比較的多いため，参加者同士が知り合いの確率が高く，現実社会での交流

も多く，集団のメンバーであることを確認するために参加者が実名を名乗る必要性も高くなるであろう．日本サンプルの場合はちょうどその反対のことがいえる．

オンラインコミュニティ属性間の積率相関係数を調べると，日本サンプルの「集団の基盤」と「コミュニケーションの場」の関係を除くすべての組み合わせで統計上有意な正の相関が認められ，オンラインコミュニティ属性が相互に関連していた（表14-3）．オンラインコミュニティ利用行動の日韓差を理解するには，オンラインコミュニティ属性の個々の影響を調べるより，いくつかの属性を併せ持った類型が及ぼす影響を考察することが有効と考えられる．

表14-3 オンラインコミュニティ属性相互の相関関係

	a)	b)	c)	d)
a)集団の基盤	–	0.518***	0.295***	0.457***
b)紐帯の密度	0.615***	–	0.432***	0.515***
c)匿名性	0.331***	0.452***	–	0.278***
d)コミュニケーションの場	0.165 n.s.	0.353***	0.214***	–

左下は日本サンプル，右上は韓国サンプルの積率相関係数.
***: $p<0.001$, n.s.：有意差なし

4種類の属性間にどのようなまとまりがあるかを見るため，非階層クラスター分析（K-means法）を行った．クラスター（グループ）の数を2から4まで変化させて分析を行った結果，最も解釈しやすい結果が得られたのは日韓両サンプルともにクラスター数が2の場合であった．表14-4はそれらのクラスターごとに属性を示したものである．

表14-4 クラスター別のオンラインコミュニティ属性(「はい」の比率)

	日本 クラスター1 (n=40)	日本 クラスター2 (n=83)	韓国 クラスター1 (n=166)	韓国 クラスター2 (n=231)
a)集団の基盤	88.9%***	11.5%	12.7%	73.6%***
b)紐帯の密度	97.2%***	8.0%	9.0%	98.7%***
c)匿名性	61.1%***	8.0%	24.1%	77.1%***
d)コミュニケーションの場	58.3%**	27.6%	19.3%	80.5%***

比率が高いクラスターにカイ二乗検定結果の有意性を記載.
***: $p<0.001$, **: $p<0.01$

日本のクラスター1および韓国のクラスター2のサンプルが最もよくアクセスしているオンラインコミュニティは，インターネットに関係なく以前からあった集団がオンラインで交流しているコミュニティである．参加者は互いに顔見知りで，書き込みは実名で行われ，参加者がオフ会に参加する比率も高い．韓国サンプルが最もよくアクセスするオンラインコミュニティには，これらの特徴がおおむね該当する．

日本のクラスター2および韓国のクラスター1のサンプルが最もよくアクセスしているオンラインコミュニティは，インターネット上で初めて知り合った人びとで形成されているコミュニティである．書き込みは匿名で行われ，オフ会への参加比率も低い．これらの特徴は，日本サンプルが最もよくアクセスするオンラインコミュニティにほぼ該当する．

以上の結果は小笠原（2006，前掲）の分析結果と同様であり，前者のコミュニティは「既存集団型コミュニティ」，後者のコミュニティは「関心集団型コミュニティ」に対応する．もっとも，クラスター分析を行えばどのような仕方であれサンプルが分類されてしまうので，さらに分析を進めるには，より安定した分類方法が必要である．4種類の属性のうち，オンラインコミュニティ類型の概念に最も近い属性は「集団の基盤」であるため，以後の分析ではオンラインコミュニティの類型化に「集団の基盤」の回答結果のみを用いることとする．

さらに，現実社会の集団かオンライン上のバーチャルな集まりかという「集団の基盤」がオンラインコミュニティを分類する中心概念であることを明確にするため，小笠原の「既存集団型コミュニティ」「関心集団型コミュニティ」の名称に代えて「現実集団型コミュニティ」「バーチャル集団型コミュニティ」の名称を用いることとする．つまり，あるオンラインコミュニティは「インターネットに関係なく，以前からあった集まり」の問いに肯定であれば現実集団型コミュニティ，否定であればバーチャル集団型コミュニティと分類される．最もよくアクセスするオンラインコミュニティに占める現実集団型の比率は，表14-2の結果から日韓サンプルでそれぞれ33.3％：48.1％となる．

4. オンラインコミュニティ類型の選択に影響する要因

現実集団型・バーチャル集団型のオンラインコミュニティはどのような人びとが利用しており，類型の選択にはどのような要因が作用しているだろうか．先行知見によれば，韓国では日本より地縁・血縁・学縁の結びつきがはるかに強く，

オンラインコミュニティの利用行動にも人びとの強い結びつきの影響がみられる（李 1999；富士通総研 2001 など）．本調査でも，友人・親戚とつきあう頻度や「コネが社会生活を送る上で重要だ」と考える程度は韓国サンプルの方が統計的に有意に高かった（図14-3：χ^2(4, N=1,466)=37.57, p＜0.001，図14-4：χ^2(4, N=1,467)=117.34, p＜0.001）．韓国サンプルは日本サンプルよりもコネを重視し，他の人との関係形成・維持により多くの手間をかけているといえる．

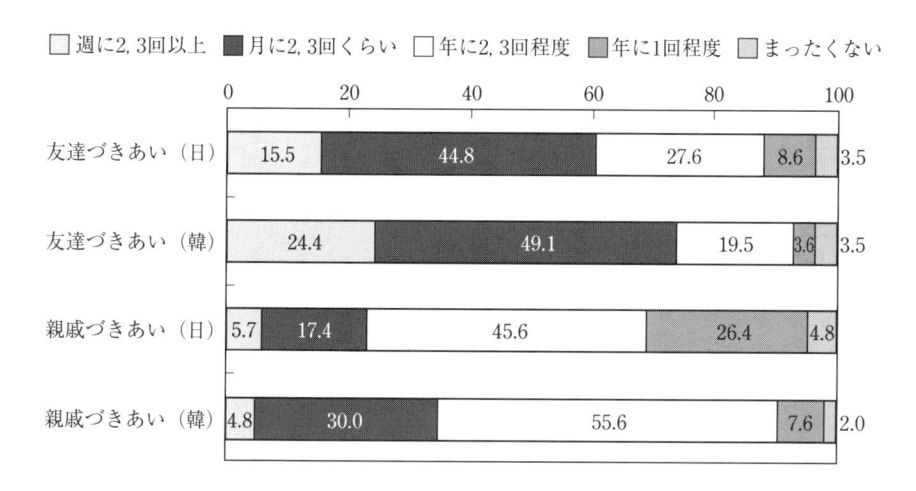

凡例：□週に2,3回以上　■月に2,3回くらい　□年に2,3回程度　■年に1回程度　□まったくない

	週に2,3回以上	月に2,3回くらい	年に2,3回程度	年に1回程度	まったくない
友達づきあい（日）	15.5	44.8	27.6	8.6	3.5
友達づきあい（韓）	24.4	49.1	19.5	3.6	3.5
親戚づきあい（日）	5.7	17.4	45.6	26.4	4.8
親戚づきあい（韓）	4.8	30.0	55.6	7.6	2.0

図14-3　人づきあい頻度の日韓比較（%）

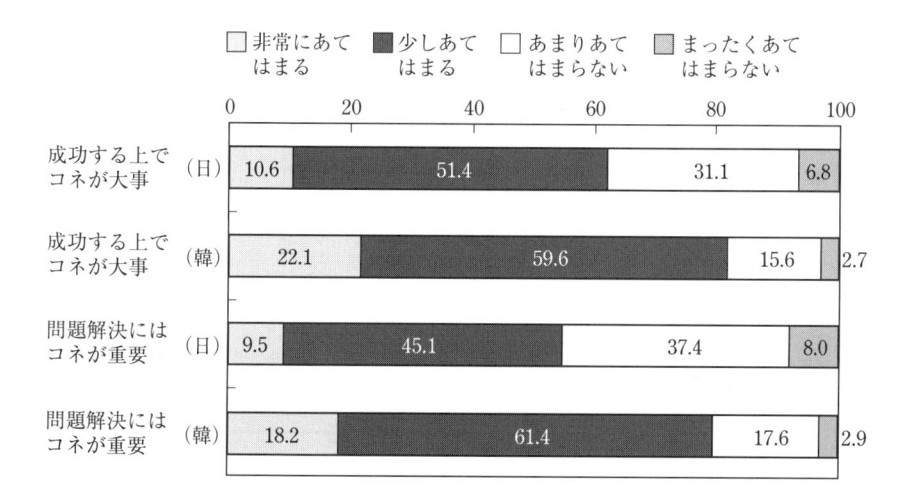

凡例：□非常にあてはまる　■少しあてはまる　□あまりあてはまらない　■まったくあてはまらない

	非常にあてはまる	少しあてはまる	あまりあてはまらない	まったくあてはまらない
成功する上でコネが大事（日）	10.6	51.4	31.1	6.8
成功する上でコネが大事（韓）	22.1	59.6	15.6	2.7
問題解決にはコネが重要（日）	9.5	45.1	37.4	8.0
問題解決にはコネが重要（韓）	18.2	61.4	17.6	2.9

図14-4　コネの社会的効用に対する認知の日韓比較（%）

人びとの結びつきの強さは，最もよくアクセスするオンラインコミュニティの類型に影響しているだろうか．日韓サンプル別にロジスティック回帰分析を行い，最もよくアクセスしているオンラインコミュニティがバーチャル集団型か現実集団型かを推定した結果が表14-5である．説明変数には，回答者の属性として性別・年齢・学歴（教育年数に換算）・フルタイムで仕事をしているか否か，属性以外の変数として人づきあいの頻度，コネの社会的効用の認知，社会的スキルを投入した．

社会的スキルとは対人関係を円滑に行うスキルである（菊池 1998）．篠原・三浦（1999）の実験によれば，コミュニケーション関連の社会的スキルが高い人は電子掲示板でも活発に書き込みを行う傾向がある[4]．人づきあいの頻度は分析の便宜上1年間あたりのつきあい回数に換算し，コネの社会的効用の認知は図14-2,図14-3の設問の回答をそれぞれ4～1点に得点化した合計値を用いた[5]．

興味深いことに最もよくアクセスするオンラインコミュニティの類型に影響する要因は，日韓サンプルで異なっていた．日本サンプルでは友達づきあい頻度が高い人ほど，親戚づきあい頻度が低い人ほど，社会的スキルが高い人ほど，最もよくアクセスしているコミュニティは現実集団型であった．友達づきあいと親戚づきあいは影響が逆方向であるため，社会的スキルの高い人が友達とインフォーマルな交流を行う場として現実集団型コミュニティを利用していると解釈できる．

表14-5　オンラインコミュニティ類型を従属変数とするロジスティック回帰分析結果

被説明変数 (0:バーチャル集団型, 1:現実集団型)	日本サンプル(n=126) β	韓国サンプル(n=396) β
友達づきあい頻度	0.457*	0.101
親戚づきあい頻度	−0.630*	0.116
コネの社会的効用の認知	0.010	−0.194†
社会的スキル	0.787***	0.176†
性別	−0.069	0.110
年齢	0.022	0.314**
学歴（教育年数）	0.267	0.156
職業（フルタイム就業:1, 他:0）	−0.218	0.296**
決定係数(Nagelkerke R^2)	0.209	0.089
正判別率	72.2%	57.6%

†: $p<0.1$, *: $p<0.05$, **: $p<0.01$, ***: $p<0.001$

一方,韓国サンプルでは人づきあいの頻度がオンラインコミュニティの類型に影響しておらず,コネが社会的に重要と考えていない人ほど,社会的スキルが高い人ほど,年齢が高いほど,フルタイムで働いている人ほど最もよくアクセスしているコミュニティは現実集団型であった.オンラインコミュニティ類型の推定に人づきあいの頻度が影響しておらず,コネが重要と考える人が最もよくアクセスしているのは現実集団型よりむしろバーチャル集団型なのである.

一見矛盾する結果だが,表14-5が「最もよくアクセスしている」オンラインコミュニティに限定した分析であることを考慮すれば,解釈が可能である.オンラインコミュニティ利用の全体像を把握するため,図14-2のオンラインコミュニティ目的から現実集団型・バーチャル集団型を判別しやすいものを4種類ずつ選び(現実集団型:「同じ学校の人が参加」「同郷の人が参加」「宗教団体」「その他友人・知人が参加」,バーチャル集団型:「IT系情報交換」「芸能情報交換」「商品情報交換」「その他情報交換」),現実集団型・バーチャル集団型の利用率(4種類のいずれかを利用している率),利用種類数(4種類のうち何種類利用しているか)を算出した.日韓サンプルで利用率・利用種類数を比較すると,バーチャル集団型の利用率・利用種類数は日本サンプルが多く,現実集団型の利用率・利用種類数は韓国サンプルの方が多い(表14-6).一方,インターネット利用者が利用するオンラインコミュニティの総数は,日韓サンプルで統計上有意な差はない.利用コミュニティの総数は変わらないが内訳では日韓サンプルで利用種類の多い類型が異なることから,日本サンプルはバーチャル集団型,韓国サンプルは現実集団型のコミュニティをそれぞれ数多く利用していると判断できる[6].

表14-6 利用コミュニティ数・利用種類・利用率の日韓比較

	日本サンプル	韓国サンプル	df	χ^2またはt[※]
①利用コミュニティ数	4.15	4.15	182.86	−0.02 n.s.
②現実集団型利用率	35.6%	77.3%	1	79.19***
③現実集団型利用種類数	0.54	1.44	530	−8.61***
④バーチャル集団型利用率	85.9%	64.7%	1	21.59***
⑤バーチャル集団型利用種類数	1.87	1.26	234.73	5.04***

[※] ①②④がt,③⑤がχ^2,***:p<0.001, n.s.:有意差なし,Nは項目によって異なる

韓国サンプルではオンラインコミュニティ利用者の大半が現実集団型コミュニティを利用していることが，最もよくアクセスするオンラインコミュニティ類型に対する人づきあい頻度の影響を検出しづらくしている．さらに韓国サンプルではオンラインコミュニティ利用者が複数の現実集団型コミュニティを利用しているため，現実集団型コミュニティへのアクセス数が分散し，コミュニティ一つあたりのアクセス数ではバーチャル集団型コミュニティを下回る場合があるだろう．前述の一見矛盾する結果は，これらの要因によって生じていると考えられる．

5. 利用行動への影響

オンラインコミュニティ類型の違いは，利用行動にどのような影響を及ぼしているだろうか．前述のとおり最もよくアクセスしているオンラインコミュニティに限定した分析は解釈が困難と考えられるため，オンラインコミュニティ全般の利用行動（月間アクセス数，書き込みの有無，月間書き込み数）を被説明変数とした重回帰分析（書き込みの有無についてはロジスティック回帰分析）を行った（表14-7，表14-8）．説明変数には現実集団型・バーチャル集団型コミュニティの利用種類数[7]，人づきあいの頻度，コネの社会的効用の認知，社会的スキル，回答者の属性を投入した．

分析結果から，さまざまな現実集団型コミュニティを利用している人ほど書き込み率・書き込み数が高くなる傾向が日韓両サンプルに共通して認められた．言い換えると，現実集団型コミュニティは利用者が書き込みを行いやすく安心できる環境であると解釈できる．また，書き込み数とアクセス数の偏相関係数（制御変数は上記回帰分析の独立変数）は日本サンプル（$r=0.294$, $p<0.01$），韓国サンプル（$r=0.291$, $p<0.001$）ともに高く，書き込みを活発に行う人はアクセス数も高かった．韓国サンプルはさまざまな現実集団型コミュニティを利用していることが，日本サンプルと比較して高い書き込み率・書き込み数，高いアクセス数を生み出す土壌になっていると考えられる．

一方，日本サンプルはバーチャル集団型コミュニティの利用が主流である．さまざまなバーチャル集団型コミュニティを利用している人ほどアクセス数が多くなるが，バーチャル集団型コミュニティの利用は書き込み行動を誘発しないため，オンラインコミュニティ利用者は書き込みを行わないROM（Read Only Member）

表14-7 オンラインコミュニティ利用行動に対する回帰分析結果(日本サンプル)

	月間アクセス数 β	書き込みの有無 β	月間書き込み数 β
現実集団型利用種類数	-0.004	0.842**	0.255**
バーチャル集団型利用種類数	0.177†	0.261	0.079
友達づきあい頻度	-0.093	-0.091	-0.120
親戚づきあい頻度	0.143	-0.105	-0.079
コネの社会的効用の認知	0.052	0.081	-0.043
社会的スキル	0.074	0.330	0.079
性別	0.008	-0.084	0.130
年齢	-0.058	0.000	-0.029
学歴(教育年数)	0.149	0.096	0.005
職業(フルタイム就業:1, 他:0)	0.133	0.025	0.083
自由度調整済R^2(*Nagelkerke R^2)	0.043	0.184※	0.040
正判別率	-	66.9%	-

†: $p<0.1$, *: $p<0.05$, **: $p<0.01$, ***: $p<0.001$

表14-8 オンラインコミュニティ利用行動に対する回帰分析結果(韓国サンプル)

	月間アクセス数 β	書き込みの有無 β	月間書き込み数 β
現実集団型利用種類数	-0.050	0.561*	0.090†
バーチャル集団型利用種類数	0.000	-0.043	-0.007
友達づきあい頻度	0.085	0.304*	0.136**
親戚づきあい頻度	0.050	-0.203	-0.049
コネの社会的効用の認知	0.014	-0.106	-0.028
社会的スキル	0.103*	0.118	0.080
性別	0.029	-0.046	0.028
年齢	-0.101†	-0.343**	-0.164**
学歴(教育年数)	-0.016	0.049	-0.065
職業(フルタイム就業:1, 他:0)	0.101†	-0.087	0.101†
自由度調整済R^2(*Nagelkerke R^2)	0.014	0.144※	0.046
正判別率	-	76.0%	-

†: $p<0.1$, *: $p<0.05$, **: $p<0.01$, ***: $p<0.001$

になりやすい．書き込みを行わない不活発なメンバーが多いことが，日本サンプルのオンラインコミュニティアクセス頻度を抑制していると考えられる．

　日本サンプルでは人づきあいの頻度とオンラインコミュニティ利用行動の間に関連がみられないが，韓国サンプルでは友達づきあい頻度が高いほど書き込み

率・書き込み数が活発になっている．このことは，韓国サンプルで現実集団型コミュニティの利用が主流であることの反映であると同時に，現実社会の人づきあいを促進・補完するメディアとしてオンラインコミュニティが位置づけられていることを示唆している．

日本サンプルではオンラインコミュニティが現実社会の人づきあいとは無関係のメディア，韓国サンプルでは現実社会の人づきあいを支援するメディアとなっている原因はどこにあるのだろうか．

日韓の全般的な社会状況に目を向けると，韓国では2001年にインターネットの人口普及率が50％を突破し[8]，オンラインコミュニティ利用者の大半は現実集団型コミュニティを利用している．韓国社会では友人関係を形成・維持する手段として現実集団型コミュニティを利用することが早期に普及したため，韓国サンプルで友達づきあいが活発な人はオンラインコミュニティも同様に活発に利用していると考えられる．

一方，日本でインターネットの人口普及率が50％を超えるのは2003年末以降であり，オンラインコミュニティ利用者も現実集団型コミュニティをあまり利用していない．日本社会では友達づきあいの手段として現実集団型コミュニティを利用することが普及しておらず，オンラインコミュニティ上の交流は友達づきあいとは別種の，趣味的な情報交換などの情報行動として位置づけられていると考えられる．

6. 考察

日韓のオンラインコミュニティをめぐる状況の相違は，社会情報システム構造の視点から包括的に説明することができよう．

韓国社会ではインターネット普及以前から地縁・血縁・学縁が強くコネが重視されていたため（社会情報環境層），個人がオンラインコミュニティを利用する際に，現実集団型コミュニティとして利用することを動機づけた（情報行動層）．次に，現実集団型コミュニティが人づきあいの手段として社会で定着したことが，オンラインコミュニティの利用率をさらに高め，オンラインコミュニティ利用が対面コミュニケーションを促進・補完する関係が生じた（メディア環境層）．さらに，社会的に広く現実集団型コミュニティが利用されている状況が，オンライ

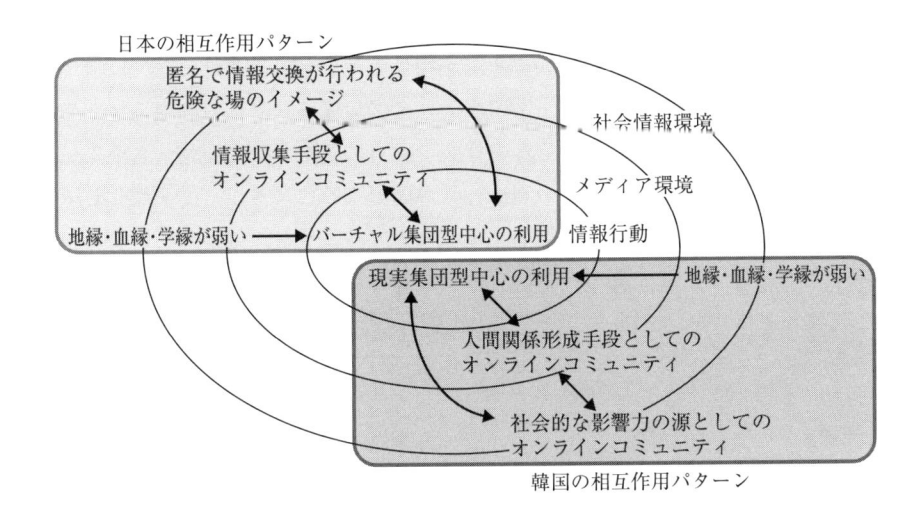

図 14-5 日韓の社会情報システムとオンラインコミュニティの相互作用

ンコミュニティに社会的な影響力を持たせた（社会情報環境層）．オンラインコミュニティの社会的な影響力は再び個人に回帰し，オンラインコミュニティ利用動機を高めている（情報行動）と考えられる（図14-5）．

一方，日本では韓国と比較して地縁・血縁・学縁が弱く，コネも重視されていなかった（社会情報環境層）．そのため個人がオンラインコミュニティを利用する際も，現実集団型コミュニティを利用する動機づけが小さく，バーチャル集団型コミュニティでの情報交換という利用形態が広まった（情報行動層）．バーチャル集団型コミュニティのコミュニケーションは，現実社会の人づきあいとは異なる情報行動であるため，オンラインコミュニティ利用が対面コミュニケーションに影響を及ぼすことは少なかった（メディア環境層）．バーチャル集団型では匿名での情報交換が行われやすいため，オンラインコミュニティが危険な場であるというイメージが醸成され（社会情報環境層），オンラインコミュニティに対する負のイメージが，個人のオンラインコミュニティ利用動機を抑制している（情報行動）と考えられる．

以上のモデルは調査データによる裏づけが不十分な点もあるが，地縁・血縁・学縁などの人びとの結びつきを軸に日韓のオンラインコミュニティをめぐる従来の知見を包括的に説明することが可能である．社会情報システムというマクロな

視点からメディアを分析するアプローチの有効性を示しているといえよう．

　当該アプローチでは，新たなメディアが複数の社会に導入されると，以前からあった人びとの情報行動・メディア環境・社会情報環境，それらの環境とメディアとの相互作用を通じて，それぞれの社会で独自に新たな社会情報システムが形成されていくと考える．メディア利用行動の国際比較にとどまらず，社会とメディアのダイナミズムについて理解を深めるうえで，こうした包括的なアプローチの必要性が今後ますます高まっていくのではないだろうか．

注

序章
1. USENETは，ニュースグループと呼ばれる掲示板の集合である．本来，新たなニュースグループを開設するには，ユーザたちの承認を得る必要があった．しかし，より自由な情報交換の場として，altを名乗るニュースグループが登場した．このカテゴリーでは，承認は必要とされず，アンダーグラウンドな情報や，サブカルチャーに関する情報が大量に流通することとなった．
2. 遠藤2007参照．

第1章
1. ただし，彼の議論には，近代初期を理想化しすぎているなど，明らかな問題点も指摘されている．彼に対する批判については，たとえばThompson 1995などに，簡潔にまとめられている．
2. メーリングリストとは，特定のテーマについて，登録されたメンバーのメールをすべてのメンバーへ送りあうことで，集団的なコミュニケーションの場を構成するシステム．
3. 2007年4月29日時点では，http://www.noreascon.org/users/sflovers/u1/web/index.htmに移動．

第2章
1. Suddenlyillという人物によって2007年3月20日にYouTubeに投稿された．3月23日23時35分時点で21,832ビューとなっている（http://www.youtube.com/watch?v=9qPdGgg57aU）．
2. オーウェルの"Big Brother"は"B.B."と略記される．一方，IBMは，広告などに企業イメージを示す色として青を多用することから，"Big Blue"，略して"B.B."と呼ばれる，という付随的エピソードもある．
3. 実はこのCMは，1984年にApple社がマッキントッシュを発表したときのCM

をリメイクしたものである．1984年バージョンとの違いは，女性が腰にiPodを付けていることである．元のそして，2004年のCMは，iPodが，1984年時点でのマッキントッシュに匹敵する大きな変化をもたらすであろうと暗に主張したわけである．

4. Barlow, John Perry, 1996.2, "Declaration of Independence for Cyberspace", http://www.fiu.edu/~mizrachs/decl-indep.html
5. http://www-06.ibm.com/jp/e-business/ad/tvcm/innovation/（2006.11.23閲覧）
6. もっとも，個人の自律性や可能性を謳歌するコンセプトのCMであるにしては，なぜか全体が暗鬱なトーンであるように感じるのは，筆者の感受性に問題があるのだろうか？ しかも，なぜCM音楽として，60年代のヒット曲が選ばれねばならなかったのだろうか？ このTV CMは，アメリカでも使われている（http://www-03.ibm.com/innovation/us/advertising/advert_helpdesk.shtml, 2007.1.27最終確認）．
7. Time誌はその年の最高の発明を「Invention of the Year for 2006」として選出しているが，2006年にこの賞は動画共有サイトYouTubeに与えられた．
8. "Time's Person of the Year: You", http://www.time.com/time/magazine/article/0,9171,1569514,00.html
9. 詳しくは，遠藤2004など参照．
10. ただし，複数登録している人が多いと考えられるので，ブログやSNSを開設している人の実数はもっと少ない．
11. Pew Internet Project, "Bloggers: A portrait of the internet's new storytellers", 7/19/2006, http://www.pewinternet.org/PPF/r/186/report_display.asp
12. 総務省「報道資料　ブログ及びSNSの登録者数」2006.4.13, http://www.soumu.go.jp/s-news/2006/060413_2.html
13. 韓国では，1999年9月からサービスを開始したサイワールドが，2004年には会員数1200万人をこえ，国民の四分の一が会員となった．さらに，2007年2月には2000万人を超えた．
14. データは各時期の報道記事による．
15. http://wwwz.fujitv.co.jp/ainori/index.html（2007.4.7閲覧）
16. http://www.svt.se/robinson/
17. 日本でもTBSで2002年4月9日から2003年3月11日に放送されたが，道徳的批判などにより，短期で打ちきりとなった．
18. イギリス　Celebrity Big Brother http://www.channel4.com/bigbrother/

index.jsp
19. アメリカ　Big Brother 7　http://www.cbs.com/primetime/bigbrother7/
20. オランダ　Big Brother 6　http://www.tien.tv/big-brother/　2007.1.27.07
21. ブラジル　Big Brother Brasil 7　http://bbb.globo.com/
22. ロシア　Big Brother 3　http://www.bigbrother.bg/
23. スウェーデン　Big Brother 2006　http://bb06.bigbrother.se/
24. http://www.afpbb.com/article/1280148
25. このエピソードには後日談がある．2007年4月17日の時事通信によると，「いじめられた」女優であるシルバ・シェティは，ニューデリーでのエイズ撲滅イベントで，人気ハリウッド俳優のR.ギアから熱烈なキスを受け，インド国民の憤激を浴びることとなった（http://www.jiji.com/jc/a?g=afp_cul&k=20070417011978a）．さらに，2007年4月26日のCNNニュースは，インドの裁判所がR.ギアに対して逮捕状を，シェティに対しては召還令状を出したと伝えた（http://www.cnn.co.jp/showbiz/CNN200704260041.html）．
26. 2006年末の紅白歌合戦で，DJ OZMAのバックダンサーたちが裸体に見えるような衣装で踊った出来事．
27. システム・オペレーター．個々のフォーラムのコーディネータのような役割を果たす人物．
28. 2006年4月から6月にかけて，長野県で連続放火事件が起こった．犯人は，人気アイドルに似ているということから，そのアイドルの名前と自分の名前を合わせた「くまえり」という名前で，ブログを書いていた．このブログに再三にわたって放火事件のことが書かれていたため，警察に追求され，本人も犯行を認めた．
29. 2007年3月19日掲載．3月23日時点で，アクセス数は2,410回である．
30. ただし，ビデオといっても，この場面が15秒間映っているだけである．

第3章

1. http://www.youtube.com/watch?v=0XxI-hvPRRA（2007.4.25最終閲覧）．本人のサイトは，http://www.theevolutionofdance.com/index.html（2007.4.25最終閲覧）．
2. http://www.youtube.com/watch?v=0XxI-hvPRRA（2007.4.25最終閲覧）．本人のサイトは，http://www.smosh.com/（2007.4.25最終閲覧）．
3. Daft and Lengel 1986など．
4. この結果，2006年秋，YouTubeはGoogleに16億5000万ドルで買収された．

5. ここから，当然著作権の問題が発生する．
6. http://en.wikipedia.org/wiki/Numa_Numa
7. すでにあるビデオや音楽を再編集したり，混成させたりして新たな「作品」をつくりだすこと．
8. http://www.newnuma.com/index.html
9. http://www.youtube.com/watch?v=9j-eaK_jkfg
10. 2001年12月に歌手の田代まさしが破廉恥罪で逮捕された．これをネタにしてネット上で祭りが起こった．
11. 左から，http://www.myspace.com/hillaryclinton，http://www.myspace.com/barackobama，http://www.myspace.com/joinrudy2008
12. http://www.cnn.co.jp/usa/CNN200703220035.html，ヒラリー議員中傷の映像投稿，オバマ氏支持の男性が制作．

    2007.03.22　Web posted at: 19:32 JST- CNN

    　ニューヨーク（CNN）　次期米大統領選に出馬を表明した民主党の有力候補，ヒラリー・クリントン上院議員を独裁者などと中傷し，ライバル候補のバラク・オバマ上院議員を支持する映像をインターネットの動画投稿サイト，ユーチューブに投稿し，人気を集めていた問題で，オバマ氏の支持者である男性が21日，映像の制作を認めた．

    　男性は，オバマ氏を含む大統領選立候補者のウェブサイト制作などで技術を提供する企業に以前勤務．人気のブログ上で映像への関与を認め，「民主党の大統領候補を選ぶ過程で，個人が影響力を持つことを示したかった」などと述べている．（中略）

    　オバマ議員側は，広告とのつながりを全面否定していた．
13. 一方日本では，２００７年４月の都知事選で，一部の候補者の政見放送がYouTubeに流れて話題となった．しかし，新聞報道によると，選挙管理委員会は関連動画の削除をYouTubeに要請した．

第4章

1. Fischer 1984.
2. 2006年12月10日17時38分時点．
3. 『遊☆戯☆王』は，1996年〜2004年に『週刊少年ジャンプ（集英社）』に連載された高橋和希のコミック（単行本は全38巻）．テレビアニメ化された『遊☆戯☆王』は1998年4月4日〜10月10日（全27話）にテレビ朝日系（ただし福井放送は除く）で，『遊☆戯☆王デュエルモンスターズ』が2000年4月18

日〜2004年9月29日にテレビ東京系で（全224話），「遊☆戯☆王デュエルモンスターズGX」が2004年10月6日からテレビ東京系で放映中である（2006年12月10日現在）．また，東映が制作した劇場用映画『遊戯王』は1999年公開，『Yu-Gi-Oh! The Movie（遊☆戯☆王デュエルモンスターズ劇場版「光のピラミッド」）は2004年全米公開された．その他，「遊☆戯☆王オフィシャルカードゲーム デュエルモンスターズ」は，コミック『遊☆戯☆王』に登場する架空のカードゲーム『マジック・アンド・ウィザーズ』をモチーフにして，コナミが制作・販売しているトレーディングカードゲームで，カード販売総数が150億を超え，世界で最も行われているカードゲームとしてギネスに登録された（wikipediaなど参照）．

4. ちなみに，「遊戯王」で検索すると，全世界で155万件，日本語サイトのみでは133万件がヒットする（2006.12.10 17:48）．
5. 「オタク」の表記は，「おたく」「オタク」「ヲタク」「ヲタ」など年代によって，あるいは語り方によってさまざまに異なる．しかし，本章ではこれらを一括して「オタク」と表記する．ただし，引用文中や特に表記に重要な意味がある場合はこの限りではない．
6. 1988年から1989年にかけて，埼玉県と東京都で4人の幼女が相次いで誘拐，殺害された事件．警察庁広域重要指定117号『連続幼女誘拐殺人事件』．
7. 中森の叙述にもあるように，〈オタク〉は必ずしも性別を問わない．しかし，〈彼ら／彼女ら〉と書くのは煩雑なので，以降，〈彼ら〉という表記によって女性も含むものとする．
8. 1935-2004．『悲しみよこんにちは』（1954）により，10代で文壇の寵児となった．
9. 「2005/03/15 中森明夫「おたくの研究」をめぐって(2)」
   http://takekuma.cocolog-nifty.com/blog/2005/03/post_11.html
10. 『オタクとは何か？』
    第1回 なぜ「オタクとは何か？」と問うのか？
    http://web.soshisha.com/archives/otaku/2006_0824.php
    第2回 オタク修行篇・序章
    http://web.soshisha.com/archives/otaku/2006_0921.php
    第3回 オタク密教とオタク顕教〜竹熊健太郎氏との対話（1）
    http://web.soshisha.com/archives/otaku/2006_1019.php
    第4回 オタクの自意識〜竹熊健太郎氏との対話（2）
    http://web.soshisha.com/archives/otaku/2006_1123.php

11. 2ちゃんねる管理人の西村氏は，筆者がオーガナイズしたシンポジウム（2003年）の席で，「2ちゃんねるでのコミュニケーションは基本的に「殺伐」であることがルールである」といった主旨の発言をしている．なぜなら，自己紹介や挨拶など（これらは2ちゃんねるでは「馴れ合い」と呼ばれる）は情報交換の密度を薄めるから，というのが彼の主張であった．このような考え方は，USENETなど初期のコンピュータ・ネットワークにおいてはかなり共有されていたものである．
12. ただし，こうした分類は，日本のオタクに関するそれと同様，きわめて恣意的である．

第5章

1. 2011年の地上デジタル放送完全移行に向けて，現東京タワーでは機能が不足するとの議論から，第二東京タワーが計画された．2005年3月28日，第一候補地が墨田区に決定した．2006年11月24日，「第二東京タワー」のデザインが発表された．監修は，建築家の安藤忠雄と彫刻家で元東京芸大学長の澄川喜一で，日本の美を意識したという．2011年竣工予定．
2. フランキー 2005: 3-4.
3. 見田 1979: 41-42.
4. 「厚生労働省　医療法人のホームページ」
   http://www.mhlw.go.jp/topics/bukyoku/isei/igyou/midashi.html
5. 厚生労働省医政局指導課「平成15年度　病院経営収支調査年報」
   http://www.mhlw.go.jp/topics/bukyoku/isei/igyou/igyoukeiei/syushityousa/15-syushi.html（2006.12.8閲覧）
6. 労働者派遣事業の適正な運営の確保及び派遣労働者の就業条件の整備等に関する法律（労働者派遣法）2条の定義によれば
   1. 労働者派遣
      自己の雇用する労働者を，当該雇用関係の下に，かつ，他人の指揮命令を受けて，当該他人のために労働に従事させることをいい，当該他人に対し当該労働者を当該他人に雇用させることを約してするものを含まないものとする．
   2. 派遣労働者
      事業主が雇用する労働者であって，労働者派遣の対象となるものをいう．
7. 平成16年「派遣労働者実態調査」「事業所表　第1表　産業・地域ブロック・事業所規模・事業所の主な形態，派遣労働者の就業の有無別事業所数の割合」
   http://wwwdbtk.mhlw.go.jp/toukei/kouhyo/indexkr_35_1.html, ji-hyo1.xls

注　263

8. 平成16年「派遣労働者実態調査」「派遣労働者表　第1-1表　性・産業・事業所規模，年齢階級別派遣労働者数の割合及び平均年齢」http://wwwdbtk.mhlw.go.jp/toukei/kouhyo/indexkr_35_1.html, ha-hyo1-1-1.xls
9. 一般に，定年まで雇用することを前提とする雇用．
10. 内閣府の「青少年の就労に関する研究調査」（2005年）によれば，「高校や大学などに通学しておらず，独身であり，ふだん収入になる仕事をしていない，15歳以上35歳未満の個人」を無業者と呼び，無業者は以下の3タイプに分類される：
    1. 求職型：就職希望を表明し，求職活動をしている個人
    2. 非求職型：就職希望を表明しながら，求職活動はしていない個人
    3. 非希望型：就職希望を表明していない個人

    このうち1を除く2と3が，いわゆるニートと見なされている．
11. 『平成15年版国民生活白書』では，フリーターを，15〜34歳の若年（ただし，学生と主婦を除く）のうち，パート・アルバイト（派遣等を含む）および働く意志のある無職の人と定義している．
12. 正規雇用以外の被雇用者．パート，アルバイト，嘱託，契約社員，派遣労働者などが含まれる．
13. 「労働力調査　長期時系列データ」http://www.stat.go.jp/data/roudou/longtime/03roudou.htm#det（2007.1.29閲覧）
14. http://www.mhlw.go.jp/wp/hakusyo/roudou/06/index.html/
15. 14の選択肢のうち，回答率の上位7項目を表示．
16. http://www.mhlw.go.jp/toukei/itiran/roudou/koyou/keitai/03/index.html
17. 厚生労働省，2005年9月発表　『派遣労働者実態調査結果の概況』
    http://www.mhlw.go.jp/toukei/itiran/roudou/koyou/haken/04/kekka13.html
18. 厚生労働省，2005年9月発表　『派遣労働者実態調査結果の概況』
    http://www.mhlw.go.jp/toukei/itiran/roudou/koyou/haken/04/kekka13.html
19. 『2006年版　中書企業白書』「第1部第2章　中小企業の開廃業・倒産・事業再生の動向」
    http://www.chusho.meti.go.jp/pamflet/hakusyo/h18/H18_hakusyo/h18/html/i1210000.html
20. 山田久，2006/09/27「「地域格差」は拡大しているか」
    http://www.jri.co.jp/thinktank/research/jri_060927.pdf
21. http://www.city.yubari.hokkaido.jp/cgi-bin/odb-get.exe?WIT_template=AC020000&WIT_oid=icityv2::Contents::1644

22. http://www.city.amami.lg.jp/amami02/update/upload/zaiseidemae.pdf（2006.12.21最終閲覧）
23. http://www.city.atami.shizuoka.jp/icity/browser?ActionCode=content&ContentID=1165395071827&SiteID=0000000000000&FP=toppage

第6章

1. http://www.well.com/~szpak/cm/
   http://madhaus.utcs.utoronto.ca/local/internaut/comm.html
2. EIESについては，http://www.livinginternet.com/r/ri_eies.htm など参照．
3. Kevin McKeown, 1999, "Social Norms and Implications of Santa Monica's PEN (Public Electronic Network)", http://www.mckeown.net/PENaddress.html（2006.12.21最終閲覧）
4. http://www.johotsusintokei.soumu.go.jp/whitepaper/ja/h14/excel/E1035001.xls
5. http://www.johotsusintokei.soumu.go.jp/whitepaper/ja/h18/html/i1211000.html
   http://www.johotsusintokei.soumu.go.jp/whitepaper/ja/h18/excel/i1201000.xls
6. 調査主体：（独）通信総合研究所・東京大学社会情報研究所協働研究グループ，調査期間：2002.10.17～11.4，調査対象：全国の満12歳以上75歳以下の男女，標本数：3,500人，抽出法：層化二段無作為抽出法，調査方法：調査員による訪問留置訪問回収法，有効回収数：2,333人（66.7％）．

第7章

1. セルフヘルプに対する注目の高まりは，たとえばWHOによる精神医療充実に関する指針に言及されていることからもわかる（World Health Organization 2001=2004）．
2. 期間は2004年4月から2006年2月まで．なお，筆者がインタビューをおこなった調査対象者は，すべて筆者と同じようにネットを検索し，発見したウェブサイトでコミュニケーションを図り，オフ会参加へ至っている．オフ会の参加回数は17回．ただしインタビューはオフ会とは別の機会にもおこなっている．
3. すべて自己申告による．
4. 調査協力者のプライバシーに配慮し，住所や本名は聞いていないため，個人に関する情報はすべて自己申告による．
5. 厚生労働省による平成14年度の患者調査によれば，統合失調症および神経症の受療者の年齢分布は40～50歳を中心としたほぼ左右対称の山型，うつ病を含む気分障害の受領者は，30歳代から増えはじめ60～70歳にピークを迎える．

注　265

6. 厚生労働省による平成14年度の患者調査によれば精神疾患での全受療者数の内訳は，統合失調症33％，気分障害（うつ病含む）32％，神経症・ストレス障害23％，てんかん12％である．入院患者は，圧倒的に統合失調症が多い（厚生労働省 2004）．
7. ネット上で名乗るニックネームのこと．
8. 筆者がおこなった調査以外にも，この傾向をうかがわせる調査結果がある．必ずしもすべてが精神疾患を患う人びとではないが，ひきこもりの人びとが集う掲示板を対象とした奥山らの研究では，医療に関する書き込みは，肯定的なものより，否定的なもののほうが多かったという（奥山今日子・久田満 2002）．
9. 日本のデータは，WHOによる世界保健調査と同様の方法を採用した疫学的調査による．
10. 北海道札幌市内のSHGを対象とした調査では，SHG参加へのきっかけは，医療サービスをになう機関による紹介が最も多かった（志水幸 2002）．
11. もちろん，欧米と一口に言っても，国や地域でさまざまであり，それぞれに良し悪しがある．さらに日本との比較となると，精神医療制度の変遷・歴史的背景が全く異なっているため，一概にどちらが優れているとは言えない．ただ，ネット上のリソースに限っては，単純なサーチエンジンの検索結果以上の格差があることは否めない．
12. 無縁の原理は，世俗の社会関係からの離脱であるが，離脱ののちまた別種の社会関係のなかに組み込まれるという側面もある．したがって，「重畳の離脱」とは異なっていると思われるかもしれない．しかしここでは，元の世俗的な社会関係と比して安定的ではなく，むしろ常に揺れ動く可能性があるからこそ「無縁」として概念化されていると解しておくことにする．

第8章

1. 本章では詳述する余裕がないが，再帰的近代とは，簡単に言えば近代における社会システムの自省的な性格――「問題」が認識されれば，システム自体が「問題」に対応したものへと変化していく――を表す概念である．ベックをはじめ，アンソニー・ギデンズ（Anthony Giddens），スコット・ラッシュ（Scott Lush）などの論者によって，理論的な洗練が目指されている（Beck, Lush, Giddens 1994＝1997参照）．
2. 本章では，フレーミングやそれに類する行為や，悪意のあるスクリプトの貼り付けなどを「荒らし」行為として捉えている．
3. 「ミクシィ・ランキング」とは，登録者の「ミクシィ」におけるアクセス数を

競うランキング・サイトであったが，2006年4月に閉鎖されている．
4. こうしたことに関連して，デヴィッド・ライアン（David Lyon）は，「リスクを最小化しようとかくも苦心して発展してきたシステムそのものが，それ自体，新たなリスクを作り出す」という示唆的な表現をおこなっている（Lyon 2001＝2002: 256）．

第9章

1. 年に2回行われる日本で一番規模の大きい同人誌即売会のこと．なお，同人誌とは同好会や個人によって作られた自費出版書籍のことである．
2. インターネットに台頭しつつある新たな利用方法やサービスの総称．明確な定義があるわけではなく，それらに共通した要素がキーワードとして列記されることで説明されている．詳しくはhttp://www.oreillynet.com/pub/a/oreilly/tim/news/2005/09/30/what-is-web-20.htmlを参照．
3. 従来は全体の売り上げの8割が2割の商品による売り上げであるという「2:8の法則」が成り立っていたが，ウェブ2.0では検索をはじめとした技術による情報への到達可能性の向上でニッチな商品の総計が売り上げ全体に対して無視できなくなるほど大きくなる現象．
4. オリジナルな作品（一次的な創作）をもとにした二次的な創作のこと．
5. 画像を使わなくてもスレッドを作成することはでき，その場合は文字スレ（文字スレッド）と呼ばれるようになる．
6. 特定のコミュニティ内でそのコミュニティの暗黙知に反した行為をすること．またはその行為者．
7. インターネット上で使われるニックネームのこと．
8. 名前欄に何も記入しなかったときに表示される名前．
9. タイトル欄に何も記入しなかったときに表示されるタイトル．
10. 空欄を表しており，どう発音するのかは不明だが，おそらく「としあき」と読むものと思われる．
11. 画像や音声・動画などを手元のPCからウェブサーバ上にアップロードするサイトのこと．
12. TRPGなどのゲームを遊んでいる様子を記録したもの．
13. 本章でもその流儀に従い，参考にした一部のふたばファンサイトの表記を控えることにしている．
14. 人間でないものを人間になぞらえて表現すること．鳥獣人物戯画でカエルやウサギが人のように描かれているように古くから存在する表現技法．
15. 自身のサイトで自分の写真を公開し，掲示板やチャットなどでファンと交流し，

インターネット上で人気を得ている女性のこと．
16. 師匠が弟子の習熟度合いを見極めて直接口頭で物事を伝えること．
17. インターネット上での口論のこと．

第10章

1. パソコンと楽曲制作ソフトと音源（シンセサイザー）連動させるシステムを使った楽曲制作のこと．
2. 「プレ王」には，登録会員数は120,000人，公開作品数は6,000作品，月間ページビューは2,100万件にまで達したように，公開作品数を除けば，国内の音楽コミュニティーサイトでは最大の規模を誇っている（2006年9月現在）．
3. 日本経済新聞 2006/09/12, 2006/07/26, 2004/12/10, 日経産業新聞 2004/10/18, 日経流通新聞 2002/04/02など．
4. 「e-life seminar report」2003 september No.2より引用．

第11章

1. バイク便産業が誕生したのは1980年代のアメリカの都市においてである．日本においては，1980年代の後半以降，急速に発展した．園部は，1980年代を通じて増加した職業のひとつとして，道路貨物運送業を挙げている．1980年と1990年を比較すると，その伸びは，158パーセントにもなる．彼によると「一方で，情報化社会のなかでのコンピュータ関連技術者の増大，他方で，ビルの清掃や管理，物の運搬に携わる人々の増大が見られる」ことは，世界の他の大都市と同様，東京においても階層が二極分化していることのあらわれであるとされている（園部 1999: 5）．さらに，運送業に限ってみていくと，歩合給などの変動給で働く労働者の数も増えてきている．その背景には，市場競争による低賃金化の進行と需要の波動性の増大がある（桜井ほか 2001: 211-214）．
2. バイク便ライダーたちの労働が「すり抜け」をめぐる「ゲーム」としての性格を帯びていく過程と，そのことのもたらす帰結については，詳しくは，阿部 2005を参照していただきたい．
3. 2ちゃんねるとは，1999年に開設され，驚異的なユーザー数を集めた巨大掲示板である．詳しくは，遠藤 2004に所収の遠藤薫と2ちゃんねるの管理人，西村博之との対談を参照していただきたい．
4. イ・コンマム，安田（ゆ）訳，「韓国：バイク便労働者，初の集会」レイバーネット内の記事（http://www.labornetjp.org/worldnews/korea/knews/00_2006/1137417269111Staff/view）

第12章

1. ひとつ当たりの商品を単位としながら，販売動向を分析し，商品構成・品揃え・商品開発などに活かしていくことを指す．それまでの商品管理は，単品ごとではなく，カテゴリーごとの管理であった．だが，セブン-イレブンをはじめとしたコンビニ各社は，商品の単品管理へと切り替えることで，年間7割にもおよぶ商品の入れ替えに成功したとされる．
2. 生産，配送，在庫，販売といった商品供給の流れを「供給の鎖」(サプライチェーン)と捉え，それぞれのセクターに参加する部門・企業が必要な情報を共有・管理することで，モノの流れの最適化を作り出す手法，および情報システムのことを指す．これは，生産部門が規模の利益を追求するべく少品種大量生産を目指した結果，販売部門が大量の在庫を抱えてしまうといった，個別の最適化が全体の不利益をもたらす事態を避けるために考えられた手法である．

第13章

1. 調査一覧参照のこと．

	調査日，インフォーマント	主な調査内容
三鷹	2004年10月22日，地方自治研究集会，A氏講演 2004年10月31日，eまちあるき(三鷹駅前)B氏 2004年11月11日，まちづくり懇談会(三鷹駅前)B氏 2005年3月11日，eコミュニティプラットフォームシンポジウム，C氏 2005年10月7日，三鷹市D氏(ヒアリング) 2005年10月21日，地域メディア研究会 B氏，C氏 2006年5月1日，A氏(ヒアリング) 2006年5月15日，三鷹市E, F氏(ヒアリング)	・このところの市民参加が低調な理由 ・eまちあるき(三鷹駅前)への参加 ・まちづくり懇談会(三鷹駅前)への参加 ・今回のeまちづくりについて ・A氏の発表の妥当性について ・市長選においての「農業公園」をめぐる事実関係 ・その後の市民参加について ・三鷹の広報とまちづくりについて
藤沢	2004年6月20日，eデモクラシー出版記念シンポジウム，藤沢市市民自治推進課A氏および市民参加者 2004年11月19日，藤沢市B氏，C氏(ヒアリング 2005年5月17日，藤沢市A氏，市民電子会議室運営委員D氏，E氏(ヒアリング) 2005年10月21日，地域メディア研究会(藤沢)市民参加者へのヒアリング 2005年10月21日，藤沢市F氏(ヒアリング)	・藤沢の市民参加，とくに，年1回の地区市民集会から常設の市民参画システムとしての「くらし・まちづくり会議」に発展させていった市民，行政の要因について ・市民の意見が提案型の意見に変化したとき，行政がそれを受けとめようとする基盤が，どのように形成され，行政がどう変わっていったのか ・藤沢市の市民参加が，行政計画策定に際しての市民参加と大きく異なるようになった理由

2. 藤沢市，三鷹市ともにICTを使った取り組みをしているが，その目的は異なる．比較研究するには，同じ目的と仕組みでなければ，比較できないということになるだろう．本来ならば，一人ひとりの市民が市民参加する際のツールとしてICTがどのような役割を果たしたのかについて，市民の市民参加の歴史から記述しなければならないものであるが，今回は紙面の都合上，演繹的に書かざるを得なくなっていることを断っておく．聞き取り調査をふまえた市民の立場からの記述は，別に稿を起こす予定である．
3. 総務省，2005年，『ICTを活用した地域社会への住民参画について』によると，全国の地方自治体の電子市民会議室の設置状況に関する調査（2002年12月，慶應義塾大学SFC研究所と株式会社NTTデータ）では，733の自治体で電子市民会議室を設置しているが，活発に建設的な議論が行われているものはわずか4団体程度（藤沢市，大和市，三重県，鳥取県）にすぎない．
4. なお，くらしまちづくりの発足は1997年5月で，市民電子会議室は1996年9月に実験プロジェクトを発足し，1997年2月には実験を開始されており，同時に発想され，両輪として動き出した仕組みであると捉えられる．
5. 藤沢市市民自治推進課データ．
6. 市民電子会議室には，二つの目的があった．一つは市政への市民参加を促すことであり，もう一つはネット上のコミュニティを作ることである．前者のために市政に反映するような議論をする「市役所エリア」が存在し，後者には参加者が開いた会議室で自由に話ができる「市民エリア」が存在する．
7. 金子郁容・藤沢市市民電子会議室運営委員会，2004，『eデモクラシーへの挑戦　藤沢市市民電子会議室の歩み』，岩波書店，88.
8. 金子郁容・藤沢市市民電子会議室運営委員会，前掲書，88.
9. 2005年6月に，三鷹市，東京大学大学院工学系研究科，株式会社NTTデータ『三鷹市e市民参加プロジェクト報告書』がとりまとめられている．ここでは，この報告書のデータをもとに，e市民参加を分析する．
10. 三鷹市，東京大学大学院工学系研究科，株式会社NTTデータ『三鷹市e市民参加プロジェクト報告書』，16.
11. 三鷹市，東京大学大学院工学系研究科，株式会社NTTデータ『三鷹市e市民参加プロジェクト報告書』，46.
12. 三鷹市，東京大学大学院工学系研究科，株式会社NTTデータ『三鷹市e市民参加プロジェクト報告書』，46.
13. ヒアリングでは，行政内での功績づくりがあげられた．
14. なお，ここではテクノクラートを技術官僚のみならず，政策形成に関わる行政

関係者として捉える．

第14章

1. 韓国のオンラインコミュニティ利用行動が日本より活発であることは，一般サンプルを用いた他の調査でも報告されている（吉井ら 2005）．
2. 本調査では調査対象者に，オンラインコミュニティのアクセス頻度，書き込み頻度について「日に2,3回以上」～「月に1回以下」の選択肢で回答させた．月間アクセス数，月間書き込み数は，分析の都合上頻度を1か月あたりの利用回数に換算したものである．
3. 「集団の基盤」の設問では「わからない」の選択肢も設けていたが，「わからない」は集団の基盤が現実の社会集団にあることを認知していないのであるから，分析では「いいえ」に含め「はい」「いいえ・わからない」の2群に分けた．しかし日本サンプルではオンラインコミュニティ利用者の27.1％，韓国サンプルでは6.8％が「わからない」を選択しており，今後の研究では回答しやすい設問文に改良する必要がある．ここでは本章の知見をふまえて，「学校・企業・同窓会など現実社会の集団ですか，現実社会の集団とは関係ないインターネット上の集団ですか」という改良案を提示しておきたい．
4. 本調査では社会的スキルを測定するため，菊池のKiss-18尺度から仕事関連の質問項目を除いた14項目の設問を用いた（五件法）．篠原・三浦（1999）ではKiss-18の結果は3因子構造であったが，本調査データでは日韓サンプルともに因子分析結果（最尤法・バリマックス回転）の固有値が1から2の間で落ち込んでいたため1因子構造と判断し，社会的スキル設問の合計値を分析に使用した．尺度の信頼性（クロンバックのα）は日本サンプルで0.899，韓国サンプルで0.844であり，十分な内的一貫性がある．
5. 「コネの社会的効用の認知」尺度の信頼性（クロンバックのα）は日本サンプルで0.807，韓国サンプルで0.764であり，十分な内的一貫性がある．
6. 本調査実施時点ではオンラインコミュニティ分類方法が確立しておらず，調査対象者に現実集団型・バーチャル集団型の利用数をたずねる設問を用意できなかったため，やや迂遠な方法で類型別の利用数を推定した．今後の調査研究では，たとえば「学校・企業・同窓会など現実社会の集団」「現実社会とは関係ないインターネット上の集団」の利用数を回答させることで把握が可能であろう．
7. 注6と同様，本調査で現実集団型・バーチャル集団型の利用数の設問が用意できなかったことを補う便宜上の措置として，利用種類数を説明変数に投入している．

8. 携帯電話からのインターネット利用は，パソコンからのインターネット利用とはかなり利用内容が異なるため，普及率の計算から除外した．日本の普及率は，「平成16年版情報通信白書」のパソコンからのインターネット利用人口（6歳以上・6164万人）を人口（6歳以上・1億2030万人）で除した．韓国の普及率は"2006 Korea Internet White Paper"の数値（6歳以上）による（韓国の2003年以前の普及率には携帯電話からのインターネット利用人口は含まれていない）．パソコンからのインターネット利用と携帯電話からのインターネット利用との違いについては，池田・小林 2005などを参照．

参考文献

序章

Bauman, Zygmunt, 2000, *Liquid Modernity*, Polity Press Ltd..（= 2001，森田典正訳『リキッド・モダニティ——液状化する社会』大月書店.）

Boorstin, Daniel J., 1963, 1967, 1968, 1969, *THE DECLINE OF RADICALISM*, Random House Inc., New York.（= 1990，橋本富郎訳『現代アメリカ社会——コミュニティの経験』世界思想社.）

Delanty, Gerald, 2003, *COMMUNITY*, Routledge.（= 2006，山之内靖・伊藤茂訳『コミュニティ——グローバル化と社会理論の変容』NTT出版.）

遠藤薫, 2004,「インターネットとマスメディア」遠藤薫編著『インターネットと〈世論〉形成——間メディア的言説の連鎖と抗争』東京電機大学出版局.

遠藤薫, 2007,『間メディア社会と〈世論〉形成—— TV・ネット・劇場社会』東京電機大学出版局.

Giddens, Anthony, 1992, *The Transformation of Intimacy: Sexuality, Love and Eroticism in Modern Societies*, Polity Press, Cambridge in UK.（= 1995，松尾精文・松川昭子訳『親密性の変容——近代社会におけるセクシュアリティ，愛情，エロティシズム』而立書房.）

宮台真司・鈴木弘毅・堀内真之介, 2007,『幸福論——〈共生〉の不可能と不可避について』日本放送出版協会.

盛山和夫, 2006,『リベラリズムとは何か——ロールズと正義の論理』勁草書房.

Simmel, Georg, 1908, *SOZIOLOGIE*, Untersuchugen uber die Formen der Vergeselleschaftung, Duncker & Humboly, Berlin.（= 1994，居安正訳『社会学 下』白水社.）

富田英典, 2006,「ケータイとインティメイト・ストレンジャー」松田美佐・岡田大介・伊藤瑞子編著『ケータイのある風景——テクノロジーの日常化を考える』北大路書房, 140-163.

第1章

Anderson, Benedict, 1983, *Imagined Communities: Reflections on the Origin and Spread of Nationalism*, Verso Editions, and NLB, London.（＝1987，白石隆・白石さや訳『想像の共同体――ナショナリズムの起源と流行』リブロポート.）

Barber, Benjamin R., 1995, *JIHAD VS. MCWORLD*, Times Books, a division of Random House, Inc..（＝1997，鈴木主税訳『ジハード対マックワールド――市民社会の夢は終わったのか』三田出版会.）

Baudrillard, Jean and Guillaume, Marc, 1992, 1994, *Figures de L'Alterite*, L'Association Descartes, Paris.（＝1995，塚原史・石田和男訳『世紀末の他者たち』紀伊國屋書店.）

Bauman, Zygmunt and Vecchi, Benedetto, 2004, *IDENTITY*, Polity Press Ltd..（＝2007，伊藤茂訳『アイデンティティ』日本経済評論社.）

Gibson, William, 1984, *NEUROMANCER*.（＝1986，黒丸尚訳『ニューロマンサー』ハヤカワ文庫.）

――――, 1996, *IDORU*.（＝1997，朝倉久志訳『あいどる』角川書店.）

Gore, Al., 1991, *Infrastructure for the global village*.

Habermas, Jurgen, 1962, *Strukturwandel der Offentlichkeit: Untersuchungen zu einer Kategorie der burgerlichen Gesellschaft*, Luchterhand, Neuwied und Berlin.（＝1973＝1994，細谷貞雄訳『公共性の構造転換』未来社.）

――――, 1968, *Technik und Wissenschaft als Ideologie*.（＝1970，長谷川宏訳『イデオロギーとしての技術と科学』紀伊國屋書店.）

Hall, Edward T., 1966, *THE HIDDEN DIMENSION*, Doubleday & Company, Inc., New York.（＝1970，日高敏隆・佐藤信行訳『かくれた次元』みすず書房.）

聖咲奇，1997，『電子頭脳映画史』アスキー．

Kamenka, Eugene, ed., 1982, *Community as a Social Ideal*, Edward Arnord Ltd., London.（＝1991，土生長穂・文京洙訳『社会的理想としての共同体』未来社.）

Levy, Steven, 1984, *HACKERS: Heroes of the Computer Revolution*.（＝1987＝1996，古橋芳恵・松田信子訳『ハッカーズ』工学社.）

McLuhan, Marshall, 1964, *Understanding Media: The Extensions of Man*.（＝1987，栗原裕・河本仲聖訳『メディア論――人間の拡張の諸相』みすず書房.）

McLuhan, Marshall and Powers, Bruce R., 1989, *THE GLOBAL VILLEDGE: Transformations in World Life and Media in the 21st Century*, Oxford University Press, New York.

Oldenburg, Ray., 1989, *The Great good place: cafes, coffee shops, community centers, beauty parlors, general stores, bars, hangouts, and how they get you through the day*, New York: Paragon House.

Rheingold, Howard, 1993, *THE VIRTUAL COMMUNITY*, John Blockman Asociates, Inc., New York.（＝1995, 会津泉訳『バーチャルコミュニティ──コンピュータ・ネットワークが創る新しい社会』三田出版会.）

Tënnies, Ferdinand, [1887] 1912（2nd.）, *Gemeinshaft und Gesellshaft: Grundbegriffe der reinen Soziologie*（2nd.）.（＝1957, 杉之原寿一訳『ゲマインシャフトとゲゼルシャフト 上／下』岩波文庫.）

Turkle, Sherry, 1995, *LIFE ON THE SCREEN: Identity in the Age of the Internet*, Simon & Schuster, New York.

第2章

阿部潔・成実弘至編, 2006, 『空間管理社会──監視と自由のパラドックス』新曜社.

Barbusse, Henri, 1908, *L'enfer*.（＝1954, 田辺貞之助訳『地獄』岩波文庫.）

Bogard, William, 1996, "The Simulation of Surveillance: Hypercontrol in Telematic Societies（Cambridge Cultural Social Studies）," Cambridge University Press, Cambridge.

Boorstin, Daniel J., 1962, *The Image*.（＝1964, 星野郁美他訳『幻影の時代──マスコミが製造する事実』東京創元社.）

Deleuze, Gilles, 1985, *CINEMA 2: L'IMAGE TEMPS*, Les Editions de Minuit, Paris.（＝2006, 宇野邦一ほか訳『シネマ2＊時間イメージ』法政大学出版局.）

遠藤薫編著, 2004, 『インターネットと〈世論〉形成──間メディア的言説の連鎖と抗争』東京電機大学出版局.

板倉陽一郎, 2006, 「インターネット上における「意図せぬ公人化」を巡る問題」『情報処理学会研究報告 2006-DD-58 2006-EIP-34』Vol.2006, No.128, 9-14.

Lyon, David, 2003, *Surveillamce after September 11*, Blackwell Publishing Ltd., Oxford.（＝2004, 田島泰彦監修・清水知子訳『9・11以後の監視』明石書店.）

見田宗介, 1979, 「まなざしの地獄」『現代日本の社会意識』弘文堂.

McLuhan, Marshall, 1962, The Gutenberg Galaxy.（＝1986, 森常治訳『グーテンベルクの銀河系』みすず書房.）

Orwell, George, 1949, *1984*.（＝1972, 新庄哲夫訳『1984年』早川書房.）

Simmel, Georg, 1908, *SOZIOLOGIE*, Untersuchugen uber die Formen der Vergesselleschaftung, Duncker & Humboly, Berlin.（＝1994, 居安正訳『社会学 下』白水社.）

友枝敏雄, 1998, 『モダンの終焉と秩序形成』有斐閣.

"BigBrother.com"（http://www.bigbrother.com/big-brother-in-the-world.php）.

"Big Brother 2006"（スウェーデン）（http://bb06.bigbrother.se/）.

"Big Brother 3"（ロシア）（http://www.bigbrother.bg/）.

"Big Brother 6"(オランダ)(http://www.tien.tv/big-brother/, 2007.1.27.07).
"Big Brother 7"(アメリカ)(http://www.cbs.com/primetime/bigbrother7/).
"Big Brother Brasil 7"(ブラジル)(http://bbb.globo.com/).
"Celebrity Big Brother"(イギリス)(http://www.channel4.com/bigbrother/index.jsp).

第3章

Balazs, Bela, 1924, *DER SICHTBARE MENSCH: ODER DIE KURTUR DES FILMS*, Deutsch-Osterreichische Verlag, Wien Leipzig.(=1986,佐々木甚一訳『視覚的人間――映画のドラマツルギー』岩波文庫.)
Barthes, Roland, 諸田和治訳, 1998,『ロラン・バルト映画論集』ちくま学芸文庫.
Crosby, Alfred W., 1997, *THE MEASURE OF REALITY: Quantification and Western Society, 1250-1600*, Cambridge University Press.(=2003,小沢千恵子訳『数量化革命――ヨーロッパ覇権をもたらした世界観の誕生』紀伊國屋書店.)
Daft, R. L. and R. H. Lengel, 1986, "Organizational Information Requirements, Media Richness and Structural Design," *Management Science*, Vol.32, No.5, 554-571.
Deleuze, Gilles, 1985, *CINEMA 2: L'IMAGE TEMPS*, Les Editions de Minuit, Paris.(=2006,宇野邦一ほか訳『シネマ2＊時間イメージ』法政大学出版局.)
遠藤薫, 2000,『電子社会論――電子的想像力のリアリティと社会変容』実教出版.
―――, 2003,「テクノ・エクリチュール――コンピュータ＝ネットを媒介とした音楽における身体性と共同性の非在／所在」伊藤・小林・正村編『電子メディア文化の深層』早稲田大学出版部, 77-113.
――― 編著, 2004,『インターネットと〈世論〉形成――間メディア的言説の連鎖と抗争』東京電機大学出版局.
―――, 2005,「2004年アメリカ大統領選挙と複合メディア環境――インターネットとアメリカ〈世論〉」『学習院大学法学会雑誌』Vol.40, No.1, 2005年3月.(再録:遠藤薫, 2007,『間メディア社会と〈世論〉形成――TV・ネット・劇場社会』東京電機大学出版局.)
―――, 2007,『間メディア社会と〈世論〉形成――TV・ネット・劇場社会』東京電機大学出版局.
Hirsh, E. D., Jr, 1977, *The Philosophy of Composition*, Chicago University Press.
McLuhan, Marshall, 1962, *The Gutenberg Galaxy: the making of typographic man*, University of Tronto Press, Toronto.(=1986,森常治訳『グーテンベルクの銀河系』みすず書房.)
Olson, David R., 1980, "On the language and authority of textbooks," *Journal of*

Communication, 30(4) (Winter), 186-96.
Ong,W-J., 1982, *Orality and Literacy*.（＝1991, 桜井直文ほか訳『声の文化と文字の文化』藤原書店.）

第4章
遠藤薫, 2000,『電子社会論――電子的想像力のリアリティと世界変容』実教出版.
―――― 編著, 2004『インターネットと〈世論〉形成――間メディア的言説の連鎖と抗争』東京電機大学出版局.
―――― 編著, 2007,『グローバリゼーションと文化変容――音楽, ファッション, 労働から見る世界』世界思想社.
Fischer, Claude S., [1976]1984, *THE URBAN EXPERIENCE*, Harcourt Brace & Company.（＝1996, 松本康ほか訳 『都市的体験――都市生活の社会心理学』未来社.）
春日武彦, 2005,『奇妙な情熱にかられて――ミニチュア・境界線・贋物・蒐集』集英社新書.
宮台真司・鈴木弘毅・堀内真之介, 2007,『幸福論――〈共生〉の不可能と不可避について』, 日本放送出版協会, 76.
中島梓, 1991,『コミュニケーション不全症候群』筑摩書房.
中森明夫「『おたく』の研究（1）――街には『おたく』がいっぱい」『漫画ブリッコ』1983年6月号（http://www.burikko.net/people/otaku01.html）.
Simmel, Georg, 1908, *SOZIOLOGIE,* Untersuchugen uber die Formen der Vergesellschaftung, Duncker & Humboly, Berlin.（＝1994, 居安正訳『社会学 下』白水社.）
鶴見俊輔, 1991,『限界芸術論（鶴見俊輔集6)』 筑摩書房.

第5章
リリー・フランキー, 2005,『東京タワー――オカンとボクと, 時々, オトン』扶桑社.
見田宗介, 1979,「まなざしの地獄――現代社会の実存構造」(『展望』1973年5月号, 筑摩書房),『現代社会の社会意識』弘文堂, 1-57.
株式会社日本総合研究所調査部マクロ経済研究センター,「「地域格差」は拡大しているか――統計的実態と格差意識の乖離が示唆するもの」2006年9月27日（http://www.jri.co.jp/）.
「雇用動向調査時系列表」(http://wwwdbtk.mhlw.go.jp/toukei/kouhyo/indexkr_14_1.html).
「独立行政法人労働政策研究・研修機構　統計情報」(http://www.jil.go.jp/index.htm).
「都民の就業構造平成14年」(http://www.toukei.metro.tokyo.jp/syugyouk/2002/sk02t00000.htm).

第6章

Boorstin, Daniel J., 1963, 1967, 1968, 1969, *THE DECLINE OF RADICALISM*, Random House Inc., New York.（＝ 1990，橋本富郎訳『現代アメリカ社会——コミュニティの経験』世界思想社.）

遠藤薫，1998，「仮想性への投企——バーチャルコミュニティと近代」『社会学評論』vol.48, No.4, 1998, 50-64.

遠藤薫，2000，『電子社会論——電子的想像力のリアリティと社会変容』実教出版.

Fishkin, J.S. and Laslett, P.(eds.), 2003, *Debating Deliberative Democracy*, Blackwell Publishing.

船津衛編著，1999，『地域情報と社会心理』北樹出版.

原茂樹，1996，『地域情報化過程の研究』日本評論社.

金子郁容，2004，『eデモクラシーへの挑戦——藤沢市市民電子会議室の歩み』岩波書店.

Lipnack, J. and Meyer, Stamps, J., 1982, *Networking*.（＝ 1984，正村公宏監修，社会開発統計研究所訳『ネットワーキング——ヨコ型情報社会への潮流』プレジデント社.）

Melucci, Alberto （edited by John Keane and Paul Mier），1989, *NOMADS OF THE PRESENT: Social Movements and Individual Needs in Contemporary Society*, Hutchinson, A Division of The Random House Century Group, London.（＝ 1997，山之内靖・貴堂嘉之・宮崎かすみ訳『現在に生きる遊牧民（ノマド）——新しい公共空間の創出に向けて』岩波書店.）

大石裕，1992，『地域情報化——理論と政策』世界思想社.

Putnam, Robert D., 2000, *Bowling alone: The collapse and revival of American community*, Simon & Schuster, New York.（＝ 2006，柴内康文訳『孤独なボウリング——米国コミュニティの崩壊と再生』柏書房.）

第7章

Adamsen, L. and Rasmussen, J. M., 2001, "Sociological perspectives on self-help groups: reflections on conceptualization and social processes," *Journal of advanced Nursing*, 35(6): 909-917.

Henssler, Ortwin, 1954, *Formen des Asylrechts und ihre Verbreitung bei den Germanen*, Frankfurt am Main: V. Klostermann.

川上憲人ほか，2003，「地域住民における心の健康問題と対策基盤の実態に関する研究——3地区の総合解析結果」『平成14年度厚生労働科学研究費補助金（厚生労働科学特別研究事業）「心の健康問題と対策基盤の実態に関する研究（主任研究者：川上憲人）」総括・分担研究報告書』12-45.

厚生労働省，2004，『患者調査〈平成14年〉全国編』厚生統計協会.

久保紘章・石川到覚編, 1998, 『セルフヘルプ・グループの理論と展開——わが国の実践をふまえて』中央法規出版.
内藤まゆみ, 2002, 「インターネットにおける自助グループ」坂元章編『インターネットの心理学——教育・臨床・組織における利用のために』学文社, 72-82.
奥山今日子・久田満, 2002, 「自助資源としてのインターネット——『ひきこもり』の人たちが参加する電子掲示板に関する事例研究」『コミュニティ心理学研究』5巻, 111-123.
小俣和一郎, 1998, 『精神病院の起源』太田出版.
Persons, Talcott, 1951, *Social System*, Free Press. (= 1974, 佐藤勉訳『社会体系論』青木書店.)
志水幸, 2002, 「精神障害者の自助グループの実態に関する考察——札幌市の精神障害者自助グループの実態調査結果を中心に」『北海道医療大学看護福祉学部紀要』8号, 135-141.
進藤雄三, 1990, 『医療の社会学』世界思想社.
新福尚隆, 2003, 「世界の中で日本の精神医療・精神医学を考える」『こころの科学』109号.
World Health Organization, 2001, *The world health report 2001: mental health, new understanding, new hope.* (= 2004, 中野善達監訳『世界の精神保健——精神障害, 行動障害への新しい理解』明石書店.)

第8章

Beck, Ulrich, 1997, *Was ist Globalisierung?: Irrtumer des globalismus - Antworten auf globalisierung*, Sunhrkamp Verlag. (= 2005, 木前利秋・中村健吾監訳『グローバル化の社会学——グローバリズムの誤謬—グローバル化への応答』国文社.)
Becker, Howard, S., 1963, *Outsiders: Studies in the Sociology of deviance*, The Free Press. (= 村上直之訳『アウトサイダーズ——ラベリング理論とはなにか』新泉社.)
Blakely, Edward, J., Snyder, Mary, Gail., 1997, *Fortress America: Gated community in the United States*, Brookings Institution. (= 2004, 竹井隆人訳『ゲーテッド・コミュニティ——米国の要塞都市』集文社.)
Davis, Mike, 1990, *City of Quartz: Excavating the future in Los Angels*, Verso. (= 2001, 村山敏勝・日々野啓訳『要塞都市 LA』青土社.)
五十嵐太郎, 2004, 『過防備都市』中央公論新社.
kana, 2006, 「mixi ランキング: 重要なお知らせ」(http://rank.mixi-fan.net/, 2006.4.23).
河合幹雄, 2004, 『安全神話崩壊のパラドックス——治安の法社会学』岩波書店.
警視庁, 2006, 「生活安全情報: 街頭防犯カメラシステム」(http://www.keishicho.

metro.tokyo.jp/seian/gaitoukamera/gaitoukamera.htm，2006.11.21）．
木本玲一，2004，「電車男の物語――いかにして好意的〈世論〉は形成されたか」遠藤薫編著『インターネットと〈世論〉形成――間メディア的言説の連鎖と抗争』東京電機大学出版局，245-256．
Lush, Scott., Beck, Ulrich., Giddens, Anthony, 1994, *Reflexive Modernization: Politics, tradition and aesthetics in the modern social order*, Polity Press.（＝1997，松尾精文・小幡正敏・叶堂隆三訳『再帰的近代化――近現代における政治，伝統，美的原理』而立書房．）
Lyon, David, 2001, *Surveillance Society: Monitoring everyday life*, Open University Press.（＝2002，河村一郎訳『監視社会』青土社．）
Murphy, Raymond, 1988, *Social Closure: The Theory of Monopolization and Exclusion*, Oxford University Press.（＝1994，辰巳伸知訳『社会的閉鎖の理論――独占と排除の動態的構造』新曜社．）
内閣府，2004，「治安に関する世論調査」（http://www8.cao.go.jp/survey/h16/h16-chian/index.html，2006.11.19）．
セコム株式会社，2006，「株主通信6月号:第45期決算報告」（http://www.secom.co.jp/corporate/ir/finance/report/pdf/SHC2006-6.pdf，2006.7.23）．
芹沢一也，2006，『ホラーハウス社会――法を犯した「少年」と「異常者」たち』講談社．
Simmel, Georg, 1896, "Das Geld in der modernen Cultur," *Zeitschrift des Oberschlesischen Berg und Huttenmannisshen*.（＝1999，北川東子・鈴木直訳「近代文化における貨幣」『ジンメル・コレクション』262-291．）
総務省，2005，「ブログ・SNSの現状分析及び将来予測」（http://www.soumu.go.jp/s-news/2005/pdf/050517_3_1.pdf，2006.3.16）．
Spector, Malcolm, Kitsuse, John, I., 1977, *Constructing Social Problems*, Cumming Publishing Company.（＝1992，村上直之・中河伸俊・鮎川潤・森俊太訳『社会問題の構築』マルジュ社．）
田中良和・原田和英，2005，『招待状，届きましたか？――SNSで始める新しい人脈づくり』ディスカヴァー．
若林幹夫，2000，『都市の比較社会学――都市はなぜ都市であるのか』岩波書店．
山崎秀夫・山田政弘，2004，『よくわかる！ソーシャル・ネットワーキング』ソフトバンク・パブリッシング．

第9章

管理人，2001，「ふたば☆ちゃんねる」（http://www.2chan.net/，2006.8.31）．
中森明夫，1983，『「おたく」の研究』漫画ブリッコ．
中野独人，2004，『電車男』新潮社．

野村総合研究所，2005，『オタク市場の研究』東洋経済新報社．
Tim O'Reilly, 2005, "O'Reilly: What Is Web 2.0"(http://www.oreillynet.com/pub/a/oreilly/tim/news/2005/09/30/what-is-web-20.html).
としあき，2005，『とらぶる・うぃんどうず OS たんファンブック』宙出版．
"What is Usenet?"(http://www.cs.uu.nl/wais/html/na-dir/usenet/what-is/part1.html, 2006.8.31).
Wikipedia，2001，「ふたば☆ちゃんねる - Wikipedia」(http://ja.wikipedia.org/wiki/%E3%81%B5%E3%81%9F%E3%81%B0%E3%81%A1%E3%82%83%E3%82%93%E3%81%AD%E3%82%8B，2006.8.31)．

第10章

遠藤薫，2003，「テクノ・エクリチュール──コンピュータ＝ネットを媒介とした音楽における身体性と共同性の非在／所在」伊藤守ほか編『電子メディア文化の深層』早稲田大学出版部．
Finnegan, Ruth, 1989, *The Hidden Musician*, Cambridge Univ. Press.
Frith, Simon, 1996, *Performing Rites*, Harvard Univ. Pre.
細川周平，2003，「歌う民主主義」東谷護編『ポピュラー音楽へのまなざし』勁草書房，181-205．
Kirschner, Tony, 1998, "Studying Rock," Andrew Heraman(eds.), *Mapping the Beat*, Blackwell Pub., 247-268.
Lessing, Lawrence, 1999, *CODE*. (= 2001，山形浩生・柏木亮二訳『CODE』翔泳社．)
増田聡・谷口文和，2005，『音楽未来形』洋泉社．
宮台真司・神保哲生・東浩紀ほか，2006，『ネット社会の未来像』春秋社．
野中郁次郎編著，1999，『ネットワーク・ビジネスの研究』日経BP企画．
Theberge, Paul, 1997, *Any Sound You Can Image*, Wesleyan Univ. Pre.

第11章

阿部真大，2005，「バイク便ライダーのエスノグラフィー──危険労働にはまる若者たち」『ソシオロゴス』29号．
────，2006，「没入する職場のメカニズム──バイク便ライダーの参与観察を通して」『Sociology Today』15号．
────，2007，「バイク便ライダーたちの「東京」──仕事を契機にしたバイク文化のローカライゼーション」『グローバリゼーションと大衆文化』世界思想社．
Bauman, Zygmunt, 1998, *Work, Consumption and the New Poor*, Open University Press. (= 2003，渋谷望訳「労働倫理から消費の美学へ」山之内靖・酒井直樹編『総力戦体制からグローバリゼーションへ』平凡社．)

Castells, M., 1989, *The Informational City: Information Technology, Economic Restructuring and the Urban-Regional Process*, Blackwell.
遠藤薫，2000，『電子社会論――電子的想像力のリアリティと社会変容』実教出版．
―――，2004，「インターネット・コミュニケーションと〈現実〉の相互連結」遠藤薫編著『インターネットと〈世論〉形成』東京電機大学出版局．
遠藤薫・西村博之，2004，「(対談) 社会現象と「2ちゃんねる」――社会学者と管理人の視点から」遠藤薫編著『インターネットと〈世論〉形成』東京電機大学出版局．
Mollenkopf, J. H. and Castells, M., 1992, *Dual City: Restructuring New York*, Sage.
鳴海公正，2001，「職場から　バイク便の経験から言えること　危険を友に走るのか――郵政民営化と利潤追求」『理戦』67．
桜井徹他，2001，『交通運輸』大槻書店．
園部雅久，1999，「東京は分極化する都市か」『日本都市社会学会年報』17．
イ・コンマム (安田 (ゆ) 訳)，2006，「韓国：バイク便労働者，初の集会 (レイバーネット内の記事)」(http://www.labornetjp.org/worldnews/korea/knews/00_2006/1137417269111Staff/view)．

第12章

新雅史，2007，「被差別部落の酒屋がコンビニに変わるまで」『グローバリゼーションと大衆文化』世界思想社．
Friedman, L. Thomas, 2006, *The World Is Flat: A Brief History of the Twenty-first Century*, Updated and Expanded Edition. (= 2006，伏見威蕃訳『フラット化する社会――経済の大転換と人間の未来』日本経済新聞社．)
居郷至伸，2004，「キャリア形成なき能力育成のメカニズム――コンビニエンス・ストアにおける非正規従業員を事例として」『教育社会学研究』74: 289-307，東洋館出版社．
―――，2005，「救いはコミュニケーション「能力」にあるのか？――コンビニエンス・ストア従業員の要員管理に着目して」『ソシオロゴス』29: 199-214，ソシオロゴス編集委員会．
川辺信雄，2003，『新版　セブン-イレブンの経営史――日本型情報企業への挑戦』有斐閣．
水尾順一編，1998，『「流通業」デジタル情報ネットワーキング』産能大学出版部．
西村脩一，1997，『セブン-イレブンの秘密――流通業初の利益1,000億円はいかにして達成されたか！』こう書房．
緒方知行，1990，『セブン-イレブン流通情報戦略――巨大ソフトウェア・ビジネスの全貌』三笠書房．
Relph, C. Edward, 1976, *Place and placelessness*, London : Pion. (= 1999，高野岳

彦・阿部隆・石山美也子訳『場所の現象学――没場所性を越えて』筑摩書房.）
竹内稔，2003，『コンビニの仕事が見える図鑑――店づくりから商品開発まで』日本実業出版社.
田中大介，2006，「コンビニの誕生――1990年代における消費空間のCMC的構造転換」『年報社会学論集』19: 201-211, 関東社会学会.
矢作敏行，1994，『コンビニエンス・ストア・システムの革新性』日本経済新聞社.

第13章

Castells, Manuel, 2000, *The Rise of the Network Society*, Blackwell.
Coglianese, Cary, 2004, *The Internet and Citizen Participation in Rulemaking*, Harvard University HOHN F.KENNEDY SCHOOL OF GOVERNMENT.
Delanty, Gerald, 2003, *COMMUNITY*, Routledge.（= 2006, 山之内靖・伊藤茂訳『コミュニティ――グローバル化と社会理論の変容』NTT出版.）
遠藤薫，2004，『インターネットと〈世論〉形成――間メディア的言説の連鎖と抗争』東京電機大学出版局.
藤沢市市政調査担当編，2005，『湘南の海に向かって――藤沢市の市民参画・協働』ぎょうせい.
原科幸彦編著，2005，『市民参加と合意形成――都市と環境の計画づくり』学芸出版社.
伊藤守・花田達朗，1999，「「社会の情報化」の構造と論理」児島和人編『講座社会学8 社会情報』東京大学出版会.
伊藤守・渡辺登・松井克浩・杉原名穂子，2005，『デモクラシー・リフレクション――巻町住民投票の社会学』リベルタ出版.
岩崎正洋・河井孝仁・田中幹也編，2005，『eデモクラシー・シリーズ 第3巻 コミュニティ』日本経済評論社.
金子郁容・藤沢市市民電子会議室運営委員会，2004，『eデモクラシーへの挑戦――藤沢市市民電子会議室の歩み』岩波書店.
金安岩男・長坂俊成・新開伊知郎編著，2004，『電子市民会議室のガイドライン――参加と協働の新しいかたちー』学陽書房.
苅部直，2006，『丸山眞男――リベラリストの肖像』岩波書店.
清原慶子，2001，「行政と市民とのパートナーシップによる自治体の計画づくり――東京都三鷹市：みたか市民プラン21会議の事例」『社会情報学会誌』第13巻1号.
公職研，2003，『地方自治職員研修』臨時増刊No.74.
Matsusaka, John G., 2005, "Direct Democracy Works," *Journal of Economic Perspectives*, Volume 19, Number 2, spring 2005.
Melucci, Alberto, 1989, *Social Movements and Individual Needs in Contemporary Society*.（= 1997, 山之内靖・貴堂嘉之・宮崎かすみ訳『現在に生きる遊牧民――

新しい公共空間の創出に向けて』岩波書店．）
三鷹市，東京大学大学院工学系研究科，株式会社NTTデータ，2005，『三鷹市e市民参加プロジェクト報告書』．
三鷹市企画部企画調整室，1990，『三鷹市新基本構想策定のための研究』．
NTTデータシステム科学研究所，「eデモクラシーに関する全国個人調査」2002年5月．
NTTデータシステム科学研究所・岩崎正洋編，2004，『eデモクラシーと行政・議会・NPO』一藝社．
大石裕，1992，『地域情報化——理論と政策』世界思想社．
Putnam, Robert D., *Making Democracy Work*. (＝2001，河田潤一訳『哲学する民主主義——伝統と改革の市民構造』NTT出版．)
―――, *Bowling Alone*. (＝2006，柴田康文訳『孤独なボウリング——米国コミュニティの崩壊と再生』柏書房．)
下村安孝，2004，「「みたか市民プラン21会議」とは何であったか——その評価と残された課題」『第30回地方自治研究全国集会特別報告』．
須藤修，1995，『複合的ネットワーク社会——情報テクノロジーと社会進化』有斐閣．
鈴木謙介，2006，「グローバルな情報社会はローカルなコミュニティを再生するか」『Mobile Society Review 未来心理』Vol.006 06 SUMMER，NTTドコモモバイル社会研究所．
高木聡一郎，2005，「自由討議の場のオルタナティブ——参加手法としての情報通信技術」原科幸彦編著『市民参加と合意形成——都市と環境の計画づくり』学芸出版社．
吉見俊哉・町村敬志，2005，『市民参加型社会とは——愛知万博計画過程と公共圏の再創造』有斐閣．

第14章

Dholakia, U.M., Bagozzi, R. and Pearo, L.K., 2004, "A Social influence model of consumer paticipation in network‑and small-group-based virtual communities," *International Journal of Research in Marketing*, 21(3), 241-263.
Douglas, K. and McGarty, C., 2002, "Identifiability and self-presentation: computer-mediated communication and intergroup interaction," *British Journal of Social Psychology*, 40, 399-416.
富士通総研，2001，「特別レポート：韓国ブロードバンドを読み解く」『インターネットビジネス白書2002』ソフトバンクパブリッシング．
橋元良明編，2005，『インターネットの利用動向に関する実態調査報告書2005』情報通信研究機構，180．
橋元良明編，2006，『調査からみたネット利用，対人関係，社会心理の日韓比較』平成17年度科学研究費補助金研究成果報告書．

池田謙一・小林哲郎，2005，「もう一つのデバイド――『携帯デバイド』の存在とその帰結」池田謙一編著『インターネット・コミュニティと日常生活』誠信書房，47-66.

菊池章夫，1988，『思いやりを科学する』川島書店.

金相集，2003，「間メディア性とメディア公共圏の変化――韓国「落選運動」の新聞報道とBBS書込みの比較分析を中心に」『社会学評論』54(2)，175-191.

黒岩雅彦，1993，「オンラインとオフラインコミュニケーション」川浦康至編『現代のエスプリ No.306 メディアコミュニケーション』至文堂，147-154.

三上俊治，2005，「21世紀社会情報システムの生成と展開――メディア・エコロジーの視点から」『社会情報学への招待』学文社，3-55.

小笠原盛浩，2006，「オンラインコミュニティ類型を用いた利用と満足分析――日韓学生データを用いた探索的研究」『日本社会情報学会学会誌』18(2)，21-37.

呉連鎬，2004，『大韓民国特産品オーマイニュース』(＝2005，大畑龍次・大畑正姫訳『オーマイニュースの挑戦――韓国「インターネット新聞」事始め』太田出版.

篠原一光・三浦麻子，1999，「WWW掲示板を用いた電子コミュニティ形成過程に関する研究」『社会心理学研究』14(3)，144-154.

高橋悦子，2004，「佐世保事件におけるマスメディア報道とインターネット――間メディア性から立ち現われるマスメディア〈世論〉」遠藤薫編著『インターネットと〈世論〉形成――間メディア的言説の連鎖と抗争』東京電機大学出版局，190-203.

安田雪，1997，『ネットワーク分析――何が行為を決定するか』新曜社，76-81.

吉井博明編，2005，『携帯電話利用の深化とその社会的影響に関する国際比較研究』平成13年度～15年度科学研究費補助金研究成果報告書，284.

李潤馥，2002，「情報技術(IT)の普及とコミュニティ意識の変容」『東京大学社会情報研究所紀要』63，143-175.

あとがき

　「コミュニティ」という言葉が，どうもしっくりとなじまない．「コミュニティ」を語ろうとすると，どこか嘘くさい，身に合わない衣服のような，居心地の悪さを感じてしまう．「共同体」と言いかえても同じである．

　その感覚は，「バーチャル・コミュニティ」が取りざたされるような，高度なメディア技術の張りめぐらされた世界に生きているからなのだろうか？　それとも，本書（第6章）でも簡単に触れているように，日本においては，個人にとって自らの帰属集団はつねに所与のものとして外部的に決定されたもの──お仕着せのアイデンティティであると感じられているからなのだろうか？

　その一方で，近年，「ノスタルジア」がブームである．昭和風を標榜する街並みが創られたり，昭和を舞台にした映画が大ヒットしたりする．そして，それらとともに，「失われた人間らしさ」「暖かい心の絆」が語られる．

　もっとも，世界的に「コミュニティ」論は盛んである．最近の著書で，バウマンはこうした傾向について「要するに「コミュニティ」は，残念ながら目下手元にはないが，私たちがそこに住みたいと心から願い，また取り戻すことを望むような世界を表している」(Bauman, Zygmunt , 2001, *COMMUNITY: SEEKING SAFETY IN AN INSECUREWORLD*, Polity Press Ltd., Cambridge.（=2008，奥井智之訳『コミュニティ── 安全と自由の戦場』筑摩書房，10）と辛辣に述べている．

　いいかえれば，現代においては，〈コミュニティ〉とはいわば「どこにもない場所」の代名詞であり，ときに極めて夢見がちに，あるいは戦略的に，あるいは政治的に用いられているといえよう．

　本書では，こうした現代の〈コミュニティ〉のさまざまな場面における立ち現れを，記述した．万華鏡のように互いに反射し合う〈コミュニティ〉の様相から，

「いまここにある世界」についての示唆をいくらかでも提供できていればと願っている．

　また，本書「形成」過程では，同じシリーズの『インターネットと〈世論〉形成』と同様，何となく遠藤の周辺に集まってきた若い研究者のみなさんたちと飲み会兼研究会を重ねてきた．馬鹿話をしたり，旅行に行ったり，議論をしたり．そんな場は，まさに緩やかな〈コミュニティ〉を感じさせるものである．そうした観点からすれば，〈コミュニティ〉は，「幸福の青い鳥」のように，意外にすぐそばにあるのかもしれない．

　最後に，一連のシリーズにおいて，つねにわれわれの〈コミュニティ〉を支えてくださっている，東京電機大学出版局編集課の松崎真理さんに，あらためて深く感謝したい．

2008年1月

遠藤　薫

索引

英数字
『1984年』　28, 34
2ちゃんねる　202
Apple社　33
Brookers　66
CMCN（Computer-Mediated Communication Network）　5, 22
Community Memory　121
Consumer Generated Media（CGM）　38
declaration for claim　9
DTM（Desktop Music）　185
e市民参加プロジェクト　233-234
e-デモクラシー　132
IBM　36
ICT社会　133
Microsoft社　37
MySpace　38
Net-MH（Networkers who have Mental Health problems）　147
NUMA NUMA Dance　62
POSシステム　211
remix　84
SHG（Self Help Group）　148
SNS（ソーシャル・ネットワーキング・サービス）　39, 166, 193
TIME　37
TRPG　175
Usenet　23
WELL　23, 123
Wikipedia　38
WWW　39, 132

You Own Your Own Words　123
YouTube　38, 57

あ
アーキテクチャ　196
アイデンティティ　10
アジール　157
アスキーアート　58
アドホックな欲望　215
アマチュア／プロ　187
アメリカ大統領選挙　71
アメリカニゼーション　93
アンダーソン（Benedict Anderson）　6
暗黙知　177
医師-患者関係　149
一般化された他者／社会　136
異文化間衝突　69
インターネット文化　80
インターネット放送　142
ヴァーチャル・コミュニティ　22
ウェブ日記　39
『ウォーゲーム』　91
エア・ヴォーカル　64
エッフェル塔　97
エンパワーメント　136
オーウェル（George Orwell）　28, 34
オタク　80, 172
オルデンブルグ（Ray Oldenburg）　24
音楽著作権　188, 196
音楽の間接性　188
オンラインコミュニティ　241-256

か

外面の不在　82
環境管理　196
間主観的な空間　5
規格化　191
ギデンス（Anthony Giddens）　3
ギブソン（William Gibson）　26
〈共在〉　67
均衡的な互酬性　195
〈均質化〉　212
グーテンベルク　54
草の根BBS　121
草の根民主主義　122
グローバリゼーション　93，97
計画経済　35
ゲーテッド・コミュニティ　164
現実集団型コミュニティ　248，250-252，254
現象学的地理学　210
高級文化　84
公共的意思決定　136
高度成長期　98
声の文化　54
コークマシン伝説　20
個人自営業者　113
〈個性化〉の実践　212
コピペ（コピー＆ペースト）　59
コミケ（コミックマーケット）　86
コミュニケーションの場　245-247
コミュニティ　231-232
コミュニティ・オブ・インタレスト　60，79
コミュニティサイト・サービス　186
コンビニエンス・ストア　210

さ

再帰的進化　61
財としてのコミュニティ　162
サイバースペース　26
サイバースペース独立宣言　35
サイバーパンクSF　26

作品（個性の発露）　195
サブカルチャー　32
産業構造　114
自助グループ：SHG　148
市民参加　238
市民参加格差　135
市民電子会議室　137，226
市民討議　137
社会関係資本論　120
社会情報環境層　242，254-255
社会情報システム　242，254
集合性　5
集団の基盤　245-248
消費者参加型マーケティング　189
消費者＝素人＝不安定就業者　214
商品の記号的差異　211
情報格差　135
情報化社会　98
情報行動　255
情報行動層　242，254-255
情報通信技術　185
情報入力の指示＝強制　212
情報リテラシー　135
〈真正性〉　86
シン・メディア　58
ジンメル（Georg Simmel）　6
正規職員　107
政治的シニシズム　134
政治的無関心　134
セルフヘルプ　146
戦後　98

た

対抗者　86
第三の場所　24
大衆民主主義　134
たえまない自己言及　212
多元化　135
多層化　135
脱工業社会論　35
〈脱場所的安心〉　210

ダニエル・ベル　35
地域SNS　138
地域間格差　114
地域コミュニティ　12, 119, 214
地域情報化　127, 224-225
地域ネットコミュニティ　225-226
紐帯の密度　245-247
重畳の離脱　155
直接的な〈欲求〉　211
地理的近接性　119
地理的制約の解除　12, 119
地理的な消費秩序　210
テーブルトークRPG（TRPG）　175
テクノクラート　35
デュアル・シティ　198
デランティ（Gerald Delanty）　2
電子的情報システム　211
電子民主主義　132
『電車男』　87
店主（オーナーシップ）意識　216
「店主＝専門家」意識　217
東京タワー　97
匿名性　8, 152, 245-247
としあき　174

な

永山則夫　101
〈ニーズの把握－商品化〉というサイクル　211
ニート／フリーター問題　108
二次裏　173-174
二次元画像裏掲示板　173
二次創作　84
二次的な声の文化　56
二次利用　188
ネット・セレブ　10, 61
ネットゲーム　12

は

パーソナル化　34
バーチャル集団型コミュニティ　248, 252
ハイカルチャー　84
バウマン（Zygmunt Bauman）　3
派遣　107
パソコン通信　129
発注（＝情報インプット）作業の力学　212
ハバーマス（Jurgen Habermas）　25
パリ万国博　97
ハンドル・ネーム　8
非正規雇用　108
ビッグ・ブラザー　28, 34
否定の定義の積集合による定義　178
（作品の）評価　194
ファッド　61
ブーアスティン（Daniel Boorstin）　4
複雑化　135
複製芸術　55
ふたば　173
ふたば☆ちゃんねる　173
プレイヤーズ王国　186
ブログ　39
変顔　64
ボランティア　129

ま

マイアヒ　61
マクルーハン（Marshall McLuhan）　29
祭り　68
マニュエル・カステル（Manuel Castells）　198
マネジメント　216
マルチメディア　58
ミクシィ　166
民主主義　133
『無知の涙』　101
目白ネットキャスティング　142
目白プロジェクト　139
メディア環境層　242, 254-255
『メトロポリス』　27
文字の文化　54
盛山和夫　3

や・ら

ユーザインタフェース　135
ユーザサイト　187
緩やかな組織体　6
ラインゴールド（Howard Rheingold）　23
リアリティテレビ　41
リスク　163
リスク社会　163
リッチ・メディア　58
リトル・ブラザー　35
両義性　195
零細小売業の業態転換　216
〈ローカル〉　93
ローカル・メディア　130

編者・執筆者紹介

編著者

遠藤 薫（えんどう かおる）［序章〜第6章，おわりに］

 略歴 東京大学教養学部基礎科学科卒業（1977年），東京工業大学大学院理工学研究科博士課程修了（1993年），博士（学術）．
    信州大学人文学部助教授（1993年），東京工業大学大学院社会理工学研究科助教授（1996年）を経て，学習院大学法学部教授（2003年）．
    日本学術会議連携会員，日本社会情報学会会長，情報通信学会副会長．
 専門 理論社会学（社会システム論），社会情報学，文化論，社会シミュレーション
 著書 『間メディア社会と〈世論〉形成——TV・ネット・劇場社会』（2007年，東京電機大学出版局），『グローバリゼーションと文化変容——音楽，ファッション，労働からみる世界』（編著，2007年，世界思想社），『インターネットと〈世論〉形成——間メディア的言説の連鎖と抗争』（編著，2004年，東京電機大学出版局），『環境としての情報空間——社会的コミュニケーション・プロセスの理論とデザイン』（編著，2002年，アグネ承風社），『電子社会論——電子的想像力のリアリティと社会変容』（2000年，実教出版），ほか多数．

著者（掲載順）

前田 至剛（まえだ のりたか）［第7章］

 略歴 関西学院大学大学院社会学研究科博士課程単位取得退学（2005年）．関西学院大学社会学部21世紀COEプログラムリサーチアシスタントを経て現在，皇學館大学文学部専任講師．
 専門 社会学，メディア／コミュニケーション
 著書 『メディア文化を読み解く技法』（共著，2004年，世界思想社），『日仏社会学叢書第3巻』（共著，2005年，恒星社厚生閣），『空間管理社会』（共著，2006年，新曜社）．

木本 玲一（きもと れいいち）［第8章］
 略歴 東京工業大学大学院社会理工学研究科修了（2005年）．現在，獨協大学非常勤講師．
 専門 社会学，文化論，質的調査法
 著書 『グローバリゼーションと文化変容——音楽，ファッション，労働からみる世界』（共著，2007年，世界思想社），『インターネットと〈世論〉形成——間メディア的言説の連鎖と抗争』（共著，2004年，東京電機大学出版局）．

齋藤 皓太（さいとう こうた）［第9章］
 略歴 東京工業大学工学部情報工学科卒業（2006年）．現在，東京工業大学大学院社会理工学研究科修士課程在学中．
 専門 情報工学
 著書 『インターネットと〈世論〉形成——間メディア的言説の連鎖と抗争』（共著，2004年，東京電機大学出版局）．

大山 昌彦（おおやま まさひこ）［第10章］
 略歴 東京工業大学大学院社会理工学研究科単位取得退学，現在，東京工科大学メディア学部専任講師．
 専門 文化社会学，地域社会学，質的調査法
 著書 『ポピュラー音楽とアカデミズム』（共著，2005年，音楽之友社），『グローバリゼーションと文化変容——音楽，ファッション，労働からみる世界』（共著，2007年，世界思想社）．

阿部 真大（あべ まさひろ）［第11章］
 略歴 1976年生まれ．岐阜県岐阜市出身．東京大学文学部卒業．東京大学大学院後期博士課程を経て現在，学習院大学非常勤講師（社会統計学）．
 専門 労働社会学，家族社会学，福祉社会論
 著書 『搾取される若者たち——バイク便ライダーは見た！』（2006年，集英社），『働きすぎる若者たち——「自分探し」の果てに』（2007年，日本放送出版協会），『合コンの社会学』（北村文との共著，2007年，光文社），『グローバリゼーションと文化変容——音楽，ファッション，労働からみる世界』（共著，2007年，世界思想社），『若者の労働と生活世界——彼らはどんな現実を生きているか』（共著，2007年，大月書店）．

新 雅史（あらた まさふみ）［第12章］
- 略歴　明治大学法学部卒業．現在，東京大学大学院人文社会系研究科博士課程，株式会社リクルート・ワークス研究所客員研究員，淑徳大学兼任講師．
- 専門　産業社会学・スポーツ社会学
- 著書　『オリンピック・スタディーズ』（共著，2004年，せりか書房），『グローバリゼーションと文化変容——音楽，ファッション，労働からみる世界』（共著，2007年，世界思想社）．

三浦 伸也（みうら しんや）［第13章］
- 略歴　シンクタンク，出版社，ソフトハウスを経て，東京大学大学院学際情報学府修士課程修了（2006年），現在，東京大学大学院学際情報学府博士課程在学中．独立行政法人防災科学技術研究所客員研究員．
- 専門　社会情報学，地域情報論，地域メディア論
- 著書　『地域SNS最前線　Web2.0時代のまちおこし実践ガイド』（共著，2007年，アスキー），『路上のエスノグラフィ——ちんどん屋からグラフィティまで』（コラム執筆，2007年，せりか書房）．

小笠原 盛浩（おがさはら もりひろ）［第14章］
- 略歴　日本電信電話株式会社，郵政省郵政研究所（出向）を経て，東京大学大学院人文社会系研究科修士課程修了（2005年）．現在，東京大学大学院学際情報学府博士課程在学中．
- 専門　社会情報学，メディアコミュニケーション論
- 著書　『日本人の情報行動2005』（共著，2006年，東京大学出版会），Webcasting Worldwide – Business Models of an Emerging Global Medium（共著，2007年，Lawrence Erlbaum Associates）．

ネットメディアと〈コミュニティ〉形成

2008年3月10日　第1版1刷発行	編著者　遠藤　薫
	学校法人　東京電機大学
	発行所　東京電機大学出版局
	代表者　加藤康太郎
	〒101-8457
	東京都千代田区神田錦町2-2
	振替口座　00160-5-71715
	電話　(03)5280-3433（営業）
	(03)5280-3422（編集）
印刷　三立工芸㈱	Ⓒ Endo Kaoru et al.　2008
製本　渡辺製本㈱	
装丁　大貫伸樹	Printed in Japan

＊無断で転載することを禁じます。
＊落丁・乱丁本はお取替えいたします。

ISBN 978-4-501-62270-1　C3036

東京電機大学出版局　出版物ご案内

インターネットと〈世論〉形成
間メディア的言説の連鎖と抗争

遠藤 薫 編著　A5判 362頁
インターネットがコミュニケーション・メディアとして埋め込まれた社会における〈世論〉形成の諸相を論考.〈世論〉の背後にある社会とメディアの問題を浮き彫りにする.

社会安全システム
社会, まち, ひとの安全とその技術

中野 潔 編著／井出 明 ほか著　A5判 320頁
治安の低下, 設備や製品による事故, 食品安全への不信感……. 社会不安・社会的リスクを防ぎ, 社会の安全を守るための仕組みや技術を, 各分野の専門家が具体的事例をもとに論考.

統計数理は隠された未来をあらわにする
ベイジアンモデリングによる実世界イノベーション

樋口知之 監修・著／石井 信 ほか著　A5判156頁
ベイズ推定を実際の現場に適用するための技術について, 地球シミュレーション, ヒューマンモデリング, マーケティング, ゲノム解析の第一人者が詳解.

チャンス発見の情報技術
ポストデータマイニング時代の意志決定支援

大澤幸生 監修・著　A5判 372頁
チャンス発見という概念, チャンス発見に対する社会や科学からのニーズ, そして応用事例について, 関連する各分野から集結した最先端の研究者たちによってまとめられた一冊.

シリアスゲーム
教育・社会に役立つデジタルゲーム

藤本 徹 著　A5判 146頁
世界の現実もチームワークも生きる知恵もぼくらはすべてゲームで学んだ──ゲームが広げる教育・学習の可能性とは？　社会問題解決のためのシリアスゲーム活用を教育工学者が解き明かす.

間メディア社会と〈世論〉形成
TV・ネット・劇場社会

遠藤 薫 著　A5判 260頁
マスメディア, 政治, モバイル, 文化, 流行……. 地球規模でコミュニケーション・ネットワークが張り巡らされた「間メディア社会」において, われわれを取り巻く環境はいかに形成されているか.

スモールワールド
ネットワークの構造とダイナミクス

ダンカン・ワッツ 著／栗原 聡 ほか訳
A5判 338頁
スモールワールド現象について論じた最初の書籍. スモールワールドという新しい知見を獲得するプロセスを興味深く解説する.

オークション理論の基礎
ゲーム理論と情報科学の先端領域

横尾 真 著　A5判 160頁
オークション理論とは, ゲーム理論をベースにして, 電子商取引の最適化と社会効用の最大化を実現するための研究である. その基礎について, 身近な実例を参照してわかりやすく解説.

チャンス発見のデータ分析
モデル化＋可視化＋コミュニケーション
→シナリオ創発

大澤幸生 著　A5判 292頁
チャンス発見とは, 意志決定において重要な事象・状況を見いだすことである. チャンス発見に有用となる技術を論理的に解説.

テレビゲーム教育論
ママ！じゃましないでよ 勉強してるんだから

マーク・プレンスキー 著／藤本 徹 訳
四六判 388頁
ゲームへの否定的な見方に対する反論材料を示し, ゲーム活用のメリットを明示. 子どもたちがよりよく学び育っていくためのポジティブなガイド.

＊定価, 図書目録のお問い合わせ・ご要望は出版局までお願いいたします.
URL　http://www.tdupress.jp/